本书为国家社会科学基金项目（23CMZ038）及云南省哲学
社会科学规划项目（QN202317）阶段性成果

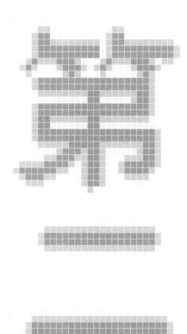

虚拟世界的田野调查

第二人生

王毓川

田雪青◎著

U0350813

九州出版社
JIUZHOUPRESS

图书在版编目（CIP）数据

第二人生：虚拟世界的田野调查 / 王毓川, 田雪青
著. -- 北京：九州出版社, 2025. 1. -- ISBN 978-7
-5225-3472-5

Ⅰ. TP391.98

中国国家版本馆CIP数据核字第2025TS0714号

第二人生：虚拟世界的田野调查

作　　者　王毓川　田雪青　著
责任编辑　周红斌
出版发行　九州出版社
地　　址　北京市西城区阜外大街甲35号（100037）
发行电话　（010）68992190/3/5/6
网　　址　www.jiuzhoupress.com
印　　刷　三河市中晟雅豪印务有限公司
开　　本　710毫米×1000毫米　16开
印　　张　19.25
字　　数　266千字
版　　次　2025年3月第1版
印　　次　2025年3月第1次印刷
书　　号　ISBN 978-7-5225-3472-5
定　　价　78.00元

致虚拟世界中所有顶天立地却
平凡普通的"化身"们

序

看到毓川博士和雪青博士的书稿名为《第二人生——虚拟世界的田野调查》，心里不禁打了几个问号：何为第二人生？虚拟世界如何开展田野调查？带着疑问，认真拜读了全文，深感作为人类学青年学人的毓川博士看问题视角之新颖、做学问之严谨、对现象追问之深入，值得青年人学习借鉴。

本书中所谓的第二人生，指的是虚拟身份。作者借用查尔斯·蒂利关于社会学意义上身份建构的定义，认为虚拟世界的身份通常指的是数字或在线环境中创建和呈现的身份，又被称为数字身份、虚拟身份或网络身份。现实世界中的人都可能有一个虚拟身份，虚拟世界中也会存在社会关系的差序格局、存在被建构的历史和文化演绎，他们在虚拟世界的人们仍需从事生计，通过数字劳动实现生活的价值……这一切与现实社会何其相似！因此，第二人生无非是现实生活中人的意识与科技手段在虚拟世界运用的结果！

基于此，作者以游戏《魔兽世界》为切入点，以化身进入虚拟世界，历经三年，通过追踪同为化身的49名游戏玩家在虚拟世界的人生历程，获取了第一手资料，完成了虚拟世界的田野调查。这是文化人类学者对虚拟世界的全新探究，也是未来文化人类学的研究蓝海！

云南财经大学　晏雄

2024 年 8 月

自 序

40 年来，互联网的精神没有改变，不同的网络相互连接，相互作用，形成一个开放的整体。[①]

——罗伯特·卡恩[②]

2023 年中国开始启动文化数字化战略，从战略高度部署了中国未来的数字化发展道路。截至 2023 年 12 月，我国网民规模达 10.92 亿人，互联网普及率达 77.5%。[③]虚拟世界正在以前所未有的速度扩张，并且深刻影响着现实世界，我们早已身处其中并习以为常，本书就是对这一"常识"的田野调查研究。

一场田野调查必须三个月起步，八个月算是合格，一年以上才能说开始深入。虽然从 2023 年 3 月开始启动调查，直到本书成稿之时持续一年多的调查尚在继续，但算起来，我第一次接触互联网是 2001 年，当时的小学花重金建设了一套计算机教室，每周的计算机课成为我最期待的时刻，虽然没多久计算机教室便再没开放直至布满灰尘，但从那一刻我开始成为"网

---

① 罗伯特·卡恩. 互联网的变革 [R]. 第二届世界互联网大会"互联网+"论坛的演讲, 2015.
② 罗伯特·卡恩（Robert E. Kahn），1938 年 12 月 23 日出生于美国纽约布鲁克林，2004 年图灵奖获得者之一，美国国家科学院院士，美国艺术与科学院院士，ACM fellow，IEEE fellow，美国国家研究计划公司（CNRI）创始人。罗伯特·卡恩和温顿·瑟夫领导了传输控制协议和互联网协议（TCP/IP）的设计和实现，制定了网络的基本设计原则，制定了 TCP/IP 来满足这些需求，建立了 TCP/IP 原型，并协调了几个早期的 TCP/IP 实现。他们在 1974 年的一篇开创性论文 A Protocol for Packet Network Intercommunication（分组网络互联协议）中概述了互联网架构并于 1977 年监督了 TCP 的实施以及 ARPANET、PRNET 和 SATNET 的实验性连接，这是因特网的第一个雏形，因此他和温顿·瑟夫被称为"互联网之父"。
③ 中国互联网络信息中心（CNNIC）. 第 53 次中国互联网络发展状况统计报告 [R].2024.

民"的一员。2003 年网吧开始崛起，虽然明令禁止未成年人进入，但当时放学跑去网吧看别人打游戏成了我们最开心的时光，网吧老板也睁一只眼闭一只眼，表示只要我们不玩，看看还是可以的。那个时候《反恐精英》《红色警戒》等游戏最为流行，整个网吧充斥着枪声和嘶吼声，伴随着浓浓的二手烟，再加上一群小孩的惊呼声，这就是中国网吧早期的现实写照。我第一次接触网络游戏是在 2007 年开始玩一款叫《奇迹》的网游，2008 年读大学后便陷入《魔兽世界》不可自拔，所以从我第一次走进虚拟世界，算起来已经二十余年，其间逐渐"成长"为一个资深游戏玩家，并成为我在科研之外的兴趣之一。除了《魔兽世界》，我喜欢追逐新款游戏，也喜欢回顾经典游戏，为购置游戏设备和软件也付出了很多金钱方面的代价，截至今日，我在各种设备上所购买的游戏，已经积累了数百款。当然，我不只参与游戏，也购买了大量数据库以及数字博物馆的会员，参加了 Meta 公司 Horizon Worlds 的测试，亲临了数场科技产品发布会，也参加过各种动漫游戏展会。于是，我在博士一年级刚刚接触田野调查的时候就萌发了何不用田野调查方法写一本关于虚拟世界民族志的想法，但当时由于主要的研究方向和这一点的相关性不大，就此搁置。然而随着对专业知识的学习的不断深入，学科素养已经根深蒂固扎根于我的知识谱系，每当我进入虚拟世界时，就会不自觉地以专业视角去观察这个世界，也开始有意识地进行访谈并搜集资料，虽然一直没能落笔，但资料已逐渐丰富起来。

2023 年，我们的课题"西南人口较少民族传统建筑装饰图像数字化开发研究"和"中国式现代化进程中云南都市驱动型乡村文化空间数字化转型研究"分别获得国家社科基金和省哲社基金的支持，"文化数字化"这个问题再次来到我们面前，我开始思考当现实世界的文化进入虚拟世界后将会有什么的变化以及怎样利用虚拟世界保护和开发文化遗产。本来我怀着激动的心情想要进入虚拟世界中闯荡一番，开始文化数字化研究的伟大工程，但随着一些探索和尝试接连失败后，一盆盆冷水就此泼来，我才意识到数字化以及虚拟世界没有我想象得那么简单。我曾自豪地以为我对虚拟世界已经了如指掌，但真正深入之后才发现我之前了解的不过是皮毛而已，巨大的心理落差感促使我在这个热潮下开始冷思考。幸而在人类学和民族学领域学过的知识告诉我：想要了解一个社区或者一个群体，就要从最基本的田野调查开始。于是我翻找出之前在玩游戏的过程中记录下的笔记和访谈资料，重拾当年的愿望，决定开展一场虚拟世界的田野调查，完成一部虚拟世界的民族志，为进一步了解虚拟世界打下基础，这就是本书写作的初衷。与之前较为随意的观察和记录不同的是，这一次我是在科学的方法指导和前期经验的基础上，有计划有目的有组织地带着问题意识进行的田野调查。在经过之前二十余年的积累和近一年的系统调查后，一部虚拟世界的民族志渐显雏形。

我是学历史出身，博士阶段开始接受人类学和民族学的训练，最开始的研究方向是文化遗产，直到在撰写博士论文的时候，才开始采用初步的数字化技术将文化遗产相关的图像进行储存和记录。也就是在这个时候我开始接触文化数字化这一领域，后来加入云南财经大学文化产业系，便将院系发展和个人研究方向结合在一起，确定将文化遗产数字化保护开发作为我的主要研究方向。能够将个人兴趣和研究方向结合在一起，真是一件非常幸运的事。得益于之前对历史学和文物学的学习，我能够在文化遗产传承保护研究中有着较为良好的知识基础，但数字化对我来说仍然是一个全新的领域，因此在调查伊始，困难就接踵而至。

首先面临的困难就是没有完整的先例可参考。在现实世界的田野调查资料和案例已经极为丰富，但对于虚拟世界的研究要么专题化，要么就是针对特定问题以论文形式研究发表，尚没有一本较为完整的民族志可供参考，国外一些关于虚拟世界的调查研究也处于较为早期的阶段，所以我只能先从一般的民族志出发，以最传统的几个大类作为虚拟世界民族志的写作范式。

其次就是写作体例的问题。最开始的想法是写一本自我民族志，记录我自己在虚拟世界的生活，但由于能力欠缺，经常陷入主观臆断之中，所以还是决定采用最基本的观察和参与观察的方式，而又由于写作水平有限，无法达到《金翼》①这样以精彩的故事叙述来书写文化的水平，所以就只能将各种描述方法杂糅其间，尽最大努力来描述虚拟世界的生活。

再次就是方法的问题，也就是在虚拟世界如何观察、怎样参与等问题。虽然很多专家都给出了极具建设性的建议，但真正做起来还是要摸着石头过河，因为这不仅对我来说是一次全新的尝试，对于这个领域来说同样如此。正如此前所说，由于缺乏参考，就只能先做出些许尝试，再步步深入。

最后就是专业知识的问题。由于我不是计算机和信息技术相关专业出身，在技术上很多事情难以理解，这就导致我对虚拟世界这个技术含量极高的领域在很多技术方面缺乏解释能力，虽然已经很努力在学习，但作为一个半路出家的门外汉还是显得力不从心。所以，对于很多现象的理解只能从我自身的专业角度出发，难以做到更深入的技术分析。

当然，这些困难同时也是一个机会，既然是摸着石头过河，就没有必须摸哪块石头的限制，我可以在这个新的领域中自由、大胆地进行研究，并且在研究中有很多意外的收获，这也是一桩幸事。所以，我的研究虽不敢说是开山之作，但作为一次尝试，哪怕面对再多的困难，也值得去试试。

当调查资料慢慢汇总之后，就面临如何整理的问题。我翻阅了很多民族志的章节排列方式，打了很多草稿，但怎么看都显得杂乱无章。心神不宁之时，又看了一遍电影《头号玩家》②，不得不佩服编剧和导演的巧妙安排，居然能够通过电影完整地展现一个虚拟世界。受此启发，我决定参照电影的叙事顺序，从身份建构开始，到关系网络、历史背景、文化情境、生存

---

① 林耀华. 金翼：一个中国家族的史记 [M]. 庄孔韶，方静文，译. 北京：生活·读书·新知三联书店，2015.

② 《头号玩家》（Ready Player One）是由美国导演史蒂文·斯皮尔伯格执导的一部科幻电影。影片根据恩斯特·克莱恩同名小说《玩家一号》改编，讲述在虚拟技术十分发达的 2045 年，现实社会令人失望，人们沉浸于一款名为"绿洲"（OASIS）的虚拟游戏。18 岁的韦德·沃兹和他的朋友们一起，突破重重关卡，拿到了游戏创始人詹姆斯·哈利迪在游戏中隐藏的彩蛋，成为绿洲继承人的故事。

劳作，最后重新回到现实世界这样的"虚拟世界生命历程"顺序展开虚拟世界的图景。这同样也是一种尝试，因为即使在现实世界的田野调查我们也很难完整地追踪调查对象的生命历程，大多数调查只能在有限的空间和时间范围内记录田野点情况，但在虚拟世界中，一个玩家建立角色，然后开始游玩游戏，再到最后退出游戏，至少在这个阶段，生命历程是可以追踪的，最后我们决定以这样的历程叙述顺序来组合调查资料。

为了让本书符合学术专著的基本要求，主要文献均从 CSSCI、SCI、SSCI 中查询采用，所引用专著均是在学界产生一定影响力的学者所著，文稿也是在请教多名专家的基础上仔细修订。虽然我已经尽力避免，但由于经验的缺乏和参考文献的不足，在资料组合的过程中，仍然还有很多错乱。另外，我在资料分析和阐释过程中，受限于学识水平不高和眼界的狭隘，导致很多地方的分析尚有欠缺甚至错误。因此，我希望以此书为平台求教诸方，希冀得到各位专家学者的指导，让我能够学习到更多关于虚拟世界和文化数字化的知识。不管怎样，这本书作为我的一次尝试，无论质量好坏，至少也代表了我对未来的期许以及作为刚刚入门的学生现有的水平和成长历程，因此我仍然大胆地出版此书，勇敢表达了自己略显稚嫩的观点。

最后，借用库兹奈特在《如何研究网络人群和社区：网络民族志方法实践指导》一书中对在虚拟世界中从事相关研究工作的学者们的寄语来开始本书内容：

我们这个群体，这个连线的人类学家社区，有能力去追踪文化互动，不管它如何呈现。

我们，网络的网络民族志研究者，网址和引擎、气味和图像、凝视和抓取的狩猎者和采集者。我们跨越海洋，不是水的海洋，而是无限的激流、险滩及漩涡的数据流。作为数字的侦探，比特和字节的手工业者，我们不断地适应、安装、编程、链接、提问、解释、反思、记录。跟从混合的一切，线上到线下，线下到线上。在公众的地方，向公众，以及为了公众征求同意，以参与意义重大的抗议性事件。述说我们的故事，而我们的思绪还在线。

我们在古老的树林中开出一条新路，在其中，闪亮的铜线像绿色的葡萄藤一般在密林中生长。我们牢牢地、紧紧地抓住传统的桥，我们在新的空洞中摸索前进，探索这个新的空间，接触新的朋友，从他们身上学习，为了他们学习，作为一个人学习。

也许你将要开展你自己的网络民族志。也许你将享受阅该网络民族志，或者评论和评估它们，或者努力理解或从事网络民族志。不管你与网络民族志的联系是什么，我希望你从这个人类相互联系的崭新的、引人入胜的领域得到乐趣和启发。因为与我们的科学严格性同等重要的，也许是我们的游戏性。网络民族志——正如民族志——在大多数时候应该是使人喜悦的无限地追求探索新的关系和新的联系。

我们线上见！①

王毓川

2024 年 6 月

于云南财经大学龙泉校区图书馆

---

① 罗伯特·V.库兹奈特.如何研究网络人群和社区：网络民族志方法实践指导[M].叶韦明，译.重庆：重庆大学出版社，2016：219-220.

目　录
contents

绪　论 …………………………………………………………… 1

一、"虚拟世界"的概念 ………………………………………… 4

二、虚拟世界的相关研究回顾 ………………………………… 10

三、理论基础：数字人类学 …………………………………… 24

四、研究对象：从"化身"到"人" …………………………… 35

五、研究方法：虚拟世界的田野调查 ………………………… 37

第一章　进入田野 …………………………………………… 43

第一节　田野点概况 ………………………………………… 46

一、艾泽拉斯世界及其他世界 ………………………………… 46

二、种族以及职业 …………………………………………… 47

三、基本游戏机制 …………………………………………… 49

第二节　进入田野 …………………………………………… 51

一、进入《魔兽世界》 ……………………………………… 51

二、资料收集 ………………………………………………… 52

第二章　虚拟身份：第二人生的开始………………………… 61

第一节　自我身份认同："化身"的建立 ………………… 64
一、角色选择 ……………………………………… 64
二、中途介入者 …………………………………… 70
三、生活方式 ……………………………………… 73

第二节　"英雄"之路 ……………………………………… 76
一、"英雄"身份的构建 ………………………… 76
二、"英雄"的生命形成 ………………………… 80
三、当"英雄"回到现实 ………………………… 84

第三章　差序格局：虚拟世界的关系网络……………… 88

第一节　虚拟世界中的差序格局 ………………………… 91
一、内群体 ………………………………………… 91
二、虚拟世界的差序格局类型 ………………… 95

第二节　虚拟组织 ………………………………………… 107
一、虚拟世界组织方式 ………………………… 107
二、虚拟世界组织的本质及意义 ……………… 116

第四章　历史书写：虚拟的历史及意义………………… 123

第一节　被建构的历史 …………………………………… 124
一、被建构的历史与虚拟世界自身的历史 ……… 124
二、"他者"眼中的历史 ………………………… 132

第二节　虚拟世界与真实的历史 ………………………… 139
一、何以可能 ……………………………………… 139

二、何以可为 ·· 141

三、实验结果 ·· 152

第五章　创造认同：虚拟世界中的文化演绎·············· **158**

第一节　虚拟世界的文化表征 ···························· 160

一、语言的隐喻 ·· 160

二、仪　式 ·· 165

三、创造传说 ·· 182

第二节　从文化认同到群体 ······························ 191

一、认同的形成 ·· 191

二、虚拟与现实之间 ·· 202

第六章　披星戴月：从生计到生活·················· **208**

第一节　生　计 ·· 210

一、为了美好的生活 ·· 210

二、迷失的"网吧大神" ···································· 215

第二节　数字劳动 ·· 221

一、工作室 ·· 221

二、数字劳工 ·· 226

第七章　回到现实：难以割舍的虚拟世界············· **241**

第一节　离开与逃离 ·· 242

一、AFK ·· 242

二、逃离虚拟世界 ·· 249

第二节　虚拟与现实之间 ⋯⋯⋯⋯⋯⋯⋯⋯⋯⋯⋯ 254

　　一、难以割舍的虚拟世界 ⋯⋯⋯⋯⋯⋯⋯⋯ 254

　　二、回到现实 ⋯⋯⋯⋯⋯⋯⋯⋯⋯⋯⋯⋯⋯ 258

第八章　结语：虚拟世界的未来 ⋯⋯⋯⋯⋯⋯⋯⋯ 260

第一节　人所创造的世界 ⋯⋯⋯⋯⋯⋯⋯⋯⋯⋯ 262

第二节　人所组成的世界 ⋯⋯⋯⋯⋯⋯⋯⋯⋯⋯ 264

第三节　人所生活的世界 ⋯⋯⋯⋯⋯⋯⋯⋯⋯⋯ 266

参考文献 ⋯⋯⋯⋯⋯⋯⋯⋯⋯⋯⋯⋯⋯⋯⋯⋯ 268

附录：受访人列表 ⋯⋯⋯⋯⋯⋯⋯⋯⋯⋯⋯⋯ 282

后　记 ⋯⋯⋯⋯⋯⋯⋯⋯⋯⋯⋯⋯⋯⋯⋯⋯⋯ 285

绪　论

虚拟世界正在以难以置信的速度到来，从互联网的诞生，到电子游戏、数字博物馆所塑造的虚拟空间，再到虚拟现实（VR）、增强现实（AR）、混合现实（MR）等技术的实现，电影《头号玩家》所描绘的虚拟世界即将到来。在这个世界中，人类以形态各异的"化身"（Avatars）这种新的具身性方式游走其间，艺术、思想在这里碰撞出新的火花，科学、技术在这里蓬勃发展；微博、短视频早已吸引住人们的眼球，微信、QQ已成为社交的主要工具，电子游戏也已经成为人们生活的一部分。我们已经无法阻止虚拟世界的到来，更无法拒绝进入这个世界。

很多学科早已开始关注虚拟世界，计算机和信息科学致力于从技术上改造发展虚拟世界，以打造一个理想中的"元宇宙"；传播学试图找寻信息在虚拟世界的传播规律；管理学从组织架构分析的角度探寻虚拟世界的运作逻辑；哲学在探讨从现实转向虚拟过程中的哲学逻辑；历史学开始讨论数字时代的历史书写；文学在讨论虚拟世界的语言表达；化学、物理学、体育学、艺术学……不管是人文社科还是自然科学，所有学科都开始加入虚拟世界的研究中。就像现实世界一样，虚拟世界拥抱着现实世界的一切。

当人们以"0"和"1"的组合进入虚拟世界之后，作为对"人"研究的学科，人类学也随之关注了虚拟世界。"数字人类学""数字社会学"这些分支学科的诞生说明人类学和社会学在虚拟世界的研究渐成体系，理论和方法也在不断完善，十余年来成果斐然，但虚拟世界的发展速度太过迅猛，当一个成果刚刚发表的时候，新的现象又开始出现。这并不意味着成果是无意义的，正如在现实世界一样，一切研究都是在探寻永无止境的真相。在现实世界中，人类学已经诞生数百年，但进入虚拟世界的研究才十余年，并且 19 世纪的人类学家建立这门学科时不可能想到百余年后会有如此庞大的一个新世界出现，虽然人类学的理论和方法经过了百余年的发展，但面对发展如此迅猛的虚拟世界，人类学的研究开始面临巨大挑战。

尽管挑战艰巨，但和所有学科一样，再复杂的问题也要从第一步开始，对于人类学来说，调查就是人类学研究的第一步。这一点上，人类学家早已开始行动，针对专门问题的调查成果已经十分丰富，但也就是这样的研究趋向导致对虚拟世界进行全面、完整的调查较为缺乏。虽然为了解决一个特定问题而有针对性的调查是必不可少的，但通过调查展示一个完整的虚拟世界也十分必要。

在现实世界，对一个乡村、城市或者一个群体进行调查后，都会形成一份调查报告，即民族志。有学者认为调查报告和民族志是有区别的，民族志研究肯定要做田野调查，但是并非做田野调查就是民族志。简单地说，民族志是一种更加严格的田野调查。这里所说的"严格"，一方面是田野工作的时间，另一方面是指理解与表达。① 在这里，我们无意讨论调查报告和民族志之间的区别，因为时至今日，一份优秀的调查报告或民族志都已经是在调查的基础上进行较为深入的分析，如果没有分析的调查报告，只能算是调查日记或者田野随笔，因此虽然本书冠以"调查"之名，但并不想局限于简单的描述，而是在调查的基础上做出分析和讨论，形成一份具有学术意义的民族志。人类学家把庞杂而散漫的民族志发展为以专门的方法论为依托的学术研究成果的载体，这就是以马林诺夫斯基为代表的"科学的民族志"。人类学把民族志发展到"科学"的水平，把这种文体与经过人类学专门训练的学人所从事的规范的田野作业捆绑在一起，成为其知识论和可靠资料的基础，因为一切都基于"我"的在场目睹，"我"对事实的叙

---

① 郭建斌，张薇.“民族志”与“网络民族志”：变与不变 [J].南京社会科学，2017（05）：95-102.

述都基于对社会或文化的整体考虑。①

　　然而在虚拟世界，却很少有人类学家进行一场完整的田野调查，从而导致描述虚拟世界的民族志研究十分缺乏。虽然一些学者已经注意到虚拟世界的到来并开始了一些调查工作，②但不管是从数量上还是深度上来说，相比现实世界的民族志研究还处在极为初步的阶段。

　　当然，虚拟世界的历史不过才半个多世纪，开始对虚拟世界进行人类学的调查研究也才二十余年，而现实世界的科学田野调查已经有百余年的经验，在这一点上似乎没有可比性，但作为学科研究的基础，田野调查和书写民族志是夯实学科基础、托底学科发展的重要材料，因此在虚拟世界快速发展的今天，撰写描绘虚拟世界图景的民族志显得尤为重要。

　　人类学的民族志并不是面面俱到的全景式描绘，作为对文化和社会较为关注的学科，更希望展现并剖析虚拟世界的文化和社会图景，因此和所有人类学民族志一样，虚拟世界的调查报告同样关注的是文化和社会。正因如此，本次调查希望展现的是虚拟世界的社会生活图景，并对虚拟世界中的社会生活展开讨论，而并非进行技术的研究。

　　另外，还有一个目的就是解决现实问题。虚拟世界已经对现实世界产生巨大的反作用力，至少从现在来看，现实世界所发生的事情似乎都会和虚拟世界产生联系。对虚拟世界展开调查研究，其目的还是探寻利用虚拟世界解决现实问题的路径与方法，进而促进现实世界的发展，提高人们的生活水平，不但要让人们享受一个理想中的虚拟世界，更要满足现实世界对美好生活的向往，并且在虚拟和现实之间建立起良性互动，共同推动着

---

① 詹姆斯·克利福德，乔治·E.马库斯.写文化民族志的诗学与政治学 [M].高丙中，吴晓黎，李霞，等译.北京：商务印书馆，2006：2.

② 相关著作包括：刘华芹.天涯虚拟社区：互联网上基于文本的社会互动研究 [M].北京：民族出版社，2005；玛丽恩·马修，罗娜·萨波特尼克.网上激情：网络虚拟情感调查 [M].杨颖，译.北京：中国社会出版社，2005；罗伯特·V.库兹奈特.如何研究网络人群和社区：网络民族志方法实践指导 [M].叶韦明，译.重庆：重庆大学出版社，2016：06；彭流莹.虚拟民族志与当代中国电影 [M].北京：中国电影出版社，2023.

社会进步。

从更为宏观的角度来说，虚拟世界没有边界，却又存在边界。这一边界的形成便是由不同地域、不同文化的人进入虚拟世界后形成的文化边界。中国特色在虚拟世界中同样被凸显出来，虽然西方学者已经做了一些虚拟世界的田野调查，但无论是调查结果还是调查内容都是在西方文化的大背景下进行的。在中国式现代化快速发展的今天，虚拟世界将会呈现出怎样的中国特色，中国又将如何影响甚至引领虚拟世界的发展，这也是一个非常重要的问题。

一、"虚拟世界"的概念

迄今为止，对于虚拟世界尚未有一个标准化的定义，对于人文社科类的学科来说，标准定义似乎是一件可望而不可及的事情，"虚拟世界"的概念同样如此。因此，我们并不追求在本书中给予"虚拟世界"一个标准化概念，而是从诸多概念界定中寻找共同点，以为本书提供一个较为清晰的研究对象。

下表列出了国内外关于虚拟世界的几种代表性概念。

表 0-1　国内学者提出的虚拟世界概念汇总

国内学者提出的虚拟世界概念	
概　念	资料来源
网络的虚拟空间是以运用数字化符号为基础构成的，是以 0 和 1 组合的 BIT 数据，通过计算机自动的符号处理，把信息、文字、图像等作为自己的形式，以场的状态弥漫而成符号空间	孟威 . 网络"虚拟世界"的符号意义 [J]. 新闻与传播研究，2001（04）：33-42+95.
虚拟世界是通过电子游戏进行外显，随着技术的不断发展，虚拟世界便会不断地更加外显，进而形成元宇宙	方凌智，翁智澄，吴笑悦 . 元宇宙研究：虚拟世界的再升级 [J]. 未来传播，2022，29（01）：10-18.

续 表

| 国内学者提出的虚拟世界概念 ||
概　念	资料来源
人类可以在其中显示自己的存在（或存在的另一种形式）的"虚拟家园"，这种虚拟世界的对象化必须依赖模式识别、全息图像、自然语言理解和新传感手段等多媒体、多通道的集成技术	陈晓荣. 虚拟世界的哲学蕴含 [J]. 科学技术与辩证法，2003（02）：19–22.
虚拟世界是人对现实世界的反映，通过人对数字化符号的演绎，利用数字化技术再生产出来，展现出一个可认知的世界	彭凯平，刘钰，曹春梅，等. 虚拟社会心理学：现实，探索及意义 [J]. 心理科学进展，2011，19（07）：933–943.
虚拟世界既不是有形的物理世界，也不是根本不存在的虚无。它是一种特殊的现实世界，是一种人造的电子世界，既不能把它简单地归结为有形物质，也不能把它简单地归结为意识。它是一种由物质向意识转化的中间环节，形成了事物的过度态，即波普尔的"世界3"理论——它把世界区分为三个："第一，物理客体或物理状态的世界；第二，意识状态或精神状态的世界，或关于活动的行为意向的世界；第三，思想的客观内容的世界，尤其是科学思想、诗的思想以及艺术作品的世界。"	陈晓荣. 虚拟世界的哲学意义 [J]. 自然辩证法研究，2003（04）：81–82.
在考察其本质时，我们不能仅仅以为它是对现实世界的摹写和描述，更包括对现实世界的超越，是自主的世界，人的主观性在这个世界里往往发挥着重要的作用，是一个在人的主观性里存在的世界图景	李文光，董志彪，张亚娟. 虚拟世界及其教育应用 [J]. 电化教育研究，2008（11）：16–20.
是指由人工智能、计算机图形学、人机接口技术、传感器技术和高度并行的实时计算技术等集成起来所生成的一种交互式人工现实，是一种能够高度逼真地模拟人在现实世界中的视、听、触等行为的高级人机界面，是一种"模拟的世界"。虚拟世界，不仅包含狭义的虚拟世界的内容，而且还指伴随计算机网络技术发展和相应的人类网络行动的呈现而产生出来的一种人类交流信息、知识、思想和情感的新型行动空间，它包含了信息技术系统、信息交往平台、新型经济模式和社会文化生活空间等方面的广泛内容及其特征。一句话，广义的虚拟世界是一种动态的网络社会生活空间	冯志鹏. 从混沌走向共生 [J]. 自然辩证法研究，2002（07）：44–47.

表 0-2　国外学者提出的虚拟世界概念汇总

国外学者提出的虚拟世界概念	
概　念	资料来源
虚拟世界是一个在线的、计算机模拟的环境，在这个环境中，多个用户通过创建被称为"化身"的情感角色，在一个共享空间中实时互动	Barbara J.,Guzzetti.,Stokrocki M.Teaching and Learning in a Virtual World[J].E-Learning and Digital Media,2013(10):242-259.
基于屏幕的虚拟世界	Davis D.,Alexanian S. Role-playing recovery in social virtual worlds:Adult use of child avatars as PTSD therapy[J].Computer Methods and Programs in Biomedicine Update,2024(05):100-129.
指的是计算机生成的三维物体、人或具有看似真实、直接或物理用户交互的环境的模拟，是一种用于工作或娱乐目的的新兴模式	Dionisio J.D.N. et al.3D virtual worlds and the metaverse:Status and future possibilities[J]. ACM Computing Surveys,2013.
虚拟世界被认为具有强大的能力来支持人与人之间的协作。虚拟环境的物理特征被指出是这种能力的原因，因为它们创造了我们熟悉的沉浸式环境	Cruz A.,Paredes H.,Fonseca B.,Morgado L.,Martins P.,Can Presence Improve Collaboration in 3D Virtual Worlds?[J]. Procedia Technology,2014(13):47-55.
虚拟世界被定义为一个持久的计算机模拟环境，允许大量用户在模拟环境中以虚拟化身为代表进行实时交互	González M.A.,Santos B.S.N.,Vargas A.R.,Martín-Gutiérrez J.,Orihuela A.R.Virtual Worlds Opportunities and Challenges in the 21st Century[J].Procedia Computer Science,2013(25): 330-337.
计算机内部精心设计的地方，旨在容纳大量的用户	Castronova E. Synthetic Worlds:The Business and Culture of Online Games[M].Chicago:The University of Chicago Press,2005.
虚拟世界建立在虚拟现实环境的基础上，即一个高端的用户计算机界面，通过多个感官通道进行实时模拟和交互	Burdea G.C.,Coiffet P. Virtual Reality Technology (2nd edition)[M].New York:John Wiley & Sons,2003.
基于空间的持久虚拟环境的描述，可以由众多参与者同时体验，这些参与者在该空间中通过化身来代表	Koster R.A virtual world by any other name? [J/OL],2004.visited the 29.08.2013 at http://terranova.blogs.com/terra_nova/2004/06/a_virtual_world.html.

续　表

国外学者提出的虚拟世界概念	
概　念	资料来源
虚拟世界是计算机生成的环境，依赖于暗示三维性的图形，可以通过称为"头像"的虚拟体访问	Berger M.,Jucker A.H.,Locher M.A. Interaction and space in the virtual world of Second Life[J]. Journal of Pragmatics,2016(101):83–100.
一种计算机生成的显示，允许或迫使用户在他们实际所在的环境之外有一种存在感，并与该环境进行交互	Schroeder R. Possible worlds:the social dynamic of virtual reality technologies[M]. Boulder:Westview Press,1996:25
一个同步的、持久的人的网络，以虚拟形象为代表，由联网的计算机提供便利	Spence J.Demographics of virtual worlds. Journal of Virtual Worlds Research [OL].2008(2):http://journals.tdl.org/jvwr/article/view/360/272.
虚拟世界是一个开放式环境	Iqbal A.,Kankaanranta M.,Neittaanmäki P.Experiences and motivations of the young for participation in virtual worlds[J]. Procedia– Social and Behavioral Sciences,2010(02):3190–3197.
网络空间不仅仅是电子媒体或计算机界面设计的突破。因其虚拟的环境和模拟的世界，网络空间还是一个形而上学的实验室，一种检验我们实在之真正意义的工具	迈克尔·海姆.从界面到网络空间：虚拟实在的形而上学［M］.金吾伦，刘钢，译.上海：上海科技教育出版社，2000:78.
一个由计算机支持、连接和生成的多维的全球网络或"虚拟"的真实。它是真实的，每一台计算机都有一个窗口；它是虚拟的，所看到或所听到的，既不是物质，也不是物质的表现，相反它们都是由纯粹的数据或信息组成的。这些信息一部分源于与自然和物质世界相关运作，而更多的则来自维系人类的科学、艺术、商业和文化活动的巨大信息流	Benedict M. Cyberspace:First Steps[M]. Cambridge,MA，MIT Press,1991:122–123.

　　虽然以上列举的定义还没有覆盖关于虚拟世界的全部定义，但已经可以看出以下几种定义趋势：

　　1.虚拟世界是基于计算机技术产生的。

　　2.虚拟世界是一个信息的世界。

3.虚拟世界的主要参与者是现实中的人以"化身"的形式参与。

4.虚拟世界是一个可以感知的空间。

5.虚拟世界是一个交互空间，包括虚拟世界内的交互和虚拟世界与现实世界的交互。

虽然本书也难以给出一个具体定义，但从以上几种定义趋势基本可以约定虚拟世界的范围，但还有一些定义带有争议性。例如，虚拟世界是否和互联网相关联。在很多关于虚拟世界的定义中都将网络世界和虚拟世界混为一谈，尤其是在一些考察网络游戏的研究中尤为明显。首先，网络游戏符合虚拟世界的标准，但虚拟世界并不一定需要依赖网络游戏而存在，单机游戏就是一个典型的例子，当切断网络后依然可以通过电脑畅游于单机游戏所提供的虚拟世界，并且我们还可以在不需要网络的情况下利用各种软件（如3Dmax、虚幻引擎等）打造一个虚拟世界，所以虚拟世界并不一定和网络相关联。

再如，虚拟世界依靠电脑而存在，或者透过电脑屏幕才能进入虚拟世界。当然，现在对于电脑的概念也已经很宽泛，手机、iPad本质上也可以视为电脑，但很多定义明显指的是狭义的电脑，即台式电脑和笔记本电脑。所以，为了消除歧义，本书对电脑的理解采用了广义的概念，也就是所有计算设备均可视为电脑，这就意味着一切计算设备都可以成为虚拟世界的载体。这一关于计算设备的争议也同时引出另外一个关于虚拟世界的争议，即虚拟世界需不需要输出设备（如显示器、音响等）？这一争议是由于在一些概念中提到虚拟世界是可感知的（包括听觉、视觉等），这一点虽然不可否认，但也要注意一个事实：虚拟世界可以不被感知而存在。一个极端的情况就是当我们关闭一切计算设备，虚拟世界会不会就此消失，甚至我们可以做一个更为极端的想象，如果有一天出现世界范围的大停电（虽然这种情况不太可能出现），虚拟世界会不会消失？如果从能量供应的角度来说可能会消失，因为虚拟世界的所依靠的最基础的电能已经停止供应，计算机也已经停止计算；而如果从存储的角度来说，虚拟世界并未消失，它依然存储于储存设备中，磁极正负的编码依旧存在，虚拟世界只是停止运行而已，并未消失。我们想表明的是虚拟世界并不依赖感知而存在，在人类感知不到之处虚拟世界依旧存在，并且随着 AI（人工智能）、云计算、云储存等技术的发展，虚拟世界甚至能够做到自主运行。因此，虚拟世界可以被我们所感知，但人的感知并不是虚拟世界存在的条件。简单来说，没有屏幕，虚拟世界依旧存在。

还有一个非常重要的争议就是虚拟世界和元宇宙（Metaverse）之间的关系。从 2021 年被定义为"元宇宙元年"以来，近几年"元宇宙"成为一个热点话题，随着虚拟现实技术的快速发展以及生成式人工智能的广泛运用，元宇宙的发展速度已经超乎想象。元宇宙的概念最早来自 1992 年的科幻小说美国科幻小说《雪崩》（*Snow Crash*），2021 年 Facebook 改名为 Meta 开始引发关于元宇宙的热烈讨论。有一点是可以肯定的：元宇宙来源于虚拟世界，是虚拟世界的进一步发展形态。[①] 因此从这一点来说，元宇宙就是虚拟世界的一种表现形式，二者没有本质上的区别。如果在本书中"元宇宙"和"虚拟世界"两个名词交替出现，仅仅是出于行文通顺的考虑，并非概念的不同。

对于虚拟世界概念的争议还将继续，但执着于得出一个标准概念意义不大，一方面虚拟世界已经成为一个常识性概念，提到虚拟世界，人们脑海中所浮想的理念已经趋近一致，不用做过多的解释说明就能理解所要说的虚拟世界是什么。另外也没有必要用文字框住虚拟世界，因为这是一个变化极快的世界，我们现在所认知的虚拟世界可能在下一秒就产生新的事物，甚至打破现有概念。

但为了规范化的研究，我们还是不得不做出一些限定，以防止一些误解或者研究范围的失控。第一个限定便是载体的限定，这里所限定的虚拟

---

① 方凌智，翁智澄，吴笑悦. 元宇宙研究：虚拟世界的再升级 [J]. 未来传播，2022，29（01）：10-18.

世界必须依靠计算机设备而存在，由此与文学或者哲学所指涉的"虚幻空间""幻想空间"等概念做出区别。第二个限定条件就是数字化内容，即虚拟世界内的一切都是以数字化的形式存储、运行并展现，如此便和硬盘、CPU、GPU 等物理硬件相区别，因为本书讨论的主题并非硬件技术问题（虽然可能有所提及），所以有必要把虚拟世界和物理内容区别开来。第三个限定条件就是必须要有人的参与，做出这一个限定比较艰难，正如刚才所提到的虚拟世界完全有可能在 AI 的操控性自主运行，但我们依然坚持马克思主义所提到的人的实践性，没有人的实践，世界无法被改造，文明无法发展，从人类学的角度说，没有人的文化毫无意义。因此，必须有人参与的虚拟世界才是一个充满意义的世界，才是一个值得研究的世界，否则不过是一堆数据的自动运算而已。

有了这三个限定条件，加之对先前概念的梳理，虽然依旧没有提供一个描述性的标准概念，但相信本书对虚拟世界的所指已经非常明确，研究对象也就清晰起来。但是，虚拟世界过于庞大，以一己之力难以进行彻底、全面的研究，只能提取具有典型代表性的一个"小世界"来进行研究，就像人类学家所进行的田野调查是对人的研究，但不是对世界上所有人的研究，而是选取代表性群体，划定一定的范围进行区域研究。同样的道理，本书并非对整个虚拟世界做出研究，与人类学一样，在虚拟世界选取一块"区域"进行调查。而人类学还有另外一句经典语录："我们在村子里做研究，但眼光却早已到达村子之外。"这就是由小见大，从一个区域开始找寻社会和文化的发展规律，对虚拟世界的研究同样如此。

二、虚拟世界的相关研究回顾

（一）国内研究

国内对虚拟世界的研究成果已经十分丰硕，难以一一展现，因此通过对引用量最高的前 500 篇文献对国内研究做出整体上的分析。

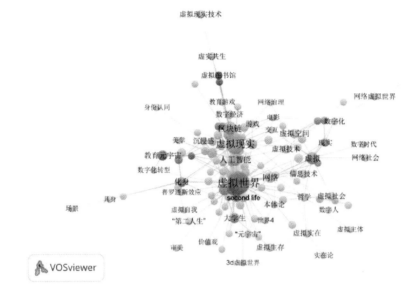

图 0-1 关键词共现网络图

表 0-3 主题词共现矩阵表

单词	元宇宙	技术	世界	现实	社会	网络	数字	学院	人类	虚拟现实	问题
元宇宙	2045	2944	2249	1897	1283	282	1513	6	1106	273	669
技术	2944	1081	790	711	609	362	475	32	457	506	334
世界	2249	790	833	1514	477	303	810	2	607	194	253
现实	1897	711	1514	741	625	330	560	1	525	216	227
社会	1283	609	477	625	683	599	584	15	476	54	269
网络	282	362	303	330	599	655	75	3	107	97	284
数字	1513	475	810	560	584	75	571	3	410	56	174
学院	6	32	2	1	15	3	3	425	2	2	4
人类	1106	457	607	525	476	107	410	2	393	61	126
虚拟现实	273	506	194	216	54	97	56	2	61	390	99
问题	669	334	253	227	269	284	174	4	126	99	331

从图 0-1 可以看出，伴随虚拟世界出现概率最高的三个词语是"虚拟现实""人工智能""区块链"，这也是国内对虚拟世界研究的三个主要方向；从表 0-3 来看，"元宇宙""技术"是共现频率最高的词汇，与图 0-1 中的"虚拟现实""人工智能""区块链"三个词语相对应。

虚拟现实是伴随虚拟世界研究的高频共现词，这也是国内学者最为关注的一个点。虚拟世界诞生之后一度被认为是一个全新的世界，与现实世界形成了区隔明显的两个世界，但随着研究的推进，学者们发现虚拟世界和现实世界的关联度越来越多。虚拟现实技术的出现开始打破虚拟世界和现实世界的隔墙，各个学科都开始采用虚拟现实技术来促进新方法的运用，如医学[①]、传媒科学[②]、文学[③]、社会学[④]等，几乎所有学科都关注到虚拟现实技术所带来的改变，这一研究趋势必将还会持续相当长的一段时间。

区块链是中国学者对虚拟世界研究的另一重点，作为一种分布式账本，区块链技术是传统产业迈向数字经济的关键技术，对元宇宙具有重要的支撑作用。[⑤]数字经济事关国家发展大局，众多学者投入区块链技术的研究，有力推动了我国数字经济的发展。不同于西方学者关注的区块链中的"数字劳动""数字资本"，中国学者在区块链研究中最关注的是 NFT 问题（Non-Fungible Token，即非同质化通行证或不可替代代币），从"数字藏品"和"数字出版"两个强相关共现词可以发现，中国学者努力攻克的方向是如何通过保障数字所有权来推动数字经济的发展，这一方向的研究成为中国式虚拟世界自主知识体系的重要组成部分。

---

① 徐建光，单春雷，敖丽娟，等.虚拟现实技术应用于认知功能康复的专家共识 [J].中国康复医学杂志，2024，39（05）：609-617.

② 赵宇，周雯.虚拟现实纪录影像的交互叙事研究 [J].传媒，2024（08）：51-53.

③ 黎杨全.现实的虚拟化与现实主义的转向 [J].中国文艺评论，2024（04）：39-46+126.

④ 孙立武.重新定义"云"时代：虚拟现实的技术转场与情感逻辑 [J].理论月刊，2024（04）：146-152.

⑤ 李鸣，宋文鹏，宗燕，等.基于区块链的元宇宙生态体系架构 [J/OL].计算机研究与发展，2024（01）：6.

第三个重点研究方向是人工智能问题。这一研究方向随着 2023 年生成式人工智能的运用而成为研究爆点，不管是从人文社会科学的法学①、哲学②、教育学③抑或管理学④，甚至是自然科学⑤对人工智能尤其是生成式人工智能的研究异军突起，成为中国学者重点关注的方向。

除以上几个主要方向外，虚拟世界的研究还包含多个维度，尤其是在法律、伦理、心理、社会治理等方面。虚拟世界的法律伦理问题日益受到重视，柯达讨论了元宇宙金融的跨界融合治理，特别是多元货币融合的问题。⑥谢晴川研究了元宇宙相关商标的防御性注册问题，指出了商标使用向"两个世界"维度扩展的内在原因。⑦孙浩等通过实证分析，探讨了网络游戏对青少年心理健康的影响，提出了促进功能游戏发展和构建科学高效的网络游戏监管政策的建议。⑧另外，虚拟世界对社会文化的冲击和影响是多方面的。包国光和原黎黎分析了元宇宙中的伦理关系和伦理问题，提出了

① 毕文轩.生成式人工智能生成内容的版权属性与保护路径 [J/OL].比较法研究，2024（05）：1-20.

② 张淑.人工智能时代人类自我认识的哲学审视 [J].湖北大学学报（哲学社会科学版），2024，51（03）：167-174.

③ 王冲，张雅君，王娟.社会大众如何看待生成式人工智能在教育中的应用？——对 B 站 ChatGPT 话题弹幕文本的舆情主题与情感分析 [J/OL].图书馆论坛，2024（05）：1-12.

④ 许浩，胡晓艺.人工智能赋能城市安全风险治理的运行机制与治理困境 [J].城市问题，2024（04）：95-103.

⑤ 曾浩，吴国振，邹武新，等.基于人工智能驱动分子工厂技术的 Menin 抑制剂优化 [J/OL].中国药科大学学报，2024（05）：1-18；葛宏义，补雨薇，蒋玉英，等.人工智能在太赫兹超材料设计与优化领域的研究进展 [J/OL].激光与光电子学进展 2024（05）：1-27；王超超，张先超，谷正昌，等.中药材及饮片检测中人工智能应用探讨 [J/OL].中国工程科学，2024（05）：1-10.

⑥ 柯达.元宇宙金融的跨界融合治理：以多元货币融合为重点 [J].财经法学，2024（02）：162-177.

⑦ 谢晴川.元宇宙相关商标的防御性注册问题研究 [J].知识产权，2023（12）：64-88.

⑧ 孙浩，苏竣，汝鹏.虚拟世界的健康代价：网络游戏对青少年心理健康影响的实证分析 [J].清华大学教育研究，2023（06）：103-114.

建构元宇宙中伦理规则的原则和途径。^①吴一迪研究了虚拟世界"身份旅行"的道德风险，提出了"脱离角色"作为规避路径。^②而杨翠芳和任祎曼则从具身性的视角，探讨了数字时代化身传递的潜能与路径。^③

在虚拟世界的经济与商业模式上很多研究也卓有成效：一是虚拟经济与虚拟世界经济的概念、特征及其与现实经济的关系；二是虚拟世界经济的收益模式及其对服务贸易和产业结构的影响。虚拟经济作为一个新兴的研究领域，其定义在学术界存在一定的争议。沈明伟提出虚拟经济是观念支撑的价格系统，具体研究领域包括金融、资产化房地产等。^④而广义的虚拟世界经济则涵盖了一种动态的网络生活空间，与西方学界所称的虚拟经济（Virtual Economy）有一定的联系，但属于不同的领域。虚拟世界经济的收益模式可分为直接收益模式和间接收益模式。直接收益模式主要包括时间销售和虚拟物品销售等，而间接收益模式则包括现实货币交易和微型服务外包，间接收益模式对服务贸易发展、产业结构升级、增加低水平劳动力就业都具有特殊意义，更适合中国目前的形势。随着中国经济的全面、深入融入世界经济体系，发展国际服务贸易变得日益重要，而基于虚拟世界的国际服务贸易成为新的经济增长点。^⑤通过对虚拟经济与虚拟世界经济的概念、特征及其收益模式的分析，可以看出虚拟经济作为一种新兴经济形态，对现实经济产生了深远的影响。虚拟世界经济是一个多维度、跨学科的研究领域。从理论基础到实践应用，再到社会影响和法律伦理问题，

① 包国光，原黎黎.元宇宙中的伦理关系和伦理问题探析 [J].自然辩证法通信，2024（05）：112-119.

② 吴一迪.虚拟世界"身份旅行"的道德风险及其规避路径 [J].科学技术哲学研究，2024（02）：108-114.

③ 杨翠芳，任祎曼.数字时代具身性的化身传递之潜能与路径 [J].江汉论坛，2023（08）：15-22.

④ 沈明伟.虚拟经济与虚拟世界经济概念及关系之辨析 [J].福建论坛（人文社会科学版），2010（03）：59-61.

⑤ 沈明伟.虚拟世界经济收益模式研究 [J].学术界，2010（03）：41-47+285；沈明伟.基于虚拟世界的服务贸易分析 [J].东岳论丛，2010（09）：86-90.

虚拟世界经济的发展不仅对经济学领域提出了新的研究课题，也对社会治理、文化传播和法律制度提出了新的挑战。未来的研究需要更加深入地探讨虚拟世界经济的内在机制，合理引导其发展方向，同时建立相应的法律和伦理规范，以促进虚拟世界经济的健康发展。

值得注意的是，虚拟世界的研究开始朝着元宇宙的方向发展，从2021年被定义为"元宇宙元年"以来，几年的时间里元宇宙成为一个热点话题。随着虚拟现实技术的快速发展以及生成式人工智能的广泛运用，元宇宙的发展速度已经超乎想象，虽然目前尚不能准确预测其未来的发展势态，但随着中国力量积极参与到元宇宙的生态建设中以及二十大报告中正式提出实施国家文化数字化战略，这就意味着中国必将在未来成为引领元宇宙发展的重要力量。自从"元宇宙"作为一个舶来词被引入中国以来，其概念已经不再局限于计算机和互联网领域，从自然科学到社会科学，无不在讨论如何融入元宇宙之中。正是随着这些讨论的持续深入，中国式元宇宙自主知识体系也在被持续建构，中国学者们都在基于自身专业回答着什么是元宇宙这一全球性问题。中国学者关于元宇宙的讨论多属思辨式研究，在于对国外元宇宙的理论做概念的再阐释并做出价值判断，之后开始进入实证研究阶段，主要观察各个领域在元宇宙中的表征。[①]

---

① 王文喜，周芳，万月亮，等．元宇宙技术综述 [J].工程科学学报，2022，44（04）：744-756；赵星，乔利利，叶鹰．元宇宙研究与应用综述 [J].信息资源管理学报，2022，12（04）：12-23+45；周鑫，王海英，柯平，等．国内外元宇宙研究综述 [J].现代情报，2022，42（12）：147-159；郭全中，魏滢欣，冷一鸣．元宇宙发展综述 [J].传媒，2022（14）：9-11；方巍，伏宇翔．元宇宙：概念、技术及应用研究综述 [J/OL].南京信息工程大学学报（自然科学版），2024（01）：1-25；马鑫，王芳．元宇宙的概念、技术、应用与影响：一项系统性文献综述 [J].图书情报工作，2023（18）：113-128.

表 0-4 元宇宙研究领域主要作者及其研究倾向统计表

研究倾向	作者	文献主题
媒介传播	喻国明	未来媒介的进化逻辑："人的连接"的迭代、重组与升维——从"场景时代"到"元宇宙"再到"心世界"的未来 / 元宇宙：媒介化社会的未来生态图景 / 元宇宙：构建媒介发展的未来参照系基于补偿性媒介理论的分析 / 媒介何往：媒介演进的逻辑、机制与未来可能——从 5G 时代到元宇宙的嬗变 / 元宇宙：未来媒体的集成模式 / 元宇宙就是人类社会的深度"媒介化" / 数字资产：元宇宙时代的全新媒介数字资产对传播价值链的激活、整合与再连接 / 具身方式、空间方式与社交方式：元宇宙的三大入口研究基于传播学逻辑的近期、中期和远期发展分析 /ChatGPT 浪潮下的传播革命与媒介生态重构 / 元宇宙时代：人的角色升维与版图扩张 / 元宇宙视域下 Web3.0 重塑媒介发展新生态 / 元宇宙视域下的未来传播：算法的内嵌与形塑 / 元宇宙视域下传播行为的路径模型与拓展机理 / 元宇宙时代的新媒体景观：数字虚拟人直播的具身性研究 / 元宇宙推动社会"重新部落化"的底层逻辑与关键入口 / 元宇宙时代传播学研究范式的转型理论逻辑、内在机制与操作路径 / 从认知带宽到价值带宽：元宇宙视域下认知竞争逻辑的重塑 / 行为传播学：未来传播学学科构型的核心范式 / 元宇宙、游戏与未来媒介
图书馆	郭亚军	图书馆即教育：元宇宙视域下的公共图书馆社会教育 / 元宇宙赋能虚拟图书馆：理念、技术、场景与发展策略 / 元宇宙视域下的虚拟教育知识流转机制研究 / 元宇宙场域下虚拟社区知识共享模式研究 / 元宇宙视域下的图书馆服务模式：从虚实分离到虚实融合 / 元宇宙基础技术在我国双一流高校图书馆的应用现状与发展策略 / 元宇宙场域下的公共图书馆用户空间服务需求 /ChatGPT 赋能图书馆虚拟数字人 技术优势、应用场景与实践路径 / 元宇宙赋能公共图书馆无障碍服务 壁垒突破、体系构建与路径探究 /ChatGPT 赋能教育元宇宙数字教学资源建设与服务 / 元宇宙视域下的企业全面创新知识管理：场景、逻辑与架构 元宇宙场域下虚拟社区用户信息需求
治理	许鑫	元宇宙当下"七宗罪"：从产业风险放大器到信息管理新图景 / 共创元宇宙：上市文旅企业的数字化创新行为
	沈阳	元宇宙不是法外之地 / 元宇宙的三化、三性和三能 / 元宇宙时代的语言变化
	赵星	元宇宙研究的理论原则与实用场景探讨 / 元宇宙之治：未来数智世界的敏捷治理前瞻 / 元宇宙研究与应用综述 / 国家文化数字化战略与图书馆元宇宙实践

续　表

研究倾向	作者	文献主题
NFT 产业	解学芳	元宇宙时代的 NFT 艺术：价值共创机理与共建共治路径 / 文化元宇宙语境下的数字藏品运作机理与善治机制研究 / 元宇宙视域下 AI 虚拟偶像产业的技术可供性演变机理与革新路径 /AIGC 模式赋能数字文化创新的逻辑与善治于 ChatGPT 热潮的思考 / 数字文化强国背景下的中国式文化元宇宙 /"智能 +"时代中国式数字文旅产业高质量发展图景与模式研究 / 元宇宙视域下文博数字藏品的发展风险与善治机制
	郭全中	虚拟数字人发展的现状、关键与未来 /NFT 及其未来 / 元宇宙的缘起、现状与未来 / 数字藏品（NFT）发展现状、新价值、风险与未来 / 回调、蓄力：元宇宙发展现状、困境与趋势分析 /AI+ 人文：AIGC 的发展与趋势 / 我国互联网平台企业发展与治理的现状与趋势研究 / 元宇宙发展综述
哲学	黄欣荣	元宇宙的生成逻辑 / 元宇宙、意托邦与数字创世造物 / 数据哲学的兴起：背景、现状与纲领 /ChatGPT 与元宇宙的互补共生

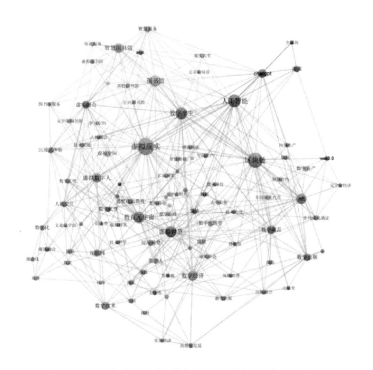

图 0-2　元宇宙研究领域中文文献关键词共现网络图

17

通过对中国元宇宙相关文献和行业报告的系统分析，可以发现三个特征：第一，在元宇宙的定义上，中国学者彰显出"以人为本"的人文关怀。作为一个数字世界，谁是主体这一问题饱受争议。如果完全从资本的视角出发，将数字作为主体，元宇宙将被视为一个机械化的数字世界，但中国学者从"人"的视角出发，将元宇宙视为促进人发展的重要工具。虽然元宇宙定义呈现多样性，但中国学者已经认识到元宇宙的定义要在"以人为本"的概念框架下进行。

第二，唯物主义是中国式元宇宙自主知识体系建构的基础。在这一基础上，中国学者自主性研究体现在三个方面：一是自主理论的建构，在理论层面坚持虚拟和现实的不可分割性并以此为基点研究现实的虚拟化和虚拟化对现实的反作用；二是自主视角的切入，在区块链的研究中重点从保障数字所有权的角度来推动数字产业的发展，这一研究视角契合了中国数字经济发展的特点，也回应了"以人为本"的中国式元宇宙定义特征；三是自主方向的形成，智慧图书馆和数字化教育是中国式元宇宙自主知识体系的重点研究方向，以郭亚军和喻国明为代表的学术体系有力引领了这一自主方向的形成。

第三，从发展趋势来说，中国式元宇宙自主知识体系将继续集中于数字化相关研究和智慧图书馆建设两个方面，随着生成式人工智能（Artificial Intelligence Generated Content，AIGC）的兴起，在传统研究的基础上，如何结合原有的知识体系创造新的知识以推动生成式人工智能在元宇宙中的应用将成为中国式元宇宙自主知识体系全新的研究趋势。

尽管虚拟世界、元宇宙这些概念源自国外，但中国学者并没有全盘照搬，更没完全依赖国外的研究来解决中国的问题，而是基于中国实际情况进行自我创新并求得更大的知识生产，用中国式自主知识体系来回答什么是虚拟世界、什么是元宇宙这一全球性问题。在推动中国式现代化发展的同时也为创造人类文明新形态贡献了更多的中国智慧和中国方案。

（二）国外研究

20 世纪 90 年代开始，随着互联网的普及以及游戏产业的兴起，虚拟世界开始受到关注，最开始的研究是从虚拟地理环境、寻路策略、法律、教育和消费者行为开始的。虚拟地理环境（Virtual Geographic Environments, VGE）是一种新型的地理学语言，它通过计算机生成的数字化地理环境，实现对复杂地理系统的感知、认知和综合实验分析。虚拟地理环境的设计理念是将人、机、物三元融合的地理环境作为研究对象，并通过多通道人机交互、分布式地理建模与模拟、网络空间地理协同等手段，增强对真实世界的理解与研究，虚拟地理环境是虚拟世界被运用的第一个领域，包括地理信息技术、认知地理等方面，如将虚拟世界视为模糊认知地图，强调了导航和理解这些数字环境的认知方面。[①] 一些研究也探索了大型虚拟世界中的寻路策略和行为，将人们在物理空间和虚拟环境中的导航行为进行了比较。[②] 之后有学者开始关注到虚拟世界的法律问题，深入研究了虚拟世界的法律解释，强调了法律对这些数字领域中个人互动和利益的影响。[③] 教育是在虚拟世界中被广泛研究的另一个领域，一些学者开始考虑利用虚拟世界促进教育的发展，研究了第二人生作为跨学科交流的体验式学习环境的有效性，使用多种研究方法来评估教学结果。[④] 有学者通过在教育环境中使用三维沉浸式虚拟世界的实证研究，特别是在 K–12 和高等教育中验证了在虚

---

① Dickerson G.A., Kosko B. Virtual Worlds As Fuzzy Cognitive Maps[M].Presence: Teleoperators & Virtual Environments, 1994.

② Darken R., Wayfinding Strategies and Behaviors in Large Virtual Worlds[J]. Conference on Human Factors in Computing Systems: Common Ground, CHI'96[C], Vancouver, BC, Canada, 1996: 13–18.

③ Lastowka G.,Hunter D. The Laws of The Virtual Worlds[D]. University of pennsylvania law school, 2003.

④ Jarmon L.,Traphagan T.W.,Mayrath M.C.,Trivedi A. Virtual World Teaching, Experiential Learning, and Assessment:An Interdisciplinary Communication Course in Second Life[J]. COMPUT. EDUC., 2009.

拟世界进行教育活动的有效性。① 此外，也在虚拟世界中的消费者行为和营销方面进行了探索，讨论了个人在虚拟现实环境中花费大量时间的增长趋势，导致这些世界和现实中的社会、政治和经济动态的转变。② 经济问题很快引起了包括经济学家在内的对"第二人生经济行为"的探讨，如使用结构方程模型和测试概念模型通过在线调查分析虚拟世界中的购买行为。③ 抑或讨论虚拟社会世界的经济演变规律以及企业如何利用这些虚拟平台进行广告、销售、市场调研、人力资源和内部流程管理。④ 总之，当虚拟世界诞生之后，很快被各个学科所关注，包括认知科学、教育、法律、消费者行为和市场营销。这些数字环境为科学研究、学习和社会互动提供了独特的机会，开始塑造了虚拟和现实世界的交互体验。⑤

2020 年开始，受到全球新冠疫情的影响，线上教育迅速发展，国外关于虚拟世界的讨论也集中于教育领域。首先是关于虚拟世界如何补充混合学习和移动学习，为学习体验提供额外的维度。⑥ 有学者在 3D 虚拟世界教育环境中进行了一项研究，以检验具身教学代理对学生学习和表现的有效性，他们发现这些中介对学生的学习体验有显著的影响。⑦ 对虚拟世界的实证研究还有很多，如将虚拟世界中的虚拟公共展示与真实公共展示的受众行为进行了比较，探索了使用虚拟现实作为评估公共展示部署的测试平台

---

① Hew K.F.,Cheung W.S. Use of Three-dimensional (3-D) Immersive Virtual Worlds in K-12 and Higher Education Settings:A Review of The Research[J].BR. J. EDUC. TECHNOL, 2010.

② Castronova E, Exodus to The Virtual World: How Online Fun Is Changing Reality[M]. New York: Palgrave Macmillan, 2007.

③ Guo Y., Barnes S.J. Purchase Behavior in Virtual Worlds: An Empirical Investigation in Second Life[J]. INF. MANAG., 2011.

④ Kaplan A.M., Haenlein M. The Fairyland of Second Life: Virtual Social Worlds and How to Use Them[J].Business Horizons, 2009.

⑤ Dionisio J.D.N., Burns W.G., Gilbert R. 3D Virtual Worlds and The Metaverse:Current Status and Future Possibilities[J]. ACM COMPUT.SURV., 2013.

⑥ Díaz J.E.M.Virtual World As A Complement to Hybrid and Mobile Learning[J]. IJET, 2020.

⑦ Grivokostopoulou F., Kovas K., Perikos I. The Effectiveness of Embodied Pedagogical Agents and Their Impact on Students Learning in Virtual Worlds[J]. APPLIED SCIENCES, 2020.

的可行性。[1] 有学者为支持边缘智能的元宇宙提出了一个统一的资源分配框架，具体解决了元宇宙中虚拟教育的相关问题。[2] 当然，还有医学与教育结合的问题研究开始兴起，如模拟医学实验、模拟教学等，学者们对护理专业学生和注册护士使用虚拟世界作为教学工具进行了系统回顾。他们的目的是确定使用虚拟现实模拟在各种研究中测量的结果。[3] 在虚拟世界领域，学者们对经济方面的兴趣也越来越大，他们探讨了虚拟房地产中不可替代代币（NFT）的定价，特别是在区块链虚拟世界 Decentraland 中。[4] 他们发现虚拟房地产的价格序列具有低效率和价值稳步上升的特征。[5] 另外，虚拟世界是一个虚拟互动的世界，用户可以使用虚拟形象与他人和物体实时互动，这一概念也是最近研究的焦点。[6] 当然，虚拟世界的游戏研究也是不可缺少的。[7] 总的来说，这一时期关于虚拟世界的文献涵盖了广泛的主题，从教育应用到经济方面，以及沉浸式技术的哲学和社会影响。随着技术的不断进步，虚拟世界可能在社会的各个方面发挥越来越重要的作用。

2023 年，随着 AI 技术的跨越式发展，虚拟世界的技术问题备受关注。在交互研究方面，他们强调虚拟世界是一个开放的、沉浸式的、交互式的三维虚拟世界，它超越了现实世界的时间和空间限制，并进一步阐述了虚

[1]　Mäkelä V., Rivu S.R.R., Alsherif S., Khamis M., Xiao., Borchert L.M., Schmidt A., Alt F. Virtual Field Studies: Conducting Studies on Public Displays in Virtual Reality[J]. Proceedings of the 2020 CHI Conference on Human Factors in Computing Systems, 2020.

[2]　Shyuan J., et al. Unified Resource Allocation Framework for The Edge Intelligence-Enabled Metaverse[J]. ARXIV-CS.GT, 2021.

[3]　Shorey S., Debby, E.The Use of Virtual Reality Simulation Among Nursing Students and Registered Nurses: A Systematic Review[J]. Nurse education today, 2020.

[4]　Dowling M.M.Fertile LAND: Pricing Non-Fungible Tokens[J]. Financial literacy ejournal, 2021.

[5]　Dowling M.M.Fertile LAND: Pricing Non-Fungible Tokens[J].Financial literacy ejournal, 2021.

[6]　Selinger E.Reality+:Virtual Worlds and The Problems of Philosophy[J].The philosophers' magazine, 2022.

[7]　Jovanović A.,Milosavljević A.VoRtex Metaverse Platform for Gamified Collaborative Learning[J]. ELECTRONICS, 2022; Johnstone R.,et al. When Virtuality Surpasses Reality:Possible Futures of Ubiquitous XR[J]. CHI CONFERENCE ON Human Factors in Computing Systems, 2022.

拟世界的技术框架，强调了虚拟世界的生成、虚拟与真实物体的连接以及数据的传输。虚拟现实技术也被用于增强虚拟世界中的社会互动。Kaiya 等人评估了在虚拟环境中使用生成代理来丰富人类社会体验。[①] 有学者建构了一个分析定位工具包，强调描述物理和虚拟世界以及它们之间的数据流。该工具包提供了一个用于分析虚拟环境的低代码编写系统。[②] 此外，Castillo 等人讨论了跨现实的概念，该概念重新定义了个人在虚拟和物理领域的互动方式，为沟通和协作提供了新的机会。[③] 对虚拟世界的教育研究依然还在继续。Oved 等人提出虚拟世界认知科学（VW CogSci）作为一种使用嵌入在虚拟世界中的虚拟具体代理来探索认知科学问题的方法。[④] 其他方面的研究也在不断展开，虚拟世界的"挖矿"受到关注，他们讨论了元挖掘问题，也就是在虚拟世界的数据挖掘活动。[⑤] 在医疗领域，Turab 等人探索了数字双胞胎（DTs）在元宇宙医疗保健中的应用。这项研究的重点是个性化和精准医疗，展示了虚拟环境中 DTs 在医疗保健领域的变革潜力。[⑥] 此外，Arya 等人深入研究了基于 XR 的游戏化营销活动和基于消费者的虚拟世界品牌资

---

① Kaiya A.,et al. Life Agents:Generative Agents for Low-cost Real-time Social Interactions[J]. ARXIV-CS.HC, 2023.

② Fleck P.,et al. Rag Rug: A Toolkit for Situated Analytics[C]. IEEE Transactions on visualization and computer graphics, 2023.

③ Castillo J.P.,et al. Where We Stand and Where to Go: Building Bridges Between Real and Virtual Worlds for Collaboration[C]. IEEE International Symposium on Mixed and Augmented Reality（ISMAR), 2023.

④ Oved I.,et al. Computational Thought Experiments for A More Rigorous Philosophy and Science of The Mind[J]. ARXIV-CS.CL, 2024.

⑤ Kunhua L.,et al.Meta Mining: Mining in The Metaverse[C]. IEEE Transactions on systems,man,and cybernetics:systems, 2023.

⑥ Turab M., Jamil, S.A Comprehensive Survey of Digital Twins in Healthcare in The Era of Metaverse[J]. Biomedinformatics, 2023.

产,强调了品牌在虚拟世界中的作用。[①] 总的来说,最近国外关于虚拟世界的文献涵盖了广泛的主题,从分析和挖掘活动到医疗保健应用、营销策略、社会互动、协作、教育和认知科学。研究人员继续探索虚拟环境的各种潜力,强调虚拟世界对社会和人类互动的不同方面的变革性影响

纵观国内外对虚拟世界的研究可以发现几乎所有学科和研究方向都已经进入虚拟世界,虽然对虚拟世界本质的探讨还在继续,但无可否认的是,虚拟世界所提供的可能性和现实世界一样是无限的。然而在诸多的研究中却有一个关键的议题被忽视了,那就是"生活"。

虚拟世界为科学研究和技术发展提供了无限可能,但并非只有科学家和学者们在使用虚拟世界,在这个世界中最庞大的群体依旧是无数的普通人,他们被称为"玩家""用户""网民"……正如在现实世界中一样,他们在虚拟世界游玩、战斗、社交甚至谋生,这就意味着虚拟世界也是他们生活的一部分,或者说他们也在虚拟世界中生活。当大多数研究集中讨论技术进步的问题时,却疏于关注虚拟世界的大多数,他们没有高深的学识,也没有顶尖的技术,他们只是在虚拟世界到来之时自然而然地进入其间,然后在这里生活下去。他们不关心技术的突破,也不关心最新的科研成果,他们最关心的是如何在这样一个世界里让自己变得更好。在虚拟世界中普通人似乎变成了一个研究的盲区,哪怕在一些网络社群的研究中这些普通人也仅仅是统计学上的一个数字而已。这并非批评科学研究只关注高精尖技术,而是希望研究能更多地关注普通人的生活,虽然新技术从发明到进入大众生活需要时间,但不能把科学研究与人们的生活割裂。在这一方面,西方的研究似乎比我们多走了几步,早在 2008 年就已经有学者以人类学的

---

① Arya V.,et al.Brands Are Calling Your AVATAR in Metaverse—A Study to Explore XR-based Gamification Marketing Activities & Consumer-based Brand Equity in Virtual World[J]. Journal of Consumer Behaviour, 2023.

观察研究虚拟世界的普通群体也有了很多典型案例研究。[1] 但值得欣慰的是，中国学者从"人"的视角出发，将元宇宙视为促进人发展的重要工具，已经认识到元宇宙的研究要在"以人为本"的概念框架下进行，这是一个非常重要的趋势，本书就是顺应这一趋势，观察普通人在虚拟世界的生活，以期弥补并推动这一方面的研究。

三、理论基础：数字人类学

说到对人的研究，最适合的学科就是人类学，准确地说，是文化人类学（cultural anthropology）。林惠祥提出文化人类学的任务之一就是探索人类文化所蕴藏的原理，使我们晓得它的性质，而用人为的方法以促进它。分析言之，例如，文化以何种条件而发生？文化的发展遵何程序？文化何故有不同的形式？文化的各种要素，如社会组织、物质生活、宗教艺术、语言文字的起源演进各是如何？这些问题都是人类学，特别是其中的文化人类学所希望解决的。[2] 费孝通曾提出"迈向人民的人类学"。在他看来，对人民有用的调查研究必须是为人民服务的。[3] 人类学是一门对常识研究的科学，是以一种从下到上的视角看待人类社会。从《金翼》[4] 到《银翅》[5]，人类学家关注到一个个普通家庭的日常生活，并努力从普通中看到不普通，试图探寻人类社会发展的规律，并从这些规律中总结经验，推动人类社会的进步。这或许就是人类学这门学科的意义所在，正如费孝通在《乡土中国》开篇所说的那样：

---

① Boellstorff T. Coming of age in second life:An anthropologist explores the virtually human[M]. Princeton, NJ: Princeton University Press, 2008; Nardi B.:An anthropological account of world of warcraft[M]. Ann Arbor: University of Michigan Press, 2010.

② 林惠祥. 文化人类学 [M]. 北京：商务印书馆，2011：26.

③ 麻国庆. 以人民为中心发展社会人类学 [N]. 光明日报（理论版），2021（09）：16.

④ 林耀华. 金翼：中国家族制度的社会学研究 [M]. 北京：生活·读书·新知三联书店，2008.

⑤ 庄孔韶. 银翅：中国的地方社会与文化变迁 [M]. 北京：生活·读书·新知三联书店，2000.

从基层上看去，中国社会是乡土性的。我说中国社会的基层是乡土性的，那是因为我考虑到从这基层上曾长出一层比较上和乡土基层不完全相同的社会，而且在近百年来更在东西方接触边缘上发生了一种很特殊的社会。这些社会的特性我们暂时不提，将来再说。我们不妨先集中注意那些被称为土头土脑的乡下人。他们才是中国社会的基层。①

如果把这句话带入虚拟世界，会发现同样适用。虚拟世界就是由无数普通人以"化身"的形态组建而成，他们才是虚拟世界的基层。因此，本书将从人类学的整体框架出发，集中力量以数字人类学的视角分析虚拟世界中普通人的日常生活图景，这就是数字人类学（Digital anthropology）。

（一）理论挑战

数字人类学是应对虚拟世界发展而出现的一门学科，作为文化人类学的分支，数字人类学将虚拟世界纳入人类学的研究中。数字人类学需要在"虚拟田野"中展开田野调查，并且要透过对虚拟角色和虚拟社会的研究，来寻找网络文化的现实根源，以解决受虚拟世界影响而产生的诸多现实问题。但人类学学科建构之时虚拟世界并没有出现，因此，传统的人类学理论和方法并不能完全适用于对虚拟世界的研究，所以在坚持人类学的基本原则之外，也有必要对传统人类学理论做出反思甚至改变，以适应新的时代变化。

随着计算机技术的不断发展，虚拟世界成为人类学不得不面对的一个领域，人类学家主动与网络空间领域打交道，就像布罗尼斯拉夫·卡斯帕·马林诺夫斯基（Bronislaw Kaspar Malinowski）、爱德华·伯内特·泰勒（Edward Burnett Tylor）和托马斯·亨特·摩尔根（Thomas Hunt Morgan）等受人尊敬的学者面对工业革命和殖民时代的到来一样。跨文化互动和文化

---

① 费孝通．乡土中国 [M]．长沙：湖南人民出版社，2022：1.

转型已经成为人类学家不能忽视的紧迫任务。毫无疑问，技术进步极大地影响了我们的生活，同时也引发了文化变革。然而，数字时代的到来给人类学研究带来了巨大的挑战，使其无法跟上技术的快速进步。在这一背景下，"数字人类学"这一概念开始出现。在第三届移动技术应用与系统国际会议上首次提出了移动网络人类学（Cyberanthropology of Mobility）这一概念，是对一个由人类想象所形成的复杂世界进行心理学、生理学的分析以及语义和符号学分析的概念和新领域。[①] 由此展开了一系列关于数字人类学的讨论。在这一定义中，Cyberanthropology 一词带有明显的生理性特征，与 Cybernetics 有直接关联，所指的含义为"有机系统"，[②] 这一定义将网络看成一个"人的意识世界"，强调网络对有机社会的影响。[③] 在这个定义之后，大卫·哈肯为数字人类学在研究对象和研究方法上建构了一个基本的框架，特别强调研究的落脚点应该是网络空间实体生产与再生产，即对现实世界的影响。[④]

西方学界已经对数字人类学展开了深入的讨论，目前已大致形成两个研究方向。一是坚持以传统的人类学理论去解释虚拟世界，认为虚拟世界不过是人类学研究领域的扩展，如威尔逊和彼得森；[⑤] 二是认为必须要用新的理论才能对虚拟世界做出解释，如伦敦大学开设了新的数码人类学（Digital Anthropology）专业方向，并编写了《数码人类学》一书作为教材，将数字人类学作为一个新的学科来对待。[⑥] 这两种研究方向争论的焦点在于是将虚

① Thwaites H.H.,Cyberanthropology of Mobility[J]. Proceedings of the 3rd International Conference on Mobile Technology, Applications & Systems.ACM, 2006.

② Wiener N. Cybernetics or Control and Communication in the Animal and the Machine[M]. MIT press, 1965.

③ Downey G.L., Dumit J., Williams S.Cyborg Anthropology[J]. Cultural Anthropology, 1995 (02): 264−269.

④ Hakken D.Cyborgs @ Cyberspace? An Anthropologist Looks to the Future[M].London: Routledge, 1999.

⑤ Wilson S.M., Peterson L.C. the Anthropology of Online Communities[J]. Annual Review of Anthropology, 2002(31):449−467.

⑥ 丹尼尔·米勒，希瑟·A. 霍斯特. 数码人类学 [M]. 王心远，译. 北京：人民出版社，2014.

拟世界看成现实世界的扩展还是将其作为一个独立的空间来看待。这一点
也引起了社会学家的注意。如巴里·威尔曼将虚拟世界看作"虚拟社会网
络"。[①]而彼得·科洛克和马克·史密斯则认为虚拟世界是现实社会的反映，
要用传统的互动理论与冲突理论来分析这些网络空间。[②]中国学术界似乎还
没有对数字人类学引起重视，从目前的研究来看，戚攻和邓新民在其《网
络社会学》一书中重点分析了由网络所引发的多种社会现象。[③]冯鹏志从社
会学的角度来分析认为网络行动是一种有目的的社会行动。[④]曾国屏、李正
风等著的《网络空间的哲学探索》从哲学角度分析了网络空间中的哲学问
题，将网络空间引入哲学体系框架之中。[⑤]虽然这些学者已经开始采用多学
科视角来分析虚拟世界，但采用人类学的视角来分析虚拟世界目前几乎还
是空白，可喜的是，已经有学者开始尝试，如刘华芹梳理了西方关于数字
人类学研究成果。[⑥]周兴茂提出了"虚拟族群"的概念，通过对网络的人类
学透视，认为虚拟网络的发展符合人类学中传播论、功能主义以及结构主
义的理论，在这样的理论框架之下，网民们建构起了虚拟族群，对这种虚
拟族群进行研究，可以有效解决诸多社会问题，例如网瘾问题等。[⑦]赵周宽
试图从角色扮演的历史渊源中来寻找现代社会网民在网络中进行角色扮演
的逻辑。[⑧]卜玉梅则指出数字人类学是对一种新的技术文化，一种新的社会

① Wellman, B. An Electronic Group is Virtually a Social Network:Culture of the Internet[M].NJ: Lawrence Erlbaum, 1997.

② Kollock,P., Smith, M.Managing the Virtual Commons: Cooperation and Conflict in Computer Communities[N]. http://www.sscnet.ucla.edu/soc/csoc/papers/virtcomm/.

③ 戚攻，邓新民.网络社会学 [M].成都：四川人民出版社，2001.

④ 冯鹏志.网络行动的规定与特征：网络社会学的分析起点 [J].学术界，2001（02）：74-84.

⑤ 曾国屏，李正风.网络空间的哲学探索 [M].北京：清华大学出版社，2002.

⑥ 刘华芹.网络人学：网络空间与人类学的互动 [J].广西民族学院学报（哲学社会科学版），2004（02）：64-68.

⑦ 周兴茂，汪玲丽.人类学视野下的网络社会与虚拟族群 [J].黑龙江民族丛刊，2009（01）：128-132.

⑧ 赵周宽.网络游戏角色扮演的艺术人类学思考 [J].艺术学界，2015（01）：1-21.

交往空间和方式，以及在此基础上一种新的政治经济结构及社会环境的全面关注。[①] 刘华芹在《天涯虚拟社区：互联网上基于文本的社会互动研究》一书中通过深入研究天涯虚拟社区，揭示了基于文本的社会互动的特点和规律。[②]

从目前情况看，采用人类学的方法对虚拟世界进行研究还停留在一个较为初步的阶段，虽然学者们做出了一些尝试，但虚拟世界处于飞速发展之中，对虚拟世界的解释很大程度上已落后于技术发展的速度。并且随着虚拟世界的大规模扩张，虚拟世界对现实世界的影响已经越来越大，很多问题亟待解决。传统的人类学是建立在对现实世界研究的基础上，早期的人类学家很难想象 21 世纪的人类社会中会出现一个如此庞大虚拟世界。人类学的经典理论都是建立在现实世界之上的，那么这些经典理论是否还能对虚拟世界做出解释？如何利用人类学的理论与方法对虚拟世界做出研究？

（二）人类学视域下的虚拟世界

在人类学的视域下，虚拟世界具有社会组织的基本特征，泰勒认为，社会是由家庭或者是由从属于婚姻规约和亲子义务的亲缘所结成的经济单位组成的。[③] 在这一定义中，家庭是作为社会的基本单位，虽然关于家庭先于氏族还是氏族先于家庭仍然存在争论，[④] 但家庭作为社会的基本单位得到

---

① 卜玉梅.数字人类学的理论要义 [J]. 云南民族大学学报（哲学社会科学版），2015（05）：38-43.

② 刘华芹.天涯虚拟社区：互联网上基于文本的社会互动研究 [M]. 北京：民族出版社，2005.

③ 爱德华·B.泰勒.人类学：人及其文化研究 [M].连树声，译.桂林：广西师范大学出版社，2004：375.

④ 在这一问题上泰勒（Tylor）、巴霍芬（Bachofen）、麦克伦南（McLennan）、摩尔根（Morgan）等人的支持氏族先于家庭，但博尔思（Boas）、罗维（Lowie）则提出反对，他们认为家族先于氏族，详见林惠祥.文化人类型 [M]. 北京：商务印书馆，2005：139-140.

了人类学家的普遍认同。在文化人类学的理论中，家庭决定于婚姻。^①关于结婚的问题，不能简单地将其看作两性关系，结婚又可当作个人生活于社会中获得某种一定地位的手段。^②因此人类学家所理解的社会，首先是一种关系构成意义上的。换言之，社会乃是各种人际关系的储存器。^③

从这种解释来看，婚姻是为了获取社会关系，那么在虚拟世界中为了获取社会关系而加入公会（一种游戏玩家组织）、粉丝群（一种明星崇拜组织），甚至结成虚拟婚姻（部分游戏允许甚至支持在游戏中举行婚礼仪式）与现实中的社会关系建立有着本质上的相同，都是为了确立社会地位以及获取社会关系，因为只有加入这些虚拟组织，才能获取虚拟世界的种种资源。如果说家庭是社会运行的基础，那么这些虚拟组织就是虚拟社会的基础。

如此庞大的虚拟社会，同样产生了人类学所要解决的基本问题，即文化。^④关于虚拟世界的文化是否符合人类学关于文化的定义，我们先来看人类学关于文化概念的解读。早在19世纪，泰勒就对"文化"这一概念做出解释，他认为文化"是一复合整体，包括知识、信仰、艺术、道德、法律、习俗以及作为一个社会成员的人所习得的其他一切能力和习惯"。^⑤虽然此后历代学者对"文化"的定义各有见解，但都逃不出文化是"一个民族、一个时期、一个团体或整体人类的特定生活方式"这一框架。^⑥文化产生的基础是族群，虚拟世界族群的聚结，是网民对个人偏好、价值观的大胆展

---

① 爱德华·B.泰勒.人类学：人及其文化研究 [M].连树声，译.桂林：广西师范大学出版社，2004：378.

② 林惠祥.文化人类型 [M].北京：商务印书馆，2005：141.

③ 赵旭东.理解个人、社会与文化：人类学田野民族志方法的探索与尝试之路 [J].思想战线，2020，46（01）：1-16.

④ 汤林森指出："再没有比人类学更是以文化作为其研究对象了。"详见汤林森.文化帝国主义 [M].冯建三，译.上海：上海人民出版社，1999：10.

⑤ 爱德华·B.泰勒.人类学：人及其文化研究 [M].连树声，译.桂林：广西师范大学出版社，2004：1.

⑥ Williams R. The Long Revolution[M]. Harmondssworth: Penguin, 1965:57.

示过程。① 如果用族群理论来分析的话，虚拟世界中的族群同样具备现实世界中族群的特征。

首先，共同的语言早已具备，除了通用语言（如汉语、英语等）已经能够实现无障碍沟通外，在特定的互联网群体中还会产生特定的共同语言，如"LM"（游戏《魔兽世界》中指代联盟阵营）、"吃鸡"（游戏中指代获得冠军）、"666"（带有赞美之意）等，这些共同语言成为特定群体的象征。语言作为文化的载体，体现着文化的独特性，也成为虚拟族群的典型特征。

第二是共同的地域范围。每个人的活动都会有一定的空间范围，不管活动范围有多大，在一个特定的时间必然会停留在一个特定的空间之内，当他停留在这一空间之中时（如一个网页、一个游戏或在观看一个视频），如果有其他网民也在同一空间中，那么就具备了共同的地域范围，停留在一个特定空间的时间越长，这种地域范围的界限就越明确。

第三是共同的经济生活。在虚拟世界中，虚拟货币的流通使得网络经济已经成为虚拟世界中不可或缺的部分，很多人也在依靠虚拟世界获取收入。可以说，所有参与网络活动的人都无法逃脱经济问题，虚拟世界中共同的经济生活早已形成。

第四是共同的心理素质及价值观，虚拟族群的组建是建立在共同的心理素质及价值观之上的，事实上就是有共同爱好、共同心理倾向和共同的价值观而组成的一个个虚拟群体。②

值得注意的是，虚拟世界群体的时限性不同于现实世界，巨大的流动性使得一个虚拟世界族群只在一定的时限内形成。根据巴特的族群认同理论，族界和族群是由族群认同生成和维持的。③ 在现实世界中，这种族群认同具有稳定性，这种稳定性的保持便能生成辨识成员的标准以及确定族群

① 蒋建国.网络族群：自我认同、身份区隔与亚文化传播 [J].南京社会科学，2013（02）：98.
② 周兴茂.人类学视野下的网络社会与虚拟族群 [C]// 人类学高级论坛秘书处.人类学与当代生活：人类学高级论坛 2006 卷.黑龙江人民出版社，2006：415.
③ 徐大慰.巴特的族群理论述评 [J].贵州民族研究，2007（06）：68.

的边界，这也意味着当族群成员不再对族群产生认同后会脱离族群。但这并不容易，因为族群认同来自一个人的出生和所处的文化情境，这两点都很难改变。而在虚拟世界中，这两点很容易改变，甚至完全可以随个人喜好随时随地做出改变。所以，我们所说的虚拟族群，只能在一段时限内确定。因为只有在一段时限内，一个人的族群身份能够限制其个人行为时，我们才能确定他（她）属于某一族群。[①]

在特定的虚拟群体中，就会产生特定的生活方式，文化应运而生。依照泰勒对文化的定义，在虚拟族群中，会建构起新的知识，产生独特的信仰甚至创造一个或多个新的神，创造出独有的艺术形式，或者运行一套与现实世界完全不同的道德法律体系，并且作为一个虚拟社会的成员，要想在虚拟社会中生存，就会有意或者无意习得的其他一切能力和习惯，如此一来，虚拟世界的文化完全符合了人类学关于文化的概念。

综上，如果从人类学的视角来看待虚拟世界的话，完全符合人类学关于社会、族群、文化的一切定义，可以肯定的是，虚拟世界仍然属于人类学的研究范畴，这也就意味着我们依然可以采用人类学的理论和方法来研究虚拟世界。

（三）数字人类学的研究目的

人类学研究的目的，是为全世界人民的利益服务。[②]扩展开来，每个人类学家都有自己的理解，如社会学派主张利用人类学解决社会问题；[③]美国历史学派的目的是建构连续的文化发展图；[④]结构主义则认为人类学研究的

① Furnivall, J.S., Netherland India:A Study of Plural Economy[M]. Cambridge:Cambridge University Press, 1944: 65.
② 黄淑娉，龚佩华.文化人类学理论方法研究 [M].广州：广东高等教育出版社，2004：13.
③ 迪尔凯姆.社会学研究方法论 [M].胡伟，译.北京：华夏出版社，1988：6.
④ F.伊根，张雪慧.民族学与社会人类学的一百年 [J].民族译丛，1981（02）：40-46+60.

目的是用模式的帮助去理解社会关系。[①]在中国，林惠祥认为人类学的任务有六种，即人类历史的"还原"、文化原理的发现、种族偏见的消灭、蛮族的开化、文明民族中野蛮遗存的扫除、国内民族的同化。[②]以上列举仅是冰山一角，但不管如何理解，从这些学者的观点都可以看出，人类学家是将人类学作为一门应用科学来对待并非只停留于理论层面，数字人类学也是如此。

虚拟世界对现实世界的影响已经显而易见，数字人类学的研究不能沉迷于对虚拟世界中产生的种种现象或者符号进行无休止地辨识与解释，而应通过对虚拟世界研究来解决现实问题。

可以用网络暴力这一问题来说明。对网络暴力的研究，多从伦理[③]、心理学[④]、法学[⑤]、社会学[⑥]等角度进行分析。从人类学角度看，网络暴力虽表现为语言暴力，但也是暴力的一种行为。对暴力问题人类学家早已关注，例如吉拉德对宗教与暴力的分析；[⑦]埃文斯－普理查德在关于努尔人不同社会单位冲突的框架以及制约体系；[⑧]科皮托夫在对扎伊尔的苏库族中的研究阐释了关于内部冲突如何转变为外部冲突的问题等。[⑨]这样的研究数不胜数，在人类学家看来，当人们对相互各自之间的关系如果失去了把握，各自的

---

① 黄淑娉，龚佩华．文化人类学理论方法研究 [M]．广州：广东高等教育出版社，2004：241

② 林惠祥．文化人类学 [M]．北京：商务印书馆，2011：17-20.

③ 林爱珺．网络暴力的伦理追问与秩序重建 [J]．暨南学报（哲学社会科学版），2017，39（04）：111-117.

④ 侯玉波，李昕琳．中国网民网络暴力的动机与影响因素分析 [J]．北京大学学报（哲学社会科学版），2017，54（01）：101-107.

⑤ 徐颖．论"网络暴力"致人自杀死亡的刑事责任 [J]．政法论坛，2020，38（01）：132-142.

⑥ 姜方炳．空间分化、风险共振与"网络暴力"的生成：以转型中国的网络化为分析背景 [J]．浙江社会科学，2015（08）：52-59+157-158.

⑦ Girard R. La violence et le sacré[M]. Paris, Grasset, 1972.

⑧ Evans-Pritchard E.E. The Nuer[M].Oxford, 1940, French translation, Paris, Gallimard, 1968.

⑨ Balandier G. op. Cit, Chapter IV: 233-235.

依归和准则陷于混乱，抑制暴力的各种机制失去效力，暴力便重新出现。[①]
暴力的根源在于对身份和关系的模糊，身份和关系一旦模糊，秩序便陷于
混乱，暴力由此产生。以暴制暴只会使身份越加模糊，只有重新恢复身份
并重建关系体系，才能遏制暴力。而如何恢复身份以及重建关系，人类学
家提出了权力是解决暴力的关键。[②] 权力建构的目的，就是为了维护关系体
系，一旦关系体系得到维护，身份认知也就变得清晰，暴力就很难发生。

　　在现实世界中，通过权力的建构来遏制暴力的事例有很多，那么如果
在虚拟世界中建构权力来遏制网络暴力是否可行？目前，学者们已经为解
决网络暴力提供了许多思路，但不管是道德束缚、法律规约抑或以暴制暴，
都在强调的是对暴力的压制。人类学家很反对这一点，因为在人类学家看
来，暴力和秩序并没有明确的断裂，如果仅仅关注如何压制暴力，结果只
会适得其反。

　　所以，我们若不采取压制而是试图建立一个权力体系以明确网民的身
份认知并维护网络中的"虚拟关系体系"，是否可以避免网络暴力的产生？
在现实世界中，身份认知可以通过社会关系的确立而得到，并且具有相对
稳定性。虚拟世界的一大特征就是身份的随意性，同一个人在网上的不同
时间段可能有不同的身份，甚至可以在同一时间建构多重身份。那么一个
网民该认知哪种身份？不要忘记一个原则，身份来源于关系，只要保持关
系体系的稳定，身份认知就是清晰的，不管有多少身份，每个身份必然存
在于一个关系体系中。在虚拟世界，我们也需要建构权力体系来维护"虚
拟关系体系"，正如有学者指出的那样，我们需要的是更加保护而非限制公
民的网络言论自由。[③] 当然这也有一个困难，虚拟世界中的各种关系复杂程

---

① 乔治·巴朗迪耶，姚欣植.暴力和战争的人类学 [J].国际社会科学杂志（中文版），1987
（04）：3-15.

② Kuper C.H. An African Aristocracy: Rank among the Swazi[M]. London, Oxford University
Press,1947; Gluckman M.Order and Rebellion in Tribal Africa[M]. London, Cohen and West, 1963.

③ 缪锌.网络语言暴力形成原因透析 [J].人民论坛，2014（35）：167-169.

度远甚于现实世界，仅仅一个权力主体很难维护这种复杂关系体系，我们需要的是一个全方位、多层次、立体化的权力体系，虽然这可能是一个庞大而复杂的工程，但只要能够有效维护虚拟世界中的种种关系体系，包括网络暴力等许多问题也都能迎刃而解。

以上例子，主要说明的是以数字人类学的方法解决问题的一种思路，并且还能进一步说明虚拟世界的诸多问题必然与现实世界有关，并且会反作用于现实世界。人类学虽说不是诞生于虚拟世界的基础上，但人类学与所有学科一样，都是为了解决现实问题，人类学家们应该积极加入虚拟世界的研究之中，以期通过数字人类学的研究，提供人类学的方案，解决更多受虚拟世界影响而产生的现实问题。

综上，我们首先可以肯定，虚拟世界并没有逃出人类学的研究范围，因此完全可以用人类学的理论和方法来研究虚拟世界，并且在研究当中，我们仍要坚持人类学的基本学科特征，即对"人的活动"的研究，并且包括田野调查、研究对象以及研究目的这些基本的学科原则也同样不能改变。

但虚拟世界的出现给人类学造成了巨大冲击，例如，新的"虚拟田野""虚拟角色""虚拟社会"等，这些是人类学之前所不曾面临的问题，但这些冲击并不能击垮人类学的学科体系，反而激发了人类学家的思考，将会使人类学的学科体系进一步完善。

因此我们也要对人类学做出反思。作为一种新兴事物，旧有的人类学理论和方法不一定能解决虚拟世界的诸多问题，如此一来，对某些理论和方法就必须做出改变，以适应新的变化。另外一点是，人类学作为一种舶来品，早在进入中国之初，就面临着人类学中国化的问题，诸多学者也在为此做出努力。时至今日，具有中国特色的人类学已经初具规模，然而中国特色社会主义已经进入一个新的时代。在这个新时代，中国的虚拟世界在飞速发展的同时，自身特征也愈加明显，我们面对的是一个极具中国特色且复杂的虚拟世界，因此需要建构的是一个具有中国特色的数字人类学。一方面，数字人类学这一概念来自西方，在引入西方数字人类学的同时要避免食洋不化的问题，不能盲目引用；另一方面，要注意中国虚拟世界的独特性，要有针对性地去解决问题。

总之，在信息时代，数字人类学必然会发挥其巨大的学科价值，但关于其理论、方法以及运用问题，我国学术界对这一方面的探索目前尚处于较为初步的阶段，还需要进行诸多的讨论与研究。

四、研究对象：从"化身"到"人"

人类学是用历史的眼光研究人类及其文化的学科。[①]文化人类学则更偏向于文化的研究。对于传统意义上的文化人类学来说，文化自然是来源于人，人可以直接建构文化，虽然虚拟世界的出现打破了人与文化之间的直接联系，但我们依然不能否定文化是由人创造的。

以网络游戏《魔兽世界》为例，在这个游戏中，玩家通过创建一个虚拟角色进入游戏，然后融入一个虚拟世界，这个虚拟世界拥有自己的"历史""语言""国家"，甚至有自己的法律和道德体系。玩家为了能够顺利进行游戏，就必须学习和遵循这个虚拟世界中的一切，由此产生了一种与在现实世界不一致的行为。文化是行为的总结，在这种新的行为之上，产生了新的文化体系，比如在游戏中，为了获取某种"力量"，产生了对"圣光"的信仰。

在这个例子中，我们可以提炼出以下几个关键信息：一是玩家同时具有两个角色，即现实中的人和游戏中的"人"；二是玩家既处在现实世界的文化情境中，又处于一个虚拟的"文化情境"中；三是玩家既可以在现实世界中建构或参与文化，又可以在虚拟世界建构或参与另外一种完全不同的"虚拟文化"。问题由此产生，数字人类学研究的到底是现实的还是虚拟的文化，研究的主体是现实的人还是虚拟的"人"？传统的人类学家并未

---

① 林惠祥.文化人类学 [M].北京：商务印书馆，2011：6.

考虑过这个问题，因为在虚拟世界诞生之前，只有现实的人存在，而当虚拟的"人"出现，尤其随着 AI 技术的发展，人工智能在虚拟世界中也会以"人"的形式存在，那么首先要搞清的就是我们研究的是什么"人"。

当现实中的人在虚拟世界中创建起一个虚拟角色时，我们可以视作一种"角色扮演"行为。有学者试图从巫术与宗教仪式中的扮演现象来解释虚拟世界的"角色扮演"。[①] 巫术与宗教理论是人类学研究中重要的一部分，也是一种常用的理论，但我们要注意一个本质上的区别，在巫术与宗教仪式中的动作对象是神，或者是真正的，或者是被改造过的人的灵魂，或者是按照人的灵魂形象和类似物而创造的神物。[②] 在虚拟世界中，人所扮演的角色并非都具有神圣性目的，如此一来，人类学关于巫术与宗教的理论很难再解释网络中的"角色扮演"行为。

我们先来分析虚拟世界中"角色扮演"的行为逻辑，如果把虚拟世界视为一个理想世界，便如歌德所说："生活在理想的世界中，就是把不可能的当作好像它可能一样。"[③] 在这样一个理想世界中，任何人都可以把现实中的"不可能"变为"可能"。但要注意的是，哪怕是现实中认为的"不可能"也依然来自现实，现实性和可能性之间的区别并不是指事物本身的任何性格，只适用于我们对事物的认知，我们不能没有影像而思想，同时也不能没有概念而直觉。[④] 虚拟世界哪怕有再多的不可能，依然是人依照现实世界建构的，不管是建构者还是参与者，虚拟世界的所有活动依然是人的现实活动，不管这种活动是有意识还是无意识的，归根结底仍然来源于社会现实。

可以说，数字人类学研究的主体依然是现实中的人，而不是一个虚拟

---

① 赵周宽.网络游戏角色扮演的艺术人类学思考 [J]. 艺术学界，2015（01）：3.

② 泰勒.原始文化 [M].蔡江浓，编译.杭州：浙江人民出版社，1988：338.

③ Goethe.Sprüche in Prose[J].Werke (Weimar ed), XLII,Pt Ⅱ：142.

④ 恩斯特·卡西尔.论人：人类文化哲学导论 [M]. 刘述先，译.桂林：广西师范大学出版社，2006：80-81.

的角色。只不过与传统人类学相比，在观察人时多了一层"化身"的介质，因为我们在"虚拟田野"中能观察到的只是一个"化身"，这个"化身"背后的人，可能根本无法与他 / 她见面，甚至无法与他 / 她沟通，所以我们要做的就是通过分析这个"化身"的行为，来分析"化身"背后的人。

同理，我们所研究的文化也并不是虚拟世界中建构起的"虚拟文化"，这些"虚拟文化"只是一种表象，它来自人的意识，意识来源于客观现实世界。数字人类学所要做的，就是透过"虚拟文化"来解释是如何基于现实世界产生的，最终是要找到这些"虚拟文化"的现实根源。因此，数字人类学作为人类学的一个分支，要保持与人类学研究对象的一致性，即对现实的研究，但如何界定"虚拟文化"与现实文化之间的界限、差异以及如何分析"虚拟文化"，至今仍然没有较为完整的理论指导，而传统的人类学理论在这一问题上也略显无力。①"虚拟文化"的出现，使人类学面临着严峻的理论挑战。

五、研究方法：虚拟世界的田野调查

田野调查是人类学研究获取资料的基本手段，传统的田野调查是研究者深入地区体验生活，直接观察和调查访问，并根据调查资料进行分析研究。②传统人类学所指的"地区"是现实中客观存在的某一位置，在这种现实地区中，我们可以采用个别访谈和观察、地图调查法等一系列为人类学家所熟知的调查方法。但虚拟世界并不是现实中的世界，所以我们需要解决一个最重要的问题——虚拟世界的田野点在哪里？

首先，存在着这样一个虚拟与现实的悖论：如果要进行数字人类学的

---

① 目前对网络文化的研究，多从社会学、哲学、教育学等方面进行，但从人类学的角度来看，不管是文化进化论、文化传播论、功能主义、结构主义抑或是其他理论，至今少有利用这些人类学理论对网络文化进行分析的案例。

② 杨堃．民族学调查方法 [M]．北京：中国社会科学出版社，1992：1．

研究，就要进入虚拟世界并且在一个特定的范围展开分析，那么这一个特定的范围可以称之为"虚拟田野"。"虚拟田野"可以是一个游戏、一个论坛、一个微信群，这种"田野点"是很好寻找的。但从另外一方面来说，人类学的本质是研究"人的文化"，这些"虚拟田野"本质上也是由客观世界的人所创造的，但是以这些人所在的地区作为田野点是不可能的，因为在虚拟世界中，他们可能会位于同一个区域，但在现实世界中，他们可能分散在世界的各个角落。如果以现实世界他者所处的地点作为田野点的话，根本无法展开研究，这就意味着传统的人类学田野调查方法很难直接用于虚拟世界。那么，要跳出这个悖论就必须要明确田野调查的目的。设计网络民族志研究的下一步，是确定特定的线上公共场所，这个线上公共场所将有助于启发研究主题，并有助于回答提出的研究问题。①

田野调查的根本目的在于了解情况和掌握材料，尤其是亲身调查所取得的感性认识和第一手资料是分析研究的基础。②功能学派更是强调这一点，如马凌诺夫斯基和拉德克里夫－布朗认为至少要在所研究的地区和当地居民共同生活一两年。③从这一角度来说，数字人类学的田野必然是在虚拟世界中，也就是"虚拟田野"。因为只有在"虚拟田野"中，才能够获取研究所需要的资料，所以在数字人类学的研究中，不需要执着于找到现实中的人，我们需要的是获取研究所需要的资料。田野调查的最大作用就是提供资料，换言之，就是哪里能提供解决问题的资料，哪里就是田野点。

或许会有人质疑在"虚拟田野"中获得资料的真实性问题，在人类学的研究中，这种质疑意义不大，因为人类学田野调查的客观性决定了所有田野资料对研究者来说都是客观的，人类学所要做的并不是区分田野资料的真假，而是要解释他者为何呈现这些资料，并通过这些资料来分析本质

① 罗伯特·V. 库兹奈特. 如何研究网络人群和社区：网络民族志方法实践指导 [M]. 叶韦明，译. 重庆：重庆大学出版社，2016：99.
② 黄淑娉，龚佩华. 文化人类学理论方法研究 [M]. 广州：广东高等教育出版社，2013：1.
③ 黄淑娉，龚佩华. 文化人类学理论方法研究 [M]. 广州：广东高等教育出版社，2013：142.

问题。

　　另外，该如何在"虚拟田野"中展开调查？我们依然可以采用田野调查中"观察"与"参与观察"的方式进行，在参与式的田野调查中，调查者根据自己的情况，扮演不同的角色，主要有完全参与观察和参与式观察两大类。① 这两种方式在"虚拟田野"中也可以做到，例如，要对一个游戏中的玩家群体展开研究，既可以自己加入游戏，成为其中一个玩家，做到完全参与；也可以不参与游戏，以管理员的身份进入游戏去观察玩家行为。所以，就一般性的方法层面来说，"虚拟田野"与"现实田野"无异。②

　　从田野调查的角度来说，数字人类学的研究和传统文化人类学的研究最大的区别在于田野点。数字人类学的研究需要在"虚拟田野"中进行，这一点是传统人类学家限于时代特征而没有提出的一个问题，但是我们一旦进入"虚拟田野"，则依然要遵循人类学田野调查的基本原则，即客观性原则、科学性原则、系统性原则以及尊重性原则。③ 新的"虚拟田野"出现，对人类学田野调查提出了新的挑战，但我们依然不能忘记人类学的基本学科特点。

　　还有一个重要的问题，就是对田野范围的界定。一个人在虚拟世界的活动没有边界，这点尤其与现实世界不同。在虚拟世界中，一个人可以在同一时间处于多个空间之中，或者在短时间内跨越多个空间，这在现实世界是不可能做到。而在现实世界的人类学研究中，我们可以在地图上标定田野点的所在，并且划定田野范围，那么虚拟世界中如何划定"虚拟田野"的边界成了一个值得讨论的问题。这就要回到人类学田野调查法的基本步

①　何星亮，杜娟. 文化人类学田野调查的特点、原则与类型 [J]. 云南民族大学学报（哲学社会科学版），2014，31（04）：18.

②　郭建斌，张薇. "民族志"与"网络民族志"：变与不变 [J]. 南京社会科学，2017（05）：99.

③　何星亮，杜娟. 文化人类学田野调查的特点、原则与类型 [J]. 云南民族大学学报（哲学社会科学版），2014，31（04）：20-21.

骤上，容观夐总结了田野调查的基本步骤，其中第一步就是明确研究目的，[①]带着目的做调查，便能明确田野调查的范围。同理，在对虚拟世界进行田野调查时，只要明确研究目的以及所需要解决的问题，就能在无限的虚拟世界中划定研究范围，避免调查空间的无限延伸，这就是以"目的"为中心的田野选择。

同现实世界的田野点选择一样，要以研究目的和研究内容为依据选取一个具体的、有范围的田野点展开调查工作。基于以上讨论，本书将以大型多人在线角色扮演游戏（Massively Multiplayer Online Role-Playing Game，简称MMORPG）《魔兽世界》作为主要的虚拟调查点。主要基于以下几点考量：

首先，网络游戏是虚拟世界一种比较成熟的表现方式，尤其是大型多人在线角色扮演游戏培育了庞大而活跃的在线社区。在考虑以 MMORPG 作为田野点时，地点是需要首先考虑的一个概念。MMORPG 当然不是物理的或实体的场所，但确实提供了一个共享空间，玩家在一个被建构的三维环境中出现。在现实世界，每个人都在一定的空间中活动，包括工作场所、社交场所、学校等空间。MMORPG 同样也提供了一个虚拟空间，基于作为玩家的共同经验和游戏的共同场所，能够让社区成员通过对游戏的一般了解和对游戏及其玩家状态的关注而建立联系。MMORPG 作为一种更主流的休闲活动形式的使玩家数量不断增长。因此，从空间和社区的角度来说，MMORPG 完全可以被视作虚拟世界中的一个空间地理概念。[②]

其次，玩家在网络游戏中的行为并不是无意识的。从实用主义的角度来看，电脑游戏可以被设想为具有设计实际含义的东西，而大部分玩家承认并承担所谓的"责任"，即有责任在虚拟世界中不断改善自身，从而使玩

---

① 容观夐. 关于田野调查工作：文化人类学方法论研究之七 [J]. 广西民族学院学报（哲学社会科学版），1999（04）：39-43.

② Simpson J.M., Knottnerus J.D., Stern M.J.Virtual Rituals: Community, Emotion, and Ritual in Massive Multiplayer Online Role-playing Games—A Quantitative Test and Extension of Structural Ritualization[OL]. Theory. Socius, 2018(04). https://doi.org/10.1177/2378023118779839.

家采用与这些实际含义相对应的方式行事、行为和思考，这与在现实世界别无二致。尽管需要注意的是，玩家在玩游戏的过程中可能会忽略这些设计的实际含义，并提出自己的实际含义，但并不影响玩家以自主能动性做出决策，这就意味着在网络游戏中玩家同样可以发挥自主能动性。[①]

最后，不管是拟真度还是机制，MMORPG 是目前最接近元宇宙的一种形态，Meta 公司（Meta Platform Inc，原名 Facebook）所打造的元宇宙，依然采用的是 MMORPG 模式打造了名为 Horizon Worlds 的社交平台，并以此展开了一系列关于 VR、AR 技术的试验。MMORPG 作为虚拟世界一种比较成熟的表现形式，已经有很多学者介入其间并展开了一系列卓有成效的研究，因此，完全可以用 MMORPG 作为虚拟世界的代表进行分析。

《魔兽世界》是 MMORPG 中的典型代表，截止 2024 年 3 月，这款运营近 20 年的游戏全球活跃玩家数量仍超过 725 万，全球最大的网游人口统计网站 MMO Populations 最新的统计数据显示，魔兽世界拥有全球超过 1.21 亿的玩家，最高在线人数一度超过 1400 万，[②] 是迄今为止规模最大的 MMORPG。2005 年，《魔兽世界》开始在中国运营，玩家数量一度超过 500 万。[③] 在游戏中，玩家扮演不同的角色，这种角色扮演可以反映出个体在现实世界中的身份认同和自我表达。它提供了一个虚拟的社会环境，玩家在这里可以进行交流、合作、竞争，形成了独特的社交网络和文化现象。这款游戏中的虚拟社区可以作为现实世界社区的一个模型，帮助人类学家研究社区的形成、运作以及成员之间的互动方式。游戏中的团队合作、公会组织等游戏机制以及玩家之间的竞争关系，为研究群体行为和动力学提供了丰富的案例。除此之外，游戏中的经济系统与现实世界有着惊人的相似之处，包括货币交易、资源分

① Karhulahti V.M. Computer game as a pragmatic concept:ideas, meanings, and culture[J].Media, Culture & Society, 2020(3):471−480.

② MMO POPULATIONS.MUST PLAY MMOS, 2024(04): https://mmo−population.com.

③ 数据来源：178 游戏数据库——魔兽世界人口普查：http://db.178.com/wow/summary_origin/slist.php? eqid=b969c7e10010ae0a0000000464508d96.

配、市场供需等，为研究虚拟世界的经济行为提供重要的参考。

总之，《魔兽世界》这款游戏为研究虚拟世界提供了一个实验场，但必须强调的是，这次调查的主题是"虚拟世界"而不仅仅是《魔兽世界》这一款游戏，因此并不会局限于这款游戏，在以《魔兽世界》为典型案例的研究上，我们还观察了《王者荣耀》《原神》《无畏契约》等流行游戏，也观察了"数字敦煌""数字故宫""中国国家博物馆数字展厅"等数字博物馆，还有微信群、微博超话、小红书社区、豆瓣社区等多个虚拟社区。总之，本书的主要方法是采用人类学的田野调查法在这个虚拟世界中以观察和参与观察的方式进行研究，既以第三方观察者的视角对虚拟世界的多方位图景进行观察，也采用参与观察的方式，操作角色参与其中进行参与式观察。在过程中还会结合访谈法、问卷调查法、数据分析法、文本可视化分析法等多种方法，力求提供一个完整、具体的虚拟世界民族志。

第一章　进入田野

对于人类学说，撰写田野调查报告或者民族志需要在开篇介绍田野点的基本情况，包括位置、人口、沿革、产业、气候等各个方面，以让读者对即将描述的田野点有一个基本的概念，否则就会变成空中楼阁的讲述。在现实世界的调查报告或民族志的书写中描述这些情况是非常简单的，但在虚拟世界中这似乎变得很困难，因为虚拟世界中一切都是数字组成的，硬要说位置的话，那只能描述为这组数据储存在位于某地的服务器中，而其他的诸如天气、人口等都是由代码所编辑并控制的，因此对于虚拟世界的民族志来说，描述这些似乎毫无意义。

但这样的话就又会面临另外一种矛盾，即难以让读者形成一个具体的概念，更重要的是，如果不对所调查的地点进行描述，那整篇报告或者民族志就会失去支撑，最终落入泛泛而谈的陷阱。因此必须找出一种方法对虚拟世界进行田野点概述，以形成最基本的概念框架，使得整个调查"有据可依、有地可察"。

罗伯特·V.库兹奈特在《如何研究网络人群和社区：网络民族志方法实践指导》一书开篇第一部分就强调识别或选择社区的重要性，他建议以线上社区为单位进行调查，所描述的自然也是一个线上社区的基本情况。[①]库兹奈特的建议很有参考价值，例如，调查一个聊天群（微信群或者QQ群），不可能去描述微信或者QQ是什么，更不可能去描述聊天框长什么样，而是需要描述群成员的年龄、性别、职业、收入情况等，以此展现这个由

---

① 罗伯特·V.库兹奈特.如何研究网络人群和社区：网络民族志方法实践指导[M].叶韦明，译.重庆大学出版社，2016：1,76.

聊天群所组成的虚拟社区。这样的描述在以聊天为主要行动方式的虚拟社群是行之有效的，但随着虚拟世界的发展，尤其是有朝一日理想中的元宇宙变成现实，人们在虚拟世界中的行为不再局限于聊天，而是有了空间上的活动，那么仅进行人口学特征的描述将会显得力不从心。

因此，我们认为在虚拟世界已经高度拟真化的今天，如果调查不再局限于一个聊天群或者一个论坛，而是集中于一个拟真的世界，那么完全可以借用在现实世界描述一个田野的方式来描述一个虚拟世界。这里似乎又牵涉了主观和客观的哲学逻辑，在现实世界的田野点描述所描绘的是一个客观现实的世界，然而正如刚才所说，虚拟世界的一切内容都可以靠几行代码来改变，我们可以在虚拟世界中制造风暴，可以在里面建造摩天大楼，当然也可以建造在现实世界难以建造的事物，那么这是否意味着我们描述的是一个随时可能改变的主观世界，只要这个世界的造物主（程序员）愿意，他们可以随时改变我们花了大力气来描述的田野点？我们必须承认这种情况的存在，但不能忽略另外一个事实，即虚拟世界也具有稳定性。

虚拟世界的稳定性表现在空间和基本构架的稳定性。试想一款游戏随时都在改变空间大小、调整景观布局，甚至随意调整游戏运行构架和规则，且不考虑成本投入和工作人员的辛苦付出，也没有玩家喜欢在这种变幻莫测的无序世界中生存。同现实世界一样，一个有秩序的世界才有可能实现进一步的发展，秩序是一个社会得以有效运作的关键，道德凌驾于秩序之上，使得社会秩序有着自身的进化过程，它将作为事实的权力转化为权利关系，并体现为社会化与个体化的双重过程。① 这就意味着当出现道德崩坏和社会失序，社会将难以进步直至停滞不前。这一规律在虚拟世界同样有效，任何虚拟世界的搭建必须建立在有序的基础之上，才能保证整个世界发展，否则将很快消亡。尽管技术人员能够通过修改代码随意更改虚拟世界中的一切，但他们往往不会这么做，因为很多游戏的没落已经证明对游

---

① 迟帅. 社会秩序的道德起源：涂尔干对社会性质的追问 [J]. 社会科学研究, 2021（06）: 120.

戏的随意修改会导致被市场所淘汰，所以没人希望自己辛苦打造的虚拟世界走向消亡。那么既然虚拟世界具有稳定性和秩序性，我们就可以去描述这个虚拟田野点的样貌，和在现实世界中书写民族志一样，需要为读者搭建起一个概念空间，至少让读者在跟随我们的步伐步步深入这个虚拟世界之前，知道我们即将描述的是一个怎样的世界。

更有意思的一点是，人人都可以即时性地进入虚拟田野点展开调查。在现实世界中，要进入田野点可能受制于交通、经济、时间等问题，因此对田野点基本情况的介绍可能会带来一个副作用，就是会让读者带着一种猎奇的眼光去看待所调查的内容。这一点无可厚非，因为民族志的一大作用就是引起读者的阅读兴趣，读者可以通过阅读民族志来感受一个族群的文化，如果读者极有兴趣，可能会背起行囊前往书中所描述的地方，当然还要付出一定的体验成本。虚拟世界则不同，只要打开电脑或者手机就可以立即进入，并且是一种低成本体验，如果觉得文字的描述略显乏力的话，那么读者完全可以立即进入本书所描述的田野点，亲身完成一次体验，并能够对本书所提到的研究做出自己的思考。从这方面来说，何尝不是人类学的进步，因为人类学不再专属于高高在上的学者，任何人都可以成为人类学家。当然，这也为人类学的研究提出更高的要求，在存在信息差的情况下，普通读者难以接触到人类学家所描述的"异文化"，从而自然而然地相信人类学描述的"真实性"，但受限于个体认知，即使再客观的描述也会带有偏见甚至假造，现实世界的民族志很难发现书中失之偏颇甚至虚构造假的内容（除非正巧被书中所描述的文化持有者看到），这导致"书斋里的人类学家"通过网络资源或者其他资料就能轻松写出民族志。虚拟世界的田野调查正好弥补了这一漏洞，因为读者随时可能进入田野点去"检验"民族志的"真实性"，如此一来，虚拟世界的田野调查将会将人类学田野调查的要求提高不少。

第一节　田野点概况

一、艾泽拉斯世界及其他世界

和所有的田野调查报告或者民族志一样，虚拟世界的田野调查也要遵循民族志书写的基本规律，以向读者描述田野的基本情况。

本书以《魔兽世界》为主要试验场，在这款游戏中建构了一个"地理"上的大陆名为"艾泽拉斯"的世界空间，以艾泽拉斯为基础还衍生出了"外域""德拉诺""暗影界"等其他世界空间。

《魔兽世界》游戏内地图总面积约为 515.91 平方公里并且在不断扩展中，[①] 其中艾泽拉斯为主要空间，2004 年《魔兽世界》第一个版本发布，开放了艾泽拉斯世界的卡利姆多和东部王国两个区域。

2005 年《魔兽世界》由第九城市代理，进入中国市场，与世界其他地区玩家共同见证了一个新世界的到来。2007 年上线"燃烧的远征"版本，开放"外域"这一新的区域。2010 年上线"巫妖王之怒"版本，开放诺森德区域。2011 年"大地的裂变"版本上线，开放大漩涡区域。2012 年"熊猫人之谜"上线，开放潘达利亚区域。2014 年"德拉诺之王"版本上线，开放德拉诺区域。2016 年"军团再临"版本上线，开放破碎群岛区域。2018 年"争霸艾泽拉斯"版本开放，新增了库尔提拉斯和祖达萨两个新的大陆。2020 年"暗影国度"版本引入了暗影界区域。此后游戏版本还在不断更新，新的区域也在不断开放。

---

① https://www.9game.cn/news/2744569.html.

二、种族以及职业

截至目前，《魔兽世界》一共设计了 24 个种族，分别为人类、矮人、暗夜精灵、侏儒、德莱尼、狼人、虚空精灵、光铸德莱尼、黑铁矮人、科尔提拉斯人、机械侏儒、熊猫人、龙希尔、兽人、亡灵、牛头人、巨魔、血精灵、地精、夜之子、至高岭牛头人、玛格汉兽人、赞达拉巨魔、狐人。

玩家可以选取一个职业进行游戏，不同职业具有不同特征，并且能释放不同技能，别分为法师、术士、盗贼、牧师、德鲁伊、武僧、萨满、猎人、圣骑士、战士、恶魔猎手、死亡骑士。职业和种族可以相互搭配，如血精灵法师、兽人战士、人类牧师等。

在《魔兽世界》的世界观和"历史"中，种族区隔并不那么明显，如暗夜精灵和血精灵有着族源关系，牛头人和至高岭牛头人也有族源关系。但同时也构筑了一套复杂的种族关系，游戏中建立了以"联盟"和"部落"为主的两大阵营，如人类和血精灵相互敌对却又和暗夜精灵互为联盟，熊猫人和龙希尔既与人类联盟，又可以加入部落等。虽然不如现实世界中的各民族或者国家之间的关系复杂，但《魔兽世界》已尝试将现实世界中的复杂社会关系复制到虚拟世界中。

表 1-1 部落阵营种族与角色搭配表

	死亡骑士	恶魔猎手	德鲁伊	猎人	法师	武僧	圣骑士	牧师	盗贼	萨满	术士	战士
血精灵	*	*		*	*	*	*	*	*		*	*
地精	*			*	*	*		*	*	*	*	*
兽人	*			*	*	*		*	*	*	*	*
熊猫人	*			*	*	*		*	*	*	*	*
牛头人	*		*	*		*	*	*		*		*
巨魔	*		*	*	*	*		*	*	*	*	*
亡灵	*			*	*	*		*	*		*	*

续　表

	死亡骑士	恶魔猎手	德鲁伊	猎人	法师	武僧	圣骑士	牧师	盗贼	萨满	术士	战士
至高岭牛头人	*		*	*	*	*	*		*	*		*
玛格汉兽人	*			*	*	*		*	*	*		*
夜之子	*			*	*	*		*	*		*	*
狐人	*			*	*	*		*	*	*	*	*
赞达拉巨魔	*		*	*	*	*	*	*	*	*		*

注："*"表示种族和职业的搭配，如血精灵死亡骑士

表1-2　联盟阵营种族与角色搭配表

	死亡骑士	恶魔猎手	德鲁伊	猎人	法师	武僧	圣骑士	牧师	盗贼	萨满	术士	战士
矮人	*	*		*	*	*	*	*	*	*	*	*
德莱尼	*			*	*	*	*	*	*	*		*
人类	*			*	*	*	*	*	*		*	*
侏儒	*			*	*	*		*	*		*	*
暗夜精灵	*	*	*	*	*	*		*	*			*
熊猫人	*			*	*	*		*	*	*		*
狼人	*		*	*	*	*		*	*		*	*
黑铁矮人	*			*	*	*	*	*	*	*	*	*
光铸德莱尼	*			*	*		*	*	*			*
库尔提拉斯人	*		*	*	*	*		*	*	*		*
机械侏儒	*			*	*	*		*	*		*	*
虚空精灵	*			*	*	*		*	*			*

注："*"表示种族和职业的搭配，如矮人死亡骑士

三、基本游戏机制

（一）基本操作

游戏主要以键盘、鼠标的配合操作角色在游戏中的一切动作，以默认操作布局来说，鼠标负责在游戏内实现点击、选取、拾取物品等操作。键盘按键 W 为操作角色前进、S 为后退、A 为左转动视角或者和鼠标右键搭配实现左平移、D 为右转动视角或者和鼠标右键搭配实现右平移，Q 和 E 键用于在不转动视角的情况下左右平移，1 分钟以内的常用小技能（如闪现、疾跑等）通常设置在 Q、E、R、Z、X、C、V 等按键上，数字键主要为不同技能释放按键。按键设置可以根据玩家习惯自由调整，以搭配出符合玩家自身习惯的按键操作系统。

鼠标和键盘的共同搭配可以实现游戏中多种动作，再加上快捷键、插件、宏等按键设置的搭配，使得动作组合更为复杂。

（二）基本游戏机制

《魔兽世界》以升级和装备获取为两条主线机制。所有玩家刚刚进入游戏时都是从 1 级开始，然后通过完成任务或者通过杀死怪物获得经验值，经验值的不断积累能够实现升级。《魔兽世界》每个版本的最高等级都在变化，在最新版本（截止 2024 年）"地心之战"中的等级上限为 80 级。随着等级的提升可以获得更高级别的装备，学习到新的技能和天赋，也可以探索新的副本和地图。如果不完成任务或者消灭怪物就难以升级，而难以升级会导致游戏的内容体验变得很有限，因为只有通过升级才能不断体验新的游戏内容。

装备是《魔兽世界》这款游戏的一个重要道具，装备除了华丽的外形外，还包含多种数值，如力量值、敏捷值、法力值、智力值等，每一种数值都代表着某一方面能力，数字越高则能力越强，数值之间也可以相互搭配，从而提升整体能力。例如，一个战士的力量值越高，在攻击怪物时所造成的伤害就越大，同时搭配敏捷值和耐力值，就越有可能更快地击败怪物从而获取奖励。因此，通过收集装备来提高自己所需要的某方面数值是非常必要的，只有提高数值才能击败怪物，从而获取经验值和更好的装备，也才能继续体验游戏所提供的其他内容。如果装备数值停滞不前就难以击败更强大的怪物，也不会获取更好的装备，自然也难以体验更新的内容。可以说，没有好的装备在《魔兽世界》中寸步难行。

简而言之，只有通过不断升级并收集更好的装备，才能不断体验到新的游戏内容，反之，为了体验新的内容就需要不断升级和收集新装备，由此形成一个循环，这个循环成为《魔兽世界》最基本的主线逻辑。

由于版本更新需要一定周期，在新版本推出之前，总会有玩家体验完大部分游戏内容，从而出现厌倦感，因此在主线逻辑之外，《魔兽世界》建立了一系列玩家竞争机制，如声望系统，即玩家可以通过完成特定的任务获取声望值，通过声望值的积累可以获取新的装备或者坐骑；再比如战场和竞技场模式，通过玩家之间的战斗，可以积累荣誉值和点数，同样可以由此获得新的装备或者坐骑，使得玩家能够更加酣畅淋漓地击败对手；此外，还有成就系统能让玩家通过完成具有挑战性的任务来获取头衔或者其他奖励。

所以，《魔兽世界》建立起了一套复杂的游戏运作机制，虽然远达不到现实世界的复杂程度，但这种多模态的机制运作为玩家的发展提供了多种可能。这代表着虚拟世界的一个趋势，即社会机制的复杂性。这一点往往被忽略，传统观念认为虚拟世界就是聊天和游戏，是一个相对单纯的世界，事实情况却完全相反，虚拟世界的复杂程度远超想象。游戏的运行机制完全可以看作现实世界中一个社区的运行逻辑，《魔兽世界》所搭建起的这套运行机制成为虚拟世界运行机制的一个典型代表。

第二节　进入田野

一、进入《魔兽世界》

在现实世界中，不管是观察还是参与观察都需要调查者的"在场"，通过调查者自己的视角去完成调查，并操刀提笔书写民族志。虚拟世界的调查自然不可能以真实的身体进入，因此需要建立一个"化身"才能调查。

本书调查所使用的"化身"是一位男性血精灵死亡骑士（部落阵营）和一位女性人类法师（联盟阵营），这两个角色并非新建角色，而是从我们所拥有的诸多角色中选取出来具有代表性的两个角色。

之所以选择血精灵和人类两个种族是考虑到游戏中联盟和部落两个阵营的区隔，以对两个阵营都进行深入的剖析。而选择一位男性角色和一位女性角色是考虑到不同的性别展现方式可能会出现不同的情况，从而更加完整地收集资料。

男性血精灵死亡骑士角色最早创建于 2010 年 9 月，体验了自"巫妖王之怒"之后的所有版本内容，女性人类法师创建于 2008 年 9 月，体验了"燃烧的远征"之后的所有版本内容。目前，两个角色都提升到当前版本的最高等级并且完成了所有地下城内容，[1]收集到了较好的装备，并且体验完了大部分内容。当然，我们的"化身"远不止这两个，在微信、微博、QQ 等我们还建立了不同的"化身"进行调查，从而能够获取更加丰富的资料。

在现实世界的田野调查中由来自某一成员的介绍是民族志学者进入一

---

[1]　这里所指的当前版是"暗影国度"版本，由于本书内容成稿时网易公司和暴雪公司终止合作，导致魔兽世界中国区停止运营，因此版本停留在了"暗影国度"。

个群体的最佳门票。贸然进入某个社区会给民族志研究带来令人寒心的影响。社区成员也许对民族志学者个人或者他的工作不感兴趣。一个中间人或者"媒人"能够为其打开门户或者将其锁于门外。这个帮助者（Facilitator）可以是一个首领、主管、指导者、教师、流浪汉或者帮会成员，他们应该在该群体中有着相当的信用度——无论是作为一个成员或是公认的朋友或关系户。该中间人与社区的关系越密切越好。在研究的初始阶段，该群体对于中间人的信任会延伸至对民族志学者的信任。如果被适当的人介绍，民族志学者将会受益于晕轮效应（A halo effect），即不知不觉中，群体成员会认定研究者是个好人。只要民族志学者显示出他值得社区成员信赖，他就有可能做好研究。① 在虚拟世界中也面临着同样的情况，甚至更为复杂，因为必须分清"游玩"和"调查"之间的区别。

如果只是"游玩"，那事情将变得很简单，只需要注册一个账号便可以登录虚拟世界，然后尽情体验游戏所带来的愉悦。但"调查"则变得复杂起来，因为"调查"并不仅仅是体验虚拟世界，还需要收集有效的资料进而"深描"，这就面临着同现实世界一样的情况，就是如何获取访谈对象的信任并得到他们的帮助，晕轮效应在虚拟世界同样有效。因此，如果抱着调查或者研究的目的进入虚拟世界，同样需要"引介"。在另外一个《魔兽世界》忠实玩家的引介下，我们加入了一个名为"WLK 固定团"的玩家社群，并加入了游戏中的数个公会，通过在社群中的积极发言、参与游戏中的团队活动、并参加了数次线下聚会后，我们被接纳为社群的一员，大家都能敞开心扉接受询问，这个社群成为本书研究的核心社群。

二、资料收集

从 2020 年开始，和现实世界做田野调查一样，我们开始有意识地收集

---

① 大卫·M. 费特曼. 民族志：步步深入（第 3 版）[M]. 龚建华，译. 重庆：重庆大学出版社，2013：36.

资料并记录调查过程而不是只关注游戏所带来的娱乐性。由于这是一场人类学的调查，所以收集资料的侧重点在于访谈资料、文本资料等方面，同时也包括了一些数据资料如人口学统计资料、游玩时间、频率、经济交易情况等。

（一）访谈资料

在访谈资料收集的过程中面临着一个逻辑上的困难，就是向谁访谈的问题。访谈是田野调查中资料获取的主要来源。在现实世界中，访谈对象主要是文化持有者或者当地人，以获取研究所需的信息，但在虚拟世界中，向谁访谈却成了问题。因为在虚拟世界中会出现两种类型的"人"，一种是现实世界的人所操纵的"化身"，另一种是"非玩家控制角色"（Non Player Character，NPC）。如果按照现实世界中访谈对象的选择标准，那么现实世界的人所操纵的"化身"并不是文化的持有者或者当地人，因为他们是虚拟世界出现之后中途才"入场"的角色，所以将不会被选择为访谈对象，反而真正的"当地人"是随着虚拟世界一同诞生的NPC们。但NPC们仅仅是受到预先编制好的程序代码控制并机械地执行动作的内置角色，它们的动作、行为、话语都在不断重复，所代表的是这个虚拟世界设计者的意图。于是，第一个矛盾便出现了——NPC是否能够成为访谈对象。在《魔兽世界》中，NPC可以与玩家进行多种多样的互动，如点击NPC是可以与之对话，可以通过NPC们交接任务，甚至一些NPC作为游戏主角推动着剧情的发展，可以说NPC是游戏重要的组成部分。不止《魔兽世界》，其他游戏、虚拟博物馆、虚拟景区等，都建立了大量的NPC，其任务本质上来说是帮助"化身"们更好地体验虚拟世界，但从它们的表现形式上来看，并没有访谈的意义。但正如刚才所说，NPC所展现的一切其实是设计者意图的表达，NPC的背后是设计者的意识，这些设计者则是现实世界中活生生的人。

列斐伏尔的经典空间理论"空间生产"论提出空间生产呈现出空间实

践、空间表征和表征性空间的三元形态。[①] 尽管不同的学者对空间三元形态的具体概念持有不同看法，[②] 但都不否认三元空间适合对空间类型进行划分。[③] 结合索亚在《第三空间》中对三元空间的阐释，"三元空间"可理解为："空间实践"是物质性和日常性的，主要关注空间日常生产中与各类场所以及物质如公共空间、城市乡村、建筑、雕塑等之间的关系，是一个可感知或者可使用的范围；"空间表征"是精神层面的空间，即通过符号、图像或者规则、秩序、权利等传达设计者所希望传达的意义或精神；"表征空间"与人们的社会生活紧密相连，主要讨论空间中"居民"或"使用者"在空间中的社会关系再生产。[④] 列斐伏尔空间生产论中的"空间表征"认为空间是传达设计者所希望传达的意义或精神，这一观点引出了有关"空间建构"的争论，争论的焦点在于空间是自发形成的还是被建构的。在这里，我们要分清自然的空间和人文的空间，所谓自然的空间是在自然规律中形成的空间，而人文空间是不会自然形成的。从空间生产的角度来看，很明显空间是被建构出来的。列斐伏尔举过这样一个例子：城市，它是一定历史时期社会活动所塑造、赋形和设计出来的一种空间。如此说来，城市究竟是作品，还是产品？以威尼斯为例，如果我们将作品规定为独一无二的、具有原创性和初始意义的，它占据一个空间并和特定历史时期，一个处于兴衰之间的成熟期，那么威尼斯可以说是一件艺术作品。它正是这样一个具有强烈的表现力和浓厚意义的空间，也是一件独特且浑然一体的绘画或

---

① Lefebvre H., The production of space[M]. Blackwell Publishing, 1991:348-349.

② Lefebvre H., Love and Struggle: Spatial Dialectics[M]. Routledge, 1999:160; Elden S. Understanding Henri Lefebvre: Theory and Possible[M]. Continuum, 2004:190; Merrifield A.Henri Lefebvre: A Critical Introduction[M]. Routledge, 2006:109-110.

③ 李春敏.论列斐伏尔的三元辩证法及其阐释困境：兼论空间辩证法的辨识与建构 [J].山东社会科学，2023（09）：43.

④ 爱德华·索亚.第三空间：去往洛杉矶和其他真实和想象地方的旅程 [M].陆扬，译.上海：上海教育出版社，2005：84-85.

雕塑品。①尽管列斐伏尔多次提到"空间是被生产出来的"，但他并没有明确表示空间的具体生产者是谁，而是以"多种能量的聚合"来进行表示。这就说明空间是多种力量的造物，并非由哪个单一的力量建构出空间来。在数字空间的演进历史上，技术社群、数字企业和主权国家等不同主体先后推动了多轮数字内容累加，从而造就了当前数字空间丰富多彩的形态。而这些不同主体也在这一过程中分享了数字权力，从而拥有了参与数字空间秩序建构的关键主体身份。②

　　基于空间生产的理论可以发现，在虚拟世界中 NPC 及 NPC 背后的设计者同样也是构成空间的力量之一，尽管目前 NPC 的表现形式极为单一，但随着生成式人工智能的发展，NPC 的行为将会变得越发复杂，但无论 NPC 如何进步，都代表了设计者的意识，它们并不产生自主意识。因此在虚拟世界的田野调查中，对 NPC 进行访谈和观察的目的是在于了解设计者的意图，并分析在设计者意图介入的情况下虚拟世界产生的影响以及设计者在建构"空间表征"时的逻辑内涵。从这一方面来说，NPC 就是设计者的"化身"。然而更为复杂的情况是，一个庞大的虚拟空间并非由一个人设计，可能是一个颇具规模的团队共同打造出来的（先后有数千人参与过《魔兽世界》的设计和制作），于是我们面临的一个难题就是有没有必要通过 NPC 去解构每一个设计者的意识？很显然，这是一个无法完成的任务。这时，我们就要理清另外一个关键概念——集体意识。集体意识是一种客观存在的社会事实，是社会成员平均具有的信仰和感情的总和，构成其自身明确的生活体系。③因此，可以认为集体意识是一种共同理解。④我们没有必要解构每一个设计者的个人意识，因为在设计虚拟世界时，个人意识汇聚于集

①　亨利·列斐伏尔.空间的生产 [M].刘怀玉，等译.北京：商务印书馆，2022：111.
②　封帅.数字空间的政治秩序建构：数字权力、主体累加与多位面互动进程 [J].国际观察，2024（02）：72.
③　埃米尔·涂尔干.社会分工论 [M].渠东，译.生活·读书·新知三联书店，2000：42.
④　王道勇.社会团结中的集体意识：知识谱系与当代价值 [J].社会科学，2022（02）：4.

体共同打造了这个虚拟世界。如果个人意识不愿意和集体意识共谋，那么将会在中途退出，所以经过筛选之后，集体意识所打造的虚拟世界中将很难看见个人意识到影子，哪怕是个人的想法也要经过集体的同意才会出现在由集体所打造的虚拟世界，本质上仍是集体意识的体现，因此对NPC背后设计者的分析实际上是对于制作团队集体意识的分析。总之，在虚拟世界的调查中，有必要对NPC进行访谈来收集资料，但要清楚的是，对NPC的访谈目的在于分析制作团队的集体意识。

另外一个重要的访谈对象自然是广大玩家。对于玩家的访谈方式主要有三种：一是在游戏中与之对话；二是通过聊天软件与之对话；三是线下面对面的对话。

第一种访谈方式争议不大，《魔兽世界》提供了一个玩家之间的聊天平台（对话框），对话框具有多种聊天模式：说话模式是指玩家发送的内容在一定距离内可以被其他玩家看到；小队聊天模式是聊天内容仅在五人小队中可见；团队聊天模式是聊天内容在大型团队中可见；战场聊天模式是发送内容仅在战场副本中可见；公会聊天模式是发送内容仅在公会组织内可见；喊话模式是发送内容在更大的距离范围内可被其他玩家看见；密语聊天模式是玩家之间一对一聊天；官员聊天是公会内管理员之间的聊天模块；世界聊天模式并非游戏自带聊天模块，而是安装游戏插件后，所有安装了游戏插件的玩家均可见的公共聊天模块。多样的聊天模块提供了多种沟通形式，因此在资料的采集中可以从不同的聊天模块获取多样的信息，可以从公共聊天中观察玩家的发言并收集必要的信息，也可以通过密语聊天对玩家进行访谈。通过聊天软件与之对话以及面对面对话似乎已经脱离了游戏平台，但又十分必要。玩家们会利用多种聊天软件进行沟通，如微信、QQ以及语音聊天软件等，有时也会举行一系列的线下活动等。在现实世界的田野调查中，由于受访者往往就是当地居民，访谈空间也在田野点内，这似乎是一件自然而然的事情，因此很少思考不在田野点的访谈是否有效。实际上，人类学家没有刻意地讨论这个问题是由于在调查中从未对访谈对象做过限制，人类学对"当地人"的理解是长期居住于当地而不是永久居住于当地，人类学家不可能对访谈对象做出限制要求他们不得离开居住地；反过来，受访者也有行动的自由，他们可能出游、外出务工或者迁徙，那么当受访人外出之后是不是就失去了"当地人"的身份？这显然是不合理。例如，一个在北京的人类学家为了了解彝族文化，想要调查一个位于四川凉山的村子，其中预设为关键访谈人的毕摩（彝族村寨长老）恰巧外出去到北京，那么他是否可以在北京直接采访对方，还是要等毕摩回到村子才可以采访呢？这看起来是一个可笑的问题，没有哪个人类学家会愿意失去在北京直接与这位毕摩访谈的机会。可见，地域问题并不是关键因素，而是以文化持有者为主要考量因素。同理，在虚拟世界的田野调查中我们不可能要求访谈对象一直在虚拟世界中，他们可能离线回到现实世界，但他们作为文化持有者或者关键访谈人的身份依旧存在，采取脱离游戏的其他访谈形式进行访谈依然行之有效，所以无论是通过其他聊天软件进行访谈，还是线下面对面访谈，只要是围绕研究目的，都是可以获取有效资料的。

（二）观察资料

观察资料是在田野调查中通过观察获取的资料，如人口学资料、社区地理布局、建筑形制、自然景观等。这些资料的获取一般都通过调查者自己的观察得到，之后再结合访谈资料分析其意义。也就是说观察资料主要来自调查者主观的感觉和知觉。

现代人类学家进行田野调查时，把自己的田野调查行动当作一种客观存在的反映行动，和后现代主义人类学家把自己的田野调查行动当作试探性的实验民族志行动是矛盾的。对于这种客观存在的确定事实的描述与主观设想的实验事实的陈述之间的矛盾问题，人类学家需要走为自己立法并遵循普遍法则的路子，而非走盲人摸象或搬运理论的路子。人类学家不仅需要启发或启蒙对象群体，更需要确认人类学家自己田野调查行动的合理性问题。①

　　这似乎也是一个哲学上的矛盾，民族志是在"写文化"，尤其是作为一门科学研究，更是要求做到客观准确。但正如上文所说，调查者和民族志的书写者往往都是带着强烈的主观意识进行观察并书写民族志的，这似乎又违背了客观性。恰恰相反，调查者带有目的的主观感受，正是书写民族志的重要依据，引入"身体实践"这一理论视角并将其作为田野调查的重要方法有助于解决以上问题。如果说参与观察与深度访谈侧重的是身体的某个感官，"身体实践"则强调的是身体的全然在场，是全身心地投入、实践、感受。田野调查不是走马观花，不是到了田野点进行简单的观察或体验即可，研究者需要付出一定的体力、心血，在实操的过程中不断提升敏感度与想象力。尝试以新手或学徒的身份参与到民众的日常生活中去，研究者可以经由与民众相同的自身实践达至对民众及其日常生活的体知，进而在"身受"的基础上获得"感同"。②

　　在虚拟世界的田野调查中，同样需要在调查中去观察和感受这个世界中的一切，并进行分类和记录。与普通玩家所不同的是，在观察过程中需要通过自己的主观意识处理观察所得，并将其记录下来以供分析。例如，一个场景激发起调查者愉悦的情绪，那么就需要及时将这个场景记录下来以分析产生愉悦的机制，所以调查者比普通玩家要辛苦得多，因为玩家只需要体验这种愉悦感，而调查者则注重记录并分析这种愉悦感所产生的逻辑。

　　"上穷碧落下黄泉，动手动脚找东西。"考古学家傅斯年的这句话在人类学的田野调查中同样具有指导意义。在虚拟世界的田野调查中也是如此，除了访谈，细致耐心、方位全面的观察同样重要，因此观察资料将会是本

① 傲东白力格.我们究竟是如何完成田野调查行动的？[J].贵州民族大学学报（哲学社会科学版），2023（05）：146.

② 韩雪春.体知与感受：田野调查的身体实践论[J].云南师范大学学报（哲学社会科学版），2023，55（04）：124.

书的另外一项重要资料。

（三）其他资料

在现今这样的大数据时代，除了传统的访谈数据和观察数据外，大数据能够为分析相关问题提供重要的帮助，尤其在虚拟世界，从某种程度上来说，虚拟世界其实也是大数据的一环。

很多虚拟世界或游戏会在其官方网站或论坛上公开一些用户数据、游戏统计或社区动态。这些数据可以提供关于虚拟世界的整体情况和用户行为的基本了解。一些虚拟世界提供 API（应用程序编程接口），允许开发者获取特定的数据。通过这些 API 可以自动、定期地收集所需的数据。数据开放平台也是一个重要的数据来源。例如，一些大型在线游戏可能会提供玩家行为、交易记录等数据的开放接口。网络指数工具（如百度指数、阿里指数等）可以提供关于虚拟世界或相关关键词的搜索趋势、用户关注度等信息。利用数据分析工具（如 Google Analytics 等）来跟踪和分析虚拟世界的网站流量、用户行为等数据。此外，学术或者研究机构经常会发布关于虚拟世界和用户行为的研究报告或数据集。这些资源通常经过严格的方法论和数据分析，可以为提供高质量的数据和见解。

数字时代的到来，也正在改变着传统田野调查的方法，人类学的田野工作方法在互联网时代不仅没有过时，而且吸引诸多社会科学参与其中。[①] 通过大数据技术，可以广泛地收集各种类型的数据，包括社交媒体上的用户行为、网络论坛的讨论内容、电子商务平台的交易记录等。这些数据可以为人类学家提供关于人们行为、观念和态度的丰富信息。利用大数据的实时性，人类学家可以追踪和分析特定文化或社会现象的动态变化，比如，通过监测特定关键词在社交媒体上的热度变化，来了解公众对某些议题的关注度。借助大数据分析工具，可以对收集到的海量数据进行整合和挖掘，

---

① 牛耀红．线索民族志：互联网传播研究的新视角 [J]．新闻界，2021（04）：72.

发现其中的模式、趋势和关联。例如，通过文本挖掘技术分析网络上的讨论内容，可以揭示出不同文化群体对于某一社会问题的看法和态度。大数据还可以帮助人类学家进行跨文化和跨时间的对比分析，从而更深入地理解不同文化背景下的社会现象和人类行为。

因此，本书的调查资料来源不会局限于访谈资料和观察资料，将会充分利用互联网和大数据全方位地收集资料以供分析。

第二章　虚拟身份：第二人生的开始

所有的一切都是从人开始的，而人所拥有的一切都源自身份，有了一个身份，才能展开其他一系列社会活动。要想分析虚拟世界，就要从现实世界的人进入虚拟世界的这一刻开始进行观察，而人进入虚拟世界所做的第一件事，就是构建自己的身份。

何为身份？这里所说的当然不是生物学意义上的身体，而是人类学或社会学意义上的身份，查尔斯·蒂利给身份的概念做了一个界定：

身份是一组有力的社会安排，在这种安排里，人们建构有关他们是谁、他们如何联系和对他们发生了什么的共享故事。这些故事范围涉及从小规模的原谅、解释和道歉的生产——做错事的时候——到大规模的和平建设与全国性历史的生产。不管这些故事根据历史研究的标准是真还是假，它们在达成协议与协同社会互动方面，发挥了不可缺少的作用。当人们开始使用有关"你们是谁？""我们是谁？"和"他们是谁？"身份有四个组成部分：

1. 一个将我与你或将我们与他们分隔开来的边界。
2. 一组边界内的关系。
3. 一组跨边界（across）的关系。
4. 一组有关那个边界与那些关系的故事。[①]

---

① 查尔斯·蒂利. 身份、边界与社会联系 [M]. 谢岳，译. 上海：上海人民出版社，2021：258.

在这个定义中，身份是区别于他人的标志。需要注意的是，一个人不会只拥有一种身份，今天用身份来指代一个不同的自我（个人身份）或一种具象化的社会范畴（社会身份）。① 而身份是用来表现的，在不同的社会情景中，我们会表现出不同的身份并且可以选择自己的身份，这就是社会身份。社会身份是行为体从他者的视角出发赋予自身的一组意义，也就是将自己当作一个社会性客体。行为体通常有多个凸显性（salience）不同的社会身份。② 社会身份的复杂性反映了一个人同时是成员和群体之间存在的重叠程度。当多个群体的重叠被认为很高时，个人保持了一个相对简化的身份结构，即不同群体的成员资格汇聚在一起，形成一个单一的群体内识别。当一个人承认并接受多个群体的成员资格时，相关的身份结构既更具包容性，也更复杂。③

当虚拟世界到来时，我们面临着身份的虚拟化问题。虚拟世界的身份通常指在数字或在线环境中创建和呈现的身份，也被称为数字身份、虚拟身份或网络身份。因此，关于身份的虚拟化讨论是从"数字身份"这一问题开始的，"数字身份"（digital identity）的概念具有双重含义：一方面，数字身份是一组用于电子交换或交易的稳定属性，例如，居民电子身份证；另一方面，数字身份也是个人主动向他人和社会的积极投射，例如，社交媒体上的照片和帖文。④ "头像"是数字身份研究的第一个领域，传统上，头像被理解为通过将个人现实世界特征的重要方面纳入虚拟形式，在虚拟

---

① 玛丽·莫兰，宁艺阳，陈后亮. 身份和身份政治：文化唯物主义的历史 [J]. 国外理论动态，2019（01）：34.

② Wendt A. Collective Identity Formation and the International State[J]. The American Political Science Review, 1994(02):385.

③ Roccas S, Brewer M.B.Social Identity Complexity[J]. Personality and Social Psychology Review, 2002(02):88-106.

④ Khatchatourov A., Chardel P.A.,Peries G.,et al. Digital identities in tension: Between autonomy and control[M]. New York: John Wiley & Sons, 2019:32-163.

环境中代表其人的特征，^①没有它，用户就无法体验虚拟世界。^②在这两种视角中，头像都是用户自我的延伸。头像也可以被描述为一种艺术性制品，为个人提供虚拟空间中的身体，通过这个虚拟的图像展示，使人、地方和事物变得具体、有形和呈现。因此，头像既可以带来更大的控制感，也可以更有效地参与虚拟世界。

在虚拟世界中创建的角色和头像有一些共同的特征。最明显的是两者都代表虚拟世界中的用户，无论是社交平台中的头像、游戏角色、社交虚拟世界公民还是居民。两者都在当代社会背景下激增，作为现实世界用户的主动代理人，他们展示了社会对其身份选择和代表性的影响，每一个都连接着自我和身份的迭代。在虚拟世界，虚拟身份是个人向他人展示自己，并决定他们希望被看待的方式，此外还帮助他们与人联系和互动，并参与他们选择的活动。^③所以"化身"对用户来说既是自我，也是他人，能使用户将自己扩展到虚拟世界，并以无缝衔接的方式在现实世界和虚拟世界之间移动。这种共同存在感增强了用户在虚拟世界的沉浸感，用户和"化身"之间建立了强大的情感联系。^④

虚拟身份与真实世界中的身份可能完全不同，或者可能只是真实身份的延伸或变形。在虚拟世界中，人们可以选择隐藏自己的真实身份，通过化名、头像、个人简介等方式来展示自己。虚拟身份往往是真实身份的一种延伸或投影。在网络或虚拟世界中，人们通过虚拟身份来展示自己的某些特质、兴

---

① Morie J.F., Verhulsdonck G. Body/persona/action!Emerging non-anthropomorphic communication and interaction in virtual worlds[C]. 2008 International Conference on Advances in Computer Education Technology,Yokohama, Japan.2008.

② Behm-Morawitz E.Mirrored selves: The influence of self-presence in a virtual world on health, appearance, and well-being[J]. Computers in Human Behavior, 2013(01):119-128.

③ Asperiuniene J., Zydziunaite V.A Systematic Literature Review on Professional Identity Construction in Social Media[J/OL]. Sage Open, 2019(01): https://doi.org/10.1177/2158244019828847.

④ Procter L.I Am/We Are: Exploring the Online Self-Avatar Relationship[J]. Journal of Communication Inquiry, 2021(01):45-64.

趣或想法，甚至在某些情况下，虚拟身份和真实身份之间会发生信息交互。个体可能会在虚拟世界中分享现实生活的经验、感受或知识，同时也可能从虚拟世界中获取新的信息和观点，这些都会对他们的真实生活产生影响。随着技术的发展，如区块链等新型数字技术的应用，虚拟身份和真实身份有望实现更高程度的融合与统一。例如，通过数字身份认证系统，可以确保虚拟身份与真实身份之间的一一对应关系（在现行的法律框架下，大多数游戏要求在注册账号时进行实名认证），以此提高网络交互的安全性和可信度。

因此，在关于虚拟世界的身份问题讨论时，可以通过两个维度进行：虚拟维度和现实维度。在接下来关于《魔兽世界》游戏中身份问题的讨论中，将分别从两个维度进行，并进一步讨论两个维度之间的关联。

第一节　自我身份认同："化身"的建立

一、角色选择

和大多数游戏一样，《魔兽世界》开始的第一步就是创立一个角色。在角色创立界面，可以选择阵营、种族、职业并为角色命名。

关于角色选择的考量因素，一位叫"狂战"的兽人战士是这样认为的：

我当时选择兽人这个种族，是因为我原来玩过《魔兽争霸》，最喜欢玩的就是兽人这个种族，所以在玩《魔兽世界》时就选了兽人。至于战士这个职业，当时我也不了解这些职业都是干吗的，就是觉得战士很酷而已，所以最后选择了一个兽人战士。我玩这个游戏七八年了，最喜欢的还是兽人战士。

在这段表述中，角色的选择受到《魔兽争霸》这款游戏的影响，这两款游戏均由暴雪娱乐公司开发，因此它们在艺术风格、世界观和游戏机制上有着紧密的联系和相似性。《魔兽争霸》系列的初版于 1994 年发布，随后有多个续作问世，直至 2003 年的《魔兽争霸 3：冰封王座》之后再没有推出续作，《魔兽世界》的游戏背景设定在《魔兽争霸》系列游戏的历史事件之后，可以说，《魔兽世界》是《魔兽争霸》的续篇或者说是这个虚拟世界的扩展。它使用了《魔兽争霸》的剧情作为历史背景，并依托魔兽争霸的历史事件和英雄人物构建了一个完整的历史时间线。

很多《魔兽世界》的玩家都有玩《魔兽争霸》的经验，这就出现了一个衍生性问题，虚拟世界"化身"的建立是自发的，还是培养的？我们可以先建立两种假设：一是虚拟世界的"化身"是依据现实中的玩家的兴趣所建立的，即自发性生成；二是虚拟世界的"化身"受到玩家在玩了其他游戏后逐渐被培养起来的兴趣所影响。

游戏中一位人类法师"鹏鹏"也表达了类似的看法：

> 我选人类法师是因为在玩《魔兽争霸》时特别喜欢吉安娜（《魔兽争霸》中人类阵营的一个法师英雄角色）这个英雄，所以后来玩《魔兽世界》的时候就选择了人类法师这个设定。

传统观念上认为虚拟身份的建构受到现实玩家自身的影响较大，甚至是唯一因素。一项关于游戏角色外观对同理心和沉浸感的研究证明，虚拟角色的外观和面部表情（人工＋非表达和自然＋表现力）的一致性会导致玩家在模拟环境中的同理心和沉浸感处于更高水平。人工／自然身体外观与虚拟角色外观的面部表现力之间存在相互作用效应。这项研究表明虚拟角色对用户体验有重要影响。[1] 这项研究或可说明另外一种情况：在虚拟世界

---

[1] Sierra-Rativa A., Postma M. The Influence of Game Character Appearance on Empathy and Immersion: Virtual Non-Robotic Versus Robotic Animals[J]. Simulation & Gaming, 2020(05):685-711.

的角色选择中，虚拟世界对玩家的影响会超过现实世界对玩家的影响。在访谈中，一位同时玩过《魔兽世界》和《英雄联盟》（一款5V5英雄角色对抗类游戏）的玩家"死磕到底"也提到过这样的情况：

> 我在《魔兽世界》里面玩的是法师，在玩《英雄联盟》的时候，也喜欢选择远程攻击类的角色，因为我觉得操作起来更顺畅吧。

但也有可能出现一种负向的情况，一位暗夜精灵猎人"小五"提到自己的种族职业选择时是这样说的：

> 这个猎人是我的第三个角色了，前两个一个是盗贼，一个是战士，都是近战职业，玩了一段时间后玩腻了，就想玩一个远程职业，所以选了猎人，至于选择暗夜精灵，也是因为之前没玩过。

这种表述与之前不同的是，他并非由于喜欢某种角色设定而继续进行延续性选择，而是由于"不喜欢"而想尝试新的体验，虽然是一种负向选择，仍是受到之前角色的影响而做出的决定。

在多次访谈中，提到角色选择时很多人都表明会受到其他游戏的影响，这实际上验证了第二个假设，即虚拟世界的"化身"受到玩家在游玩了其他游戏后逐渐被培养起来的兴趣所影响，但也不排除第一种假设。一位有着五年游戏经验，名叫"灭世的羊"的血精灵法师是这样回忆自己选择这个角色时感受：

> 访谈者：你觉得血精灵这样子好看吗？
>
> 灭世的羊：好看啊，我就是因为好看才选的。
>
> 访谈者：你觉得其他角色不好看吗？
>
> 灭世的羊：有些还行吧，比如人类我觉得也不错，牛头人也可以，但

是亡灵太丑了。

访谈者：所以你选取角色是以好看为标准？

灭世的羊：那不然呢？我玩游戏就是享受的，不得选个好看了。

角色外观预化了用户的概念、刻板印象和行为。例如，与被分配到穿着白色斗篷的化身相比，分配到穿着黑色斗篷的化身的参与者表现出更激进的态度，[1] 这被认为是一种"自我相关性"。[2] 从这一角度来看，使用虚拟角色可以触发用户对自我的感知和虚拟角色特征之间的联系，当个人使用化身时，与自我相关的概念模式可能会与化身相关的模式更加相关，在虚拟角色使用过程中激活的自我相关概念越多，用户就越有可能显示与其头像特征一致的行为。[3] 因此，虚拟世界的自我相关性是指用户认为其虚拟角色与自我相关的程度，当个人的虚拟角色与他们的真实身份匹配时，个人将经历更大的责任压力。[4] 因此，为了追求更好的游戏体验，玩家在选择游戏时会从自身角度出发追求与真实自己的匹配感和期待感，这样就可以增加虚拟角色与自我相关的程度，从而获得更加真实的游戏体验。

所以，自发性和培养性共同成为玩家选择游戏角色时的影响因素，这两个因素也同时塑造出了身份的第一个特性，即一个将我与你或将我们与他们分隔开来的边界，包括《魔兽世界》在内的很多游戏都提供了角色外观定制，包括发型、发色、脸型、体型、眉毛、眼睛、嘴唇、装饰等，这为提高自我相关程度提供了可能，这样的趋势在虚拟世界将会持续下去，

① Peña J., Hancock J.T., Merola N.A. The priming effects of avatars in virtual settings[J].Communication Research, 2009(06):838-856.

② Ratan R.A., Dawson M. When Mii is me:a psychophysiological examination of avatar self-relevance[J]. Communication Research, 2016(43):1065-1093.

③ Ratan R., Beyea D., Li B.J., et al. Avatar characteristics induce users'behavioral conformity with small-to-medium effect sizes:a meta-analysis of the Proteus effect[J]. Media Psychology, 2020(23):651-675.

④ Peña J., Craig M., Baumhardt H.The effects of avatar customization and virtual human mind perception:A test using Milgram's paradigm[J]. New Media & Society, 2022(0).

每个人都希望在虚拟世界拥有独一无二的外形，从而确立自己的身份。

在自发性和培养性的共同努力下，虚拟世界的"化身"与现实世界的玩家自我相关度将会越来越高。《魔兽世界》提供了两个改变外观的机制，一是"理发"功能，玩家可以进入游戏中的理发师，然后改变角色外观，包括发型、脸型、眉毛等一系列外观均可改变；二是种族改变服务，这是一项收费服务，玩家可以支付一定费用从而修改自己角色的种族。在游戏进行过程中，玩家可以随时调整角色外观，直至逐渐走向稳定，在这种无限趋近于现实世界的"自我"调整，使得在虚拟世界中出现"自我的反身性"的情况。哪怕在虚拟与现实相悖的形象塑造中，这一条理论同样适用。很多人可能会在虚拟世界夸大其词，以"表演"的方式塑造一个和现实世界完全不一样的形象，那是不是违背了无限趋近于现实世界"自我"的规律？恰恰相反。例如，一个流浪汉在虚拟世界中将自己塑造成一个富豪的形象（通过头像、微博、朋友圈的发布等），本质上就是他在作为一个"现实的人"的"真实的渴望"，他塑造的时间越长、发布的内容越多，就越接近真实世界自己内心的渴望，依然是在无限趋近于现实世界的"自我"。"化身"创造的过程本质上反映用户的价值体系、目标和信念，要么始终如一地反映他者的真实自我，要么通过超越自我，以实现他者的理想自我。与虚拟存在的相关主要驱动因素指出了以个人为中心和享乐主义的重要性，特别是与现实生活身份相比更是强调了虚拟身份的灵活性和选择程度。[1]

在现实世界中，身体不仅是一个本地化行动媒介。作为一个生理有机体，它需要受到其拥有者的照料。身体是有性别的，也是快乐和痛苦的源泉。自我的反身性，连带着抽象体系的影响，对身体及心理过程都产生着广泛的影响。身体越来越少地作为一种外在"给予物"运作于现代性内部指涉体系之外，而是渐渐变成以反身性来进行自我动员的实体。事实上，

---

[1] Nagy P., Koles B. The digital transformation of human identity: Towards a conceptual model of virtual identity in virtual worlds[J]. Convergence, 2014(03):279.

大规模对形体外表进行自我陶醉式保养的运动，所想表达的是深埋于人们内心的、想要主动对身体进行建构和控制的一种期望。身体发展和生活方式之间存在一种一体化的联系，即表现在对特定身体形态的追求之上。然而，作为一种对生物机制和过程的社会化反映，更多、涵盖面更广的因素也都很重要。在生物的生殖、基因工程与各种医学干预的领域，身体逐渐成为一种选择的现象。这些不单单影响到个体，实际上，在身体发展的个人方面与全球因素之间存在着密切的联系。例如，生殖技术与基因工程便是自然进入人类活动领域的一般性演进过程的构成部分。[1]

对虚拟角色的不断修改，本质上就是自我的反身性投射（reflexive project of the self），也就是自我身份认同被自我叙事的反身性排序所建构的过程。这里所说的自我身份认同（self-identity），就是吉登斯所描述的个体通过其自我经历以反身性方式所理解和认知的自我。[2] 按照这一逻辑可以发现，"化身"对理解和认知自我有着重要的帮助。

在可以预见的未来，尤其是在虚拟世界和现实世界融合度越来越高的背景下，"自我"这一概念将会被扩展到虚拟世界，关于虚拟世界的角色是否属于"自我"的一部分这样的争论将会越来越少，因为身体已经不再是单独指涉现实中生物学意义上的身体，身体的一部分将会进入虚拟世界，以数字的形式存在，但不会脱离"自我"而单独存在。

因此，我们可以将玩家在选择或者说塑造虚拟角色过程中复杂的逻辑过程看作自我身份认同的过程，这同时符合蒂利在身份概念定义中"一组边界内的关系"的描述，因为自我身份认同就是在自我这一范围边界内复杂的关系组合，所以我们不应该把虚拟世界的"化身"看作是一个独立的对象，而应看作是现实世界中实实在在的人的延伸。

---

① 安东尼·吉登斯.现代性与自我认同：晚期现代中的自我与社会[M].夏璐，译.北京：中国人民大学出版社，2016：7.

② 安东尼·吉登斯.现代性与自我认同：晚期现代中的自我与社会[M].夏璐，译.北京：中国人民大学出版社，2016：218.

从虚拟世界的角色选择出发，我们首先要确定在虚拟世界中"化身"的本质是什么，否则无法展开接下来一系列关于角色行为的研究，也难以"透物见人"地解释玩家的行为。

二、中途介入者

在虚拟世界中不可能像在现实世界一样从出生开始，经历婴儿期和儿童期，然后一步步成长，使各种身份随着成长不断堆叠。从构建身份的角度来说，在虚拟世界，所有人都属于中途介入者，即化身为一个有身份背景的虚拟角色。

在《魔兽世界》中建立角色也不是从零开始，当选定种族进入游戏后，会通过一段开场动画介绍所选择种族的背景故事从而导入身份。例如，选择暗夜精灵就会有如下开场介绍：

一万年来，永生的暗夜精灵在灰谷建立了一个信奉德鲁伊教义的社会。燃烧军团的入侵搅乱了这个原本与世无争的文明。在大德鲁伊玛法里奥·怒风和女祭司泰兰德·语风的带领下，暗夜精灵勇敢地面对强大的恶魔，并最终获得了胜利。但是，暗夜精灵也不得不牺牲他们永生的力量，并看着他们挚爱的森林被焚烧。为了重新找回永生的力量，德鲁伊们决定栽种一棵新的世界之树，将他们的灵魂与永恒的世界联系在一起。虽然玛法里奥告诫说，大自然是不会祝福这样自私的行为的，但是德鲁伊们还是在卡利姆多大陆背岸的暴风海滩附近种下了这棵树——泰达希尔。在这棵巨大的世界之树下，伟大的暗夜精灵城市达纳苏斯诞生了。然而，由于这棵树没有受到自然的祝福，因此渐渐陷入燃烧军团所带来的堕落和腐蚀之中。作为世界上尚存不多的暗夜精灵之一，你必须保卫达纳苏斯，并为让它摆脱燃烧军团的腐蚀而努力。

　　这段介绍提供了两个关键信息：一是这个即将要操控的虚拟角色在玩家没有到来之前，已经在这个虚拟世界中生存了很长一段时间；二是这个角色已经有了身份，即达纳苏斯的保卫者。从技术角度上来说，在玩家建立这个角色之前，这个角色的数据在服务器中并不存在，也就是从物理层面上来说，这个角色就是不存在的。但是在故事背景中，角色已经生存了很长一段时间。这似乎是一个很矛盾的逻辑——角色之前不存在，但又已经存在。

　　从技术层面上来说，制作一款游戏，让玩家从婴儿时期开始和现实世界同步成长，打造一个虚拟的"平行时空"，虽然就目前的技术水平来说是可以实现的，但没人会这么干（包括《模拟人生》这款主导人生经历及生活场景模拟的游戏也没有使用这样的设计逻辑），反过来也不会有玩家愿意在游戏中从婴儿开始历经数十年的成长然后再开始冒险，因为这里有一个底层逻辑——虚拟世界只是现实世界的延伸而不是完全复制。

　　这就是"第二人生"的本质，"第二人生"只是"第一人生"（也就是现实中真实的人生）的延伸，而不是新生，因此在虚拟世界中没有必要一切从头开始。"第一人生"的开始是不可以选择的，而"第二人生"是可选的，这就又回到前文所说的自我身份认同概念之中，"第二人生"已经提供了一个基础的背景和形象，选择"第二人生"的过程，依然是一个自我身份认同的过程，玩家可以根据虚拟角色已有的背景找到契合自我身份认同的角色，从而开始自己的"第二人生"。

　　除了《魔兽世界》，这一理论在所有游戏中均适用，包括单机游戏和网络游戏，所有游戏在发行的时候，都会提供游戏介绍、角色介绍等前提介绍内容供玩家参考，玩家可以根据这些介绍评估与自我身份认同的契合度，从而选择适合自己的游戏和角色。在和一位资深游戏玩家"Sim"交谈时获得以下信息：

　　访谈者：你玩过哪些游戏呢？

　　Sim：我玩过的游戏太多了，数都数不过来，我家里什么游戏机都有，

PS5、Xbox、Switch、Steam Deck 我都有。我的电脑配置也是最好的，我每个月工资发下来不说一半吧，起码三分之一要花在游戏上，买最新的游戏、配件、手办之类的。

访谈者：那你最喜欢的游戏是什么？

Sim：（沉默一会儿）说不上来，我喜欢玩的也挺多的，你要问我最喜欢的一款游戏，还真评价不了，只能说各有各的好吧！

访谈者：那你所有新出的游戏都会玩吗？

Sim：怎么可能！别说每个月了，每天都有多少款游戏发售，我怎么可能玩得过来？

访谈者：那你选择玩哪些游戏有没有什么标准呢？

Sim：没什么标准吧，看看预告片，再看看游戏介绍，基本就能决定玩什么。再说了，我玩游戏也很随意，玩着玩着不想玩了，也就不玩了，很多游戏我也没有通关。

　　与 Sim 的交谈能够得到三个有效信息：第一，选择游戏的过程是一个无意识的过程；第二，选择游戏并非盲目的，而是有前置信息的获取；第三，开始玩游戏并不意味着选择结束，而是一种进一步的评估。

　　这与很多游戏玩家的情况类似，大部分玩家选择游戏不会为自己制定几个条条框框的标准来进行对照，而是在无意识状态中对游戏进行选择，然后根据游戏厂商给出的预告片、简介等进行评估，之后再亲自体验下游戏做进一步的评估，不断趋近于自我身份认同。

　　因此，玩家作为中途介入者并不影响自我身份认同，反而是一种进行自我身份认同的过程。反之，游戏厂商也在想尽一切办法契合玩家的自我身份认同以作为一种营销手段，就像前文提到的《魔兽世界》中提供"理发"和"种族变更"等服务就是典型的例子。所以，选择一个游戏或者一个角色如果说有标准的话，那自我身份认同就是唯一的标准，而自我身份认同是在长期经验影响下的无意识过程，尽管我们可以把这个过程转化为有意识的过程（认识你自己），但大部分时间我们不会这样做，尤其是在玩游戏这种精神极为放松的情况下。所以经常听到有玩家说"我喜欢这个角色"或者"我喜欢玩这个游戏"，实际上是因为他/她在某款游戏或者某个角色中获得了一种自我身份认同。如果没有获得这种认同，那么玩家就不会选择这款游戏或者某个角色，甚至中途放弃从而去寻找一个新的、能够产生自我身份认同的角色。

在这里就可以得出一个比较初步的结论：虚拟世界的角色作为"第一人生"延伸的"第二人生"，代表着现实世界中个体的自我身份认同，但这种自我身份认同并不是一蹴而就或者一锤定音的，而是在不断的评估过程中构建出来的，不管是游玩前的信息了解，还是角色的选择，抑或游玩的过程，都是一种不断评估和构建的过程。

三、生活方式

以上这个结论就解释了为什么玩家作为中途介入者并不影响游戏体验，也解释了虚拟世界为何没有必要"从头开始"。同时也引出下一个问题：虚拟世界能够获得真正完美的自我身份认同吗？

我们在游戏中以"你觉得自己的角色完美吗"为问题随机密语私聊了十位玩家，其中七位玩家的回答有效：

永恒之太阳（兽人战士）：还行吧，兽人只要带上头盔就挺霸气的……不戴头盔？呵呵。

大地母亲的佼佼者（牛头人战士）：牛头人挺帅，就是暴雪美工太失败了，装备造型一代不如一代。

天下第一刀小刀（亡灵潜行者）：亡灵的发型太丑，不过适合盗贼。

部落里的大大（血精灵死亡骑士）：血精灵没毛病，就是到不到合适的装备外观，配不上高贵的身份。

风里的骑士（人类死亡骑士）：完美？暴雪这美工简直就是糟蹋了死亡骑士。

奇怪的小蛋蛋（矮人猎人）：虽然不觉得完美吧，但是我挺喜欢的，要是矮人的样子能像《指环王》里面那种矮人的气质就更好了。

天下有贼（矮人潜行者）：这也能叫完美？只是没有更完美的了。

从大部分的回答来看，似乎都对自己的角色抱有一定遗憾，也就是很难认同虚拟世界的那个角色是一个"完美的自我"，这种现象在现实世界中同样存在，"我是完美的"已经被"人无完人"这句话所击破，没有什么人是完美的，书店中所售卖的名人传记是大量文学加工的结果，吉登斯曾做过这样一个提醒：

我们不是我们现在的样子，而是我们对自己进行塑造的结果。把自我看成是完全无内容的空壳是不正确的，因为自我形塑既有一个心理过程也有心理需求，两者为自我之重塑提供了参数。然而，个体会变成什么则取决于人们所参与的自我重构的尝试。这些远远不限于更好地"了解自身"，相反，自我理解服从于更为广泛、更为基本的目标，即建构或重构连贯及有益的身份认同感。[1]

也就是说，完美的自我身份认同感是一个悖论，自我身份认同是一个过程而不是一个结果。在这一点上，虚拟世界和现实世界有了交集，我们在虚拟世界中构建一个身份，和在现实世界中构建各种身份本质上是一样的，甚至我们不会在虚拟世界中只构建一个角色，在虚拟世界中也可以像现实世界中一样，不断构建着新的身份。我们要做的就是让不同的身份契

---

[1] 安东尼·吉登斯. 现代性与自我认同：晚期现代中的自我与社会 [M]. 夏璐，译. 北京：中国人民大学出版社，2016：71.

合不同的情境，这就是生活方式。

生活方式作为一种个体的实践满足着个体的需要，在充满生活方式备选项的世界，策略性的"生活规划"就显得尤为重要。[①]"生活规划"即依赖于为未来做好准备，也依赖于过去的经验。例如，当去公司工作的时候，我们会选择"员工"这一身份，而"员工"这一身份如何行动，依赖于过去的经验，同时也在跨进公司大门的那一刻为这一天的工作做好了准备。下班回家打开门的那一刻，我们又会选择"父亲""母亲""妻子""丈夫"等家庭身份，为更好地经营家庭做好准备。因此，在选择身份的那一瞬间，过去的经验和所需要走入的未来一起到来。进入虚拟世界，我们也面临多种生活方式的选择，每一种生活方式都需要一个与之相匹配的"规划"，才能满足个体的需要。这就解释了为什么一个在现实世界中很内向的人在虚拟世界却很有领导能力，或者一个社交能力很强的人在虚拟世界中却沉默不语。心理学家很喜欢从"外显性"或者"内隐性"来寻找答案，而人类学家和社会学家在这一点的认识上较为一致：因为他们找到了适合自己的生活方式。在现实世界沉默不语，以内向者自居，是因为他们认为这是在目前所面临的社会情景中最舒服或者最合适的一种身份，而在游戏世界呼来喝去领导众人击败对手，是因为这样的生活方式能在游戏中获得对他们来说最大的利益。人类学家最反对的就是指责甚至干涉他人的生活方式（也就是身份的选择），这就是"文化进化论"遭到批判的原因。[②]人类学所关心的是解释他们为什么选择这种生活方式或者为何选择这样的身份，这样的生活方式和身份有何意义，而不是去指责"他们错了"。虚拟世界为我们提供了更多生活方式的选择，每个人也都会在虚拟世界寻找契合自己的生

---

① 安东尼·吉登斯.现代性与自我认同：晚期现代中的自我与社会 [M].夏璐，译.北京：中国人民大学出版社，2016：79.

② 文化进化论的主要观点认为文化是向前进化的，并且不同的文化进化速度不一，因此有了先进文化和落后文化的区别，这种带有殖民主义色彩的理论随着对文化研究的深入而遭到批判。详见黄淑娉，龚佩华.文化人类学理论方法研究 [M].广州：广东高等教育出版社，2004.

活方式，从而定位自己的身份。

当然，这也造就了一些负面现象，例如，网络诈骗就是诈骗者选择了一个与受害人所建立的这层关系中适合的身份，从而进行有目的的生活方式"规划"，一步步引导受害者将钱款打到诈骗者的账户上。这种情况一度曾被归结为互联网的蒙蔽性，那么在现实世界中没有互联网的蒙蔽就不会受到欺骗吗？当然不是，只不过是虚拟世界提供了更多生活方式的选择，而个人思维或者司法系统很难跟上这种庞大的选择空间，新的诈骗手段层出不穷，所以我们要做的并不是阻止互联网的发展而是通过法律、教育等办法规范、引导人们对生活方式的选择。

总之，没有完美的自我身份认同，只有更好的生活方式"规划"，在虚拟世界中同样如此，这也是促进一个角色在虚拟世界中不断发展的动力。

第二节 "英雄"之路

一、"英雄"身份的构建

在开场动画中，所有玩家都会被赋予一个"英雄"的身份，正如之前提到的暗夜精灵的开场白，玩家的角色被塑造为达纳苏斯的保卫者和世界的拯救者。再如我们所使用的角色——人类法师的开场白：

暴风城的人类是个光荣而坚韧的种族，尽管燃烧军团的入侵毁灭了他们的兄弟王国洛丹伦，但暴风城的保卫者仍然屹立不倒，抵御着一切敢于威胁他们家园的邪恶力量。

暴风城位于艾尔文森林的山脚下，是人类文明最后的堡垒。在年幼的国王安度因·乌瑞恩的领导下，暴风城人民坚定地履行着他们对联盟应尽的义务。在盟友的有力支持下，暴风城的部队在遥远的战场上与野蛮的部落作战，当这些部队离开之后，保卫暴风城的重任就落在了他的人民肩上，你必须帮助王国抵御那些想要入侵的敌人，并找出妄图从内部分裂暴风王国的叛徒。

现在是英雄辈出的时代，人类文明最伟大的篇章，将由你来谱写……

在"大地的裂变"版本后，开场白变为：

受到归来的英雄国王瓦里安·乌瑞恩的鼓舞，暴风城的人类率领联盟与巫妖王浴血奋战并最终取得了胜利。诺森德的胜利代价高昂，而现在，人类又开始积极谋划在全世界范围内建立战略统治。无畏的瓦里安国王领导人类加强自身的力量，准备再次应对他们长久的宿敌部落，但随着大灾变席卷整个世界，熟悉的威胁又再次逼近我们的家园，守护王国，维系人类荣誉的责任落在了你的肩上。

《魔兽世界》开场白的最独特之处都是通过诸如"人类文明最伟大的篇章，将由你来谱写""守护王国，维系人类荣誉的责任落在了你的肩上"这样的话来提升玩家的使命感，让玩家以英雄的身份介入这个虚拟世界。在游戏过程中，这种"英雄"的身份通过 NPC 的任务传递继续被强化。

我们来看《魔兽世界》是如何在游戏过程中逐步塑造"英雄"的身份。在游戏开始，玩家会在名为"北郡修道院"的地方接到第一个任务，任务内容描述如下：

我希望你已经整装待发了，年轻的法师。北郡需要你的帮助。

当然，我不是在说让你去耕田种地之类的。

暴风城的卫兵们努力地维持着这里的和平，但我们人手短缺，更多的危险还在不断迫近。我们正在招募愿意出力保卫家乡和联盟的人。

如果你也是应招而来的话，请和我的上级——治安官玛克布莱德谈谈。

他就在我身后的这座修道院里。

在以上描述中，玩家被视为一个重要的"受征召者"，是在"人手紧缺"的状态下来帮助当地守卫疏解"燃眉之急"。在这里，玩家的身份开始变得不普通，在完成第一个任务"消灭狗头人"后，NPC 治安官玛克布莱德会说以下内容：

干得好，公民。那些狗头人、小偷和懦夫的数量庞大，对我们构成了威胁。暴风城的人类不需要另一个威胁。

感谢你打败他们。我很感激你。

这段内容表明玩家做出了巨大的贡献，并得到感激，这就是第一种类型，即感激性表述。这样的表述贯穿《魔兽世界》的整个任务过程，在大多数任务的结束后，都会将玩家作为一个重大问题的解决者以示感激，似乎没有玩家的出现，这个麻烦就难以解决。例如，在"清理隐匿石"的任务完成后，也会有类似的表述：

非常好，你为蛮锤部族做出了巨大的贡献！你是一个大有前途的法师，我们尊重你这样的人类。

你的清理任务远比你想象中的要重要，随着淤泥怪数量的减少，我们马上就能进一步扩大影响力了。好了，接下来——除了在鹰巢山这里交朋友之外，你暂时没什么事可以做了！

通过这样的表述，可以让玩家获得一种"不可或缺"的感受。

第二种强化机制则更为有效，就是"勇士类"表述，尤其在战役类任务中最为常见，以"军团再临前夕"场景任务为例，在任务开始，NPC 卡德加会与玩家有如下对话：

英雄，我已经听说了你抗击燃烧军团入侵的事情，我并不想干扰这么重要的任务，但我需要你帮忙，从中斡旋，我恐怕会惹恼一个老朋友，为了保卫东部王国，达拉然移动的位置，它就在逆风小径的卡拉赞上方，请到这里来见我。

在所有任务结束后，NPC 卡德加会说：

如果没有你，达拉然在劫难逃，给我们点时间准备一下。英雄，去帮助城市抵挡燃烧军团吧，或是用你的地图去找一处入侵点并阻止他们。等能够开始后，我会召唤你的。

玩家陪伴 NPC 卡德加完成一系列任务，并且成为拯救达拉然乃至世界的"英雄"，被进一步赋予"世界拯救者"的感知体验。在整个游戏过程中，这样的体验一遍又一遍地重复，似乎没有玩家的参与，整个艾泽拉斯世界将会毁灭。玩家成为整个游戏的"中心"，被推举为了一个拯救世界的"英雄"角色，成为主角。这种游戏设计思路也是大多数电子游戏所采用的故事情节推进方式，即为玩家营造一种中心感。

许多电子游戏都围绕着英雄主义的主题，所以英雄的旅程是一个强大的故事结构体系，这很合乎逻辑。[①] 在学术研究早期，Marie Laure-Ryan 声称，玩家总是选择扮演一个"杀龙的英雄"，[②] 而不是扮演一个复杂、容易犯错、具有丰富内心生活的普通角色。直到二十多年后的今天，这种情况依然持续，电子游戏依然以"重英雄"而"轻普通"的方式表达，这已经成

---

① Schell J., The art of game design:A book of lenses/Jesse Schell(3rd ed.)[M].CRC Press, 2020:332.

② Laure-Ryan M. Beyond myth and metaphor-The case of narrative design in digital media[J]. Games Studies, 2001(01).

为一种公式化叙事，[1] 并且游戏制作者们在角色、战斗、探索和任务的形式上不断延续这一模式。这种观点在游戏设计入门书中也很常见，其中许多都依然参照经典游戏《英雄之旅》来建立游戏剧情蓝图。英雄的旅程已成为游戏设计师接受培训的必要基础，并在相关学校的课程中，英雄之旅在教学大纲和教科书中占中心地位。[2] 这样的趋势，使"英雄"的互动叙事设计成为了虚拟世界的主要发展趋势。

但这种中心感又是一种错觉，因为并非只有一个玩家能够进行这些任务，所有玩家都可以来完成这些任务。也就是说，当你接受一个 NPC 给予的任务，通过各种努力完成之后，你可能拯救了一个村庄，于是 NPC 对你表达感激之情，并赋予你"英雄"的荣誉感。然而当下一个玩家到来时，该 NPC 又会向下一个玩家诉说苦难并请求帮助，当下一个玩家完成任务后，同样会被给予"英雄"的荣耀，如此循环不断。所以，这种中心感并非一人独享，而是所有玩家都可以共享，因此中心感和共享性开始产生矛盾，这种错觉就在这样的矛盾中被塑造出来。

二、"英雄"的生命形成

但在游戏中，玩家们似乎并不在意这种错觉，Sim 的回答是这样描述这种感觉的：

我觉得纠结这个问题没有意义，游戏嘛，本来就是为了开心为了刺激的，我玩个游戏结果还给我一个路人角色，和我在真的世界一样没有什么

---

① Burn A. Hogwarts versus Svalbard:Cultures,literacies,and game adaptations of children's literature[J]. In Beauvais C., Nikolajeva M.(Eds.), The Edinburgh companion to children's literature[M]. Edinburgh University Press, 2017:429-449.

② Jennings S. Only you can save the world(of videogames): Authoritarianism agencies in the heroism of videogame design, play, and culture[J]. Convergence, 2022:2.

存在感，那我在真实世界体验够了，难道我还要去游戏里面体验？肯定不可能嘛，我玩游戏不就是为了当主角去杀怪去拯救世界的，这不就是游戏的核心！

心理学可能喜欢用"虚荣""炫耀""人格分裂"等词汇来解释这一现象，人类学研究并不喜欢将所有问题都归结于心理问题，如果从文化和社会的视角出发，结合 Sim 的回答，或许"生命形成"理论可以做出解释。

"生命形成"这一概念最早源自德国（德语单词为 Bildungsroman），在19 世纪的欧洲开始塑造了一个公众对整个叙事流派的理解，这种理解是以宗教为主的概念发展而来，这一概念强调上帝对人体和精神的形成或赋予的过程，在 18 世纪是一个世俗的、人文概念。这一概念强调现在的每个人不是预先存在的形式的被动接受者，而是通过与环境的互动逐渐发展出自己的潜力。因此，"生命形成"是在特定地理和文化环境的影响下发展先天遗传潜力的一种形式，在德国理想主义的影响下，"生命形成"被认为是"意志的成就"[①]。基于此，主人公的人生形成之旅使他们面临各种挑战，他们的个性通过他们犯的错误、由此引发的（外部和内部）纠正以及他们从社会各成员那里得到的帮助而成长。

游戏通常将玩家置于启发式框架中：在不断的任务和副本中学习技能或促进自身发展，以促进玩家进步，并帮助玩家建立让游戏顺利推进所需的战略、导航和操作技能。约瑟夫·坎贝尔以一种单神话结构主义、精神分析动机的视角来看待游戏：特别是冒险游戏和大型多人在线游戏，发现它们遵循英雄分离、启蒙和回归的普遍模式，本质上是命中注定的英雄在普通世界中收到征召，玩家最初的拒绝并随后提供慷慨的援助以促进玩家

---

① Summerfield G., Downward, L., New perspectives on the European bildungsroman[M]. London, England: Continuum, 2010:2.

的进步，在最终的战斗中完成一系列挑战，实现最终的恩惠，随后在更高的存在和赋权水平上又恢复正常，进入下一轮单神话结构中。不可否认，在某种程度上，游戏叙事的刻板元素可以广泛映射到单神话结构上，游戏主角对游戏世界的中途介入本质上植根于朝向目标的轨迹中，例如拯救塞尔达公主（《塞尔达传说》），或者拯救整个世界（如《最终幻想》系列）。①

主角有目标的努力、进步和成就反映在玩家升级、收集经验值（XP）、完成任务和提高其特定游戏技能的能力和努力上，并推动他们发展出自己的潜力，不断增加的难度和危险以及越来越具有威胁性的怪物以及其他类型的对手不断叠加这种叙述，直到故事在最后的 Boss 战斗中达到高潮。②

所以游戏中一次次塑造中心感的错觉，并非真的赋予玩家以"英雄"的荣耀，而是推动玩家进一步体验游戏的一种动力，激发出玩家"意志的成就"，从而具有继续进行游戏的动力。正如 Sim 的回答那样，在虚拟世界中想要不断发展自身就需要"生命形成"机制的激励，这一点在现实世界中同样如此，"没有付出就没有收获""不经历风雨怎么能见到彩虹"这些俗语早已暗示着每个人都在"生命形成"的框架中不断前行。但虚拟世界和现实世界有一个最大的不同，就在于虚拟世界的"生命形成"机制是"赋予"给玩家的，而在现实世界中，"生命形成"机制可以被"赋予"，但也需要自己努力争取。

正如 Sim 在访谈中提到的，在现实世界中完成各种挑战并争取到成就已然十分困难，如果虚拟世界完整地将这种高难度的"生命形成"机制进行复刻，就显得毫无必要。从营销学的角度出发，为玩家提供一个难度相对较小的"生命形成"机制以促使玩家购买并完成游戏是一种有效的销售手段，但这个所谓的"难度"如何掌控就十分困难，如果难度太高，就会

---

① Campbell J. The hero with a thousand faces[M]. Novato, CA: New World Library, 2008:24.

② Heijmen N.,Vervoort J. It's Not Always About You: The Subject and Ecological Entanglement in Video Games[J]. Games and Culture, 2023(04):128.

像 Sim 所说"我在真实世界体验够了，难道还要去游戏里面体验"；如果难度太低，玩家无法进入"生命形成"的机制之中，便会缺乏动力，难以进行游戏。因此，如何为玩家提供有效的"生命形成"机制成为游戏制作者最头疼的一个问题，也是一个不断发展的问题。

要注意这里所说的是有效的"生命形成"机制，而不是完整的"生命形成"机制，所以有没有必要在虚拟世界中提供一个与人们在现实世界中一样的完整的"生命形成"曾一度引发争议，毕竟真实感和沉浸感也是虚拟世界所追求的。

有人曾对这种"英雄"叙事和"生命形成"提出过反对意见，认为将英雄的旅程用作电子游戏中的叙事框架与其说是"陈词滥调"，不如说是"无效的执行"，尤其是玩家在游戏中经历的失败和挫折根本不能算作失败，因为在叙事层面，虚拟世界的"英雄"并没有真正的危险，因为大多数游戏的玩家希望能够无限期地重生并再次尝试挑战。[1]

Steam 游戏平台曾经推出过一款叫《大多数》的模拟类游戏。该游戏 2022 年 11 月 17 日上线，数日后便下架。在该游戏中，玩家扮演一名身负重债的"打工人"，体验从去工地搬砖开始，一步一步还清债务、养家糊口的过程。这种类型游戏被称为"现实主义游戏"，游戏制作的目标就是要把现实生活复刻到虚拟世界。这款游戏的推出可以视为一次"生命形成"的实验，一位玩过《大多数》这款游戏的玩家"小 Z"为我们提供了游玩体验：

刚开始的时候觉得挺有新意的，虽然我在现实中没那么惨，所以很想试试以我的能力能不能在这个游戏中逆风翻盘，但是玩着玩着就玩不下去了，怎么说呢，太惨了！游戏开发商真的是怎么惨怎么来，我就去工地搬个砖，操作半天好不容易获得了一些奖励，还被高利贷收走了，回去的路

---

[1] Martin P.The pastoral and the sublime in the Elder Scrolls IV: Oblivion[J].Game Studies, 2011(03):3.

上还被轿车撞死了，又要重新开始，我那个气啊！这么说吧，这是我玩过最"窝囊"的游戏，游戏开发商几乎把所有不利因素全都叠加到主角身上，玩一半砸电脑的心都有了，心太累了，所以玩一半没玩下去，当然可能也不只是我没玩下去，毕竟游戏突然下架了。

这里就必须要讨论"现实主义虚拟世界"是否有存在的必要。在调查中，我们以"如果在虚拟世界中让你过上和现在一样的生活你愿不愿意"为题随机拦截式访问了十二个玩家，得到的答案完全一致：不愿意。原因和 Sim 以及小 Z 所说的是差不多，既然已经在虚拟世界之中，为何不让自己过得更好呢？

因此，虚拟世界采用了与现实世界截然不同的"生命形成"机制的"赋予"形式，打破了现实世界中被动地接受挑战以"通过犯错和纠正获得成长"的"生命形成"发展机制。在虚拟世界，我们可以主动掌握"生命形成"的节奏，这就解释了为什么玩家明知中心感是一种错觉却又乐意接受，因为正是在一次次的任务挑战中，玩家"第二人生"的"生命形成"过程开始运转，在虚拟世界中并不需要将现实世界的一切复刻到虚拟世界，所要复刻的核心是"生命形成"的机制而不是全部，使游览者们在虚拟世界也能经历"生命形成"的过程，这才是沉浸感和体验感所需要达到的目的，并且进一步证明，"化身"在虚拟世界同样需要经历"生命形成"的过程，才会让身份显得更有意义。

三、当"英雄"回到现实

很多人表达过这种担忧，因为玩家在虚拟世界无所不能，他们要么放弃现实世界，沉溺于虚拟世界而无法自拔；要么就出现虚拟世界和现实世界的认知错乱从而在现实世界中干出匪夷所思的事情。

这样的担忧并非没有依据。2019 年世界卫生组织（简称世卫组织）召开第七十二届世界卫生大会，会议通过了《国际疾病分类》第十一次修订本，正式将游戏成瘾列为"精神疾病"。[①]这似乎回应了以上担忧，也引发了一个问题：虚拟世界的"英雄"和现实世界中的个人能否分离？

一些研究表明，被称为电子游戏中"英雄之旅"的叙事结构与个人承受能力之间存在明显的兼容性。[②]也就是说，玩家的承受能力能够适应从虚拟世界的"英雄"角色回到现实世界中"普通人"角色这一过程中的差异感。正如前文所言，虚拟自我是建立在现实自我基础上的，现实自我的思维方式、行为习惯等都会通过对游戏角色产生作用，从而影响玩家虚拟角色的建构。与游戏角色的互动改变了作为玩家对自我和事物的认知框架，这个认知框架不仅停留在虚拟空间，也会通过影响玩家的观念和态度作用于现实空间。[③]

这并不和世卫组织将游戏成瘾列为"精神疾病"的做法相矛盾，因为如果这种承受能力出现障碍，就有必要进行医疗专业的干预。

在这里继续讨论游戏成瘾这个问题并不符合本书写作的主题，并且正如前文所说，我们不能对这种情况持有强烈的抵抗态度，简单粗暴地认为玩游戏会导致精神疾病，而是应该反思现实世界角色和虚拟世界角色之间的关系。如果回到刚才所提到的担忧，当我们脱离虚拟世界回到现实，我们与虚拟世界那个自己所构建的角色还有什么联系吗？答案是肯定的，那就是——同理心。

游戏让玩家设身处地地真正进入一个虚拟角色之中，实现为他人着想，并允许他们继续"设身处地"地操作虚拟角色自由探索。这种探索能够让

① https://www.who.int/standards/classifications/classification-of-diseases.

② Braithwaite B., Schreiber I., Challenges for game designers: Non-digital exercises for video game designers[J]. Cengage Learning, 2009; Burn, A., Schott, G.Heavy hero or digital dummy? Multimodal player-avatar relations in final fantasy 7[J]. Visual Communication(London,England), 2004(02):213-233.

③ 李彪，高琳轩.游戏角色会影响玩家真实社会角色认知吗？技术中介论视下玩家与网络游戏角色互动关系研究[J].新闻记者，2021（05）：80.

玩家进行一场相对无后果的实验，并在此过程中了解类似行为在现实中如何影响类似情况。[①] 这就是同理心。同理心比同情心更复杂，该术语在早期使用源于德语 einfühlung（在情感中）的翻译，特别是在弗洛伊德的作品中多次出现。[②] 这种用法通过"设身处地为他人着想"来促进对他人感受的完全理解。[③] 同理心可以进一步细分为三种类型：认知、被动和并行。认知同理心是根据他人的情况理解他们的感受，但不一定对他们有情感反应。[④] 被动式同理心是早期理解同理心的同义词，即情感是由共情者感受到的，但它们与被共情者的情感不同。这仍然需要移情者/同情者的情感投入，但移情者的情感反应并不反映移情者。相比之下，平行同理心与"与他人感同身受"有关，这才是这里所要讨论的同理心概念。

有效的游戏叙事能让玩家感受到一种情感体验，并将一些同理心因素作为机制融入游戏中，比如《温暖话语》等游戏中就有类似现象出现，但是要有意识地设计出同理心仍然很困难。大多数游戏依然是通过"怜悯"等特质使用户体验基于故事揭示和角色选择所做出判断，但简单地将某个游戏归类为引起怜悯或者同情却非常困难，因为每个玩家的经历可能不同。

不管怎样，我们会为自己在虚拟世界所扮演的角色感到开心或者痛苦，游戏可以让玩家通过游戏内的情感体验来锻炼同理心。当我们关闭电脑回到现实世界，刚刚自己在虚拟世界所经历的一切仍然回荡心间，这是以电影为代表的艺术形式难以表现的内容，如果说看电影是在观看"他者"的人生，那么在虚拟世界中就是设身处地地体验"他者"的人生。从这一点上来说，"他者"和"我者"之间的区隔就已经不是那么明显，或许同理心

① Gee J.P. What video games have to teach us about learning and literacy(2nd ed.)[M]. New York:St. Martin's Griffin, 2014.

② Depew D.Empathy,psychology, and aesthetics:Reflections on a repair concept[J].Poroi, 2005(01):99−107.

③ Soto−Rubio A., Sinclair S. In defense of sympathy, in consideration of empathy, and in praise of compassion: A history of the present[J]. Journal of Pain and Symptom Management, 2018(05):1428−1434.

④ Stephan W.G., Finlay, K.The role of empathy in improving intergroup relations[J]. Journal of Social Issues, 1999(04):729−743.

就是现实中的角色和虚拟世界中角色之间最大的联系。只有在虚拟世界中才有可能做到真正意义上的"设身处地"并从中获取经验，以服务于现实中的自己。如果从现象学的角度来说，同理性使得游戏角色在游戏中生成了不纯粹依赖玩家的"拟—生命"，并进一步形成了一种游戏生态学。游戏生态学不仅帮助"拟—生命"在游戏世界里筑造了属于角色的周围世界，也通过角色的生存将游戏世界与玩家的世界统一起来，改变着玩家世界中的生存状况。[①] 而在玩家与游戏角色互动的过程中，无论是出于何种目的，人类确实与虚拟的创造物之间形成了真实的关系和情感的依赖，同时，这种关系最终表现出的多元层次与现实生活中人类间的关系存在一定程度上的相似性。[②] 在接下来的讨论中，我们还会涉及社会关系、情感等问题，这些问题其实都是基于同理心发展而来，因为我们已经将虚拟世界的角色视为自身生命史的一部分。

---

① 蓝江. 数码身体、拟—生命与游戏生态学—游戏中的玩家—角色辩证法 [J]. 探索与争鸣，2019（04）：75.

② 李彪，高琳轩. 游戏角色会影响玩家真实社会角色认知吗？技术中介论视角下玩家与网络游戏角色互动关系研究 [J]. 新闻记者，2021（05）：82.

第三章 差序格局：虚拟世界的关系网络

当具有身份之后，下一步就是围绕身份开始建立一系列的社会关系。在这里，我们要首先搞清楚一个基本逻辑：先有身份，还是先有社会关系？这似乎也是一个鸡生蛋还是蛋生鸡的问题，因为从一个循环逻辑上来说，进行社交必须有至少一个身份，而在社交中才能被赋予身份。

如果把事情推回到最开始的时候，也就是人出生的那一刻，我们就会发现这样一个事实：人一出生（甚至还在腹中）就已经被赋予了身份，如后代、继任者或者更为特殊的身份，这就是基础身份，在这个身份基础上才能展开一系列社交活动，之后又被赋予一系列新的身份。从这个逻辑上来说，应该是先有身份才能开始建立社会关系。按照之前的讨论，这个世界上不可能存在真正意义上的"无名之人"。同理，在虚拟世界之中不管如何匿名，也不可能抹除身份的印记，网络中的"幽灵"并不存在，他们只是采用了各种手段层层掩藏自己的身份而已，但不可能抹除自己在虚拟世界的身份。正如在《魔兽世界》中必须先建构一个角色才能开始体验游戏内容，当角色设定好的那一刻，身份就已经形成，包括阵营（部落还是联盟）、种族、职业、性别等。毋庸置疑，有了身份之后，社会关系网络才能随之展开。

社交网络是社会信息和社会影响力的渠道，在线社交网络为沟通提供了替代场所。1971 年，目前已知的第一个聊天室 EMISARI 由美国紧急战略办公室（OEP）的 Murray Turoff 创造，EMISARI 最多允许 10 个地区办事处通过专用线路进行实时在线聊天。1973 年，世界上第一款社交软件 Talkomatic 诞生，这款由 Doug Brown 和 David R. Woolley 在伊利诺伊大学的柏拉图系统上创建的即时通信系统开启了一种新的社交模式——互联网社交。他们首次引入"频道"这一概念，用户可以加入任意频道，与频道内的所有用户聊天。这打破了传统的远程通信（包括早期无线电通信等）的非即时性，也解决了语言编码通信的复杂性，用户可以用自己的语言在聊天频道中以文字输入的方式实现即时通信。虽然当时每个频道最多只能容纳 5 名用户，但从这之后，"聊天室"这个概念开始兴起。1978 年，BBS（Bulletin Board System，电子公告系统）上线。1984 年，FidoNet（惠多网）上线，开始将各地的 BBS 组成一个网络并实现了数据互通。1988 年，芬兰人 Jarkko Oikarinen 建立了第一个 IRC（Internet Relay Chat，因特网中继聊天），打破了 EMISARI 每个频道最多只能容纳 5 名用户的限制，采用以组群的形式进行多人聊天。1994 年，在中科院计算所的努力下，曙光 BBS 上线，成为中国第一个开放的网络论坛平台，此后珠海"西线"BBS 站、广州飞捷、四通利方论坛等 BBS 站大规模兴起。1995 年，聊天室开始在国内兴起，鹏城聊天室、碧海银沙聊天室、网易聊天室成为人们新的休闲社交方式。1996 年，以色列公司 Mirabilis 推出了一款名为 ICQ 的即时通信软件。1997 年，美国在线（American Online，即 AOL）推出了即时通（American Online Instant Messenger，简称 AOL Instant Messenger 或 AIM，中文曾用名：AOL 快信信使）通信软件。1997 年，ICQ 被引入中国台湾，起名 CICQ，第二年推出了简体中文版的 PICQ。同年，第一个社交网站 Bolt 和 Six Degrees 推出，使人们可以在网站中留下个人信息并实现在线交友。之后，六度空间网站上线（sixdegrees.com）开启了实名制网络交友服务模式。1999 年，腾讯公司发布了第一个 OICQ 版本。同年 7 月，微软公司推出了"MSN Messenger"（Microsoft Service Network），将办公系统和邮件系统融入聊天系统，聊天软件开始融入办公领域。1999 年，雅虎通诞生，到 2007 年成为美国即时通信市场占有率第一的即时通信软件。2003 年，Friendster 交友网站允许用户上传照片，成为第一个可视化交友网站。同年，由 Tom Anderson 等人开发的 Myspace 上线，成为第一个可自编辑的个人网络空间。2004 年，Facebook 上线，开创了兴趣组群模式。2006 年，Evan Williams 的公司 Obvious 推出了

Twitter，实现了从网络聊天窗口向手机发送短信的模式。两年后，Twitter 将标签系统加入搜索工具中，实现了话题群组的分类。2007 年，Tumblr（汤博乐）上线，将微博的表达功能和即时通信软件的通信功能进行整合。2009年，WhatsApp 上线，用户能够直接用手机号码登录，并与手机号码中的好友发送即使信息，进一步融合了线上线下双社交模式。2010 年，Instagram提供了修改照片并分享的社交模式，允许用户将照片上传并留言。2011 年，Snapchat 上线，推出"阅后即焚"的照片分享应用，诞生了快照族（snubs）。同年，腾讯公司推出微信（WeChat）的第一个版本，开启了中国网络社交的新时代。2013 年，Telegram 推出了加密信息模式；同年，Skype 上线，开启了视频聊天时代。2014 年，Messeenger 上线，推出手机免费即时语音和视频通话功能。

十多年后的今天，这些网络社交功能已经打造出了一个庞大的虚拟社交系统。回顾历史，我们会发现波澜壮阔的虚拟社交史才发展了四十余年就已经有如此规模，如果把这段历史放到整个人类长达数万年的交往史看的话，可能都无法用一段明显的线段来标记。但就是这短短的四十余年，人类已经改变了数千年甚至数万年以来的交往模式。时至今日，互联网社交已经从娱乐模式成为一种生活模式。在这一过程中，伴随着 MMORPG 的发展，再到元宇宙的兴起，互联网社交已经不再局限于打字聊天或者语音聊天，2012 年，谷歌眼镜推出（Google Project Glass），虚拟世界的"面对面交流"时代到来，2023 年，苹果公司推出 Apple Vision Pro，作为首个空间计算设备，为在虚拟世界"面对面交流"提供了更多可能。在《头号玩家》《失控玩家》等影片中描绘了这样一个场景：两个虚拟角色在虚拟世界没有通过聊天软件或者聊天框而进行直接沟通，现实中的操控者通过可穿戴设备直接听见并看见。这似乎就是扎克伯格所畅想的元宇宙交流形式，即在虚拟世界也可以像在现实世界一样实现直接沟通。至少在没有实现以前，最接近这种交互形式的就是以《魔兽世界》为代表的 MMORPG 了。

所以在本章中，我们仍以在《魔兽世界》中的田野调查为例来讨论在网络社交兴起之后，人们是如何建立自己的虚拟社会关系？社交模式发生了什么变化？其规律和本质是什么？未来的发展趋势渐会怎样？更重要的是，"他者"是如何看待自己在虚拟世界的社会关系的。

第一节　虚拟世界中的差序格局

一、内群体

费孝通在《乡土中国》中是这样描述差序格局的：

> 好像把一块石头丢在水面上所发生的一圈圈推出去的波纹，每个人都是他社会影响所推出去的圈子的中心，被圈子的波纹所推及的就发生联系，每个人在某一时间某一地点所动用的圈子是不一定相同的。[①]

在现实世界中，每个人的社会关系是极为复杂的，正如费孝通所言"每个人在某一时间某一地点所动用的圈子是不一定相同的"，就是这种不同的"圈子"构成了我们一层层的社会关系。当然，费孝通在考量差序格局问题时并未包括虚拟世界，那么差序格局理论在虚拟世界是否同样有效？还是会产生新的变化？

在刚进入《魔兽世界》游戏后和玩家第一个有交流的角色总会是NPC，玩家将会通过和NPC的对话来了解任务背景和故事情节，然后完成任务获取经验值。如果按照之前所分析的NPC的本质（游戏设计者的"化身"）我们完全可以将这种交流视作和游戏设计者的交流，因为游戏设计者希望通过游戏中的NPC向玩家传递自己的想法。这种中介式的交流贯穿整个游戏，

---

① 费孝通著，刘豪兴编．乡土中国 [M]．上海：上海人民出版社，2019：29．

如果从社交密度的角度来说，在游戏中与玩家交流最多的就是NPC。于是，一个矛盾问题随之而来：按照差序格局理论，NPC是否可以算作差序格局中的一环？

在现实世界中，对自己影响越大，在以自己为中心投下石子所产生的波纹就离自己越近。在虚拟世界中，NPC对玩家的影响可是说是巨大的，但这里就出现了一个群体性因素：对玩家所产生影响的NPC不止一个，NPC背后的设计者同样不止一个。也就是说，对玩家产生影响的是一个群体，而在差序格局理论中，并不考虑群体影响因素，重点考虑的是个体对个体的影响。所以，当我们把NPC拆分成个体就会发现，在游戏过程中很多NPC可能只会与玩家有过数次简单的交流，因此，从个人对个人的影响角度出发，NPC并不在差序格局的中央位置，而是边缘位置。这就是为什么玩家从未将NPC当成朋友的原因，哪怕在一些副本或者任务中，玩家和NPC并肩作战，但并不会和NPC产生强关联。

和现实世界一样，在虚拟世界中能和人产生强关联的只有人。玩家"联盟的大杂兵"回忆了自己在《魔兽世界》中的第一个朋友：

我最早玩《魔兽》是2011年，当时玩的是一个人类圣骑士，一开始什么也不会嘛，就只会做任务打怪升级。我记得当时有个任务，是在艾尔文森林（地名）打一伙狗头人（一种长着狗头的矮小怪物），这群狗头人数量太多了，怎么打都打不过去，因为每次打一个狗头人的时候一群狗头人就围上来了，死了好几次了，我整个人都快崩溃了。我都准备放弃这个任务了，然后来了一个战士，高我好多级，他在旁边看了我一会儿，然后邀请我加入小队，三两下就帮我完成了任务，还交易了我100个金币，把我感动坏了，我就和他说了谢谢，然后还问他要了QQ号，他也给我了，我们就加了QQ。他应该是个老玩家，有时候我任务不会做，就老在QQ上问他，他也很热心地告诉我，有时候他还会带我组队去打副本，慢慢地就熟悉了起来。这应该算是我在游戏里面的第一个朋友吧，当时的游戏里还是好人多啊！

因此，在分析虚拟世界的差序格局时，没有必要将 NPC 考虑在内，因为它们只是起到辅助作用，不可能和玩家产生强关联，只有像"联盟的大杂兵"回忆中所说的其他玩家才有可能产生强关联。那么在虚拟世界中差序格局的内群体都是谁呢？

在现实世界中，差序格局的中心往往都是亲属，尤其在传统差序格局模式中，人际关系网络固定在血缘和地缘为基础的封闭内群体中。在现代中国人际关系网络内的群体中，熟人、亲人、自己人等并不排斥外群体，而且内群体有固定化的倾向，外群体有流动化的倾向。①

在虚拟世界中自然不可能有血缘关系和地缘关系，因此不会产生在现实世界中天然的"内群体"，那么这是否就意味在虚拟世界并不存在"内群体"。首先，我们必须回答差序格局中有关"圈子"的问题，东西方社会结构的差异不在于西方只存在"团体"，东方只存在"社会圈子"，而在于这两种"社群"在社会构成上的不同。差序格局的实际含义是强调由"差序"所构成的社会组织在中国社会中占据主导与支配地位。中国人所谓的公共领域，实际上由私人领域扩张与转化而来，或者受到私人领域的支配，这也使得中国社会的公共性供给在相当程度上依赖并取决于处于差序格局中心的某个个体或某一批个体的道德性。② 所以，"内群体"并不一定需要由血缘关系或者亲属关系沟通，同样可以由受到私人领域的支配的圈子构成。

在前面提及的玩家"联盟的大杂兵"的案例中可以发现这样一个现象：他所描述的朋友能够在他需要的时候提供帮助，并且二者的关系日渐紧密，完全符合"受到私人领域支配"的条件，至少可以证明，在这段时间中，那名战士玩家是"联盟的大杂兵"在游戏中的"内群体"成员之一。但在接下来的访谈中，"联盟的大杂兵"提到他和这位朋友逐渐切断联系的过程：

---

① 卜长莉."差序格局"的理论诠释及现代内涵 [J]. 社会学研究, 2003（01）: 29.

② 张江华. 卡里斯玛、公共性与中国社会有关"差序格局"的再思考 [J]. 社会, 2010, 30（05）: 1-24.

后来还是和他一起玩了好长一段时间，主要联系还是在游戏里或者QQ吧，毕竟那个时候还挺流行QQ的。虽然我到现在都不知道他真名叫什么，只知道他的游戏名和QQ名，称呼也是用游戏里面的名字叫他，我们聊天有时候也不仅仅只聊游戏，生活啊工作啊什么都聊吧。我是2014年（大学）毕业的，其实从2013年实习开始，又要写毕业论文什么的，突然忙了起来，就不怎么玩《魔兽》了，后来不是微信流行起来了吗，和朋友交流还有工作交流什么都用微信了，QQ也不怎么用了，于是和他的联系慢慢就少了，现在是彻底没联系了，可能他也忙。说起来，居然还不知道他叫什么名字。

与现实世界的"内群体"逐渐走向稳固不同，虚拟世界的"内群体"似乎是在走向离散。社会资本的视角提供了这样一种解释：当个体在社会生活中遇到特别的事情时，固守于他的内群体，会使他的特别需要无法得到满足，因为关系的范围和资源无论如何都是有限的，于是他会以内群体为基础来临时构成他的关系网络。[①]社会资本源于社会网络的观点，在社会学研究中得到了充分的重视，但是许多研究者从个体层面研究社会资本。他们认为，社会资本是个人的社会网络的特质，是影响个人行为目标的达成及其功效的一种力量。[②]"内群体"逐渐走向稳固是由于在内群体中能持续为个人提供资源；反之，当"内群体"难以为个人提供资源的时候，就会建立新的关系网络来寻求新的资源。要注意，这里所说的"资源"并不仅仅指经济资源，而是能够对个人起到支持作用的一切资源，包括情感、物质等。[③]我们无时无刻不在评估以自己为中心的差序格局中的社会资本容量，以判断是否改变自己的差序格局以寻求新的社会资本。在这一点上，社会学和人口学已经做了颇多的研究，虽然我们应该警惕以个人为中心的

---

① 卜长莉."差序格局"的理论诠释及现代内涵 [J].社会学研究，2003（01）：29.
② 边燕杰.城市居民社会资本的来源及作用：网络观点与调查发现 [J].中国社会科学，2004（03）：137.
③ 张文宏.社会资本：理论争辩与经验研究 [J].社会学研究，2003（04）：23-35.

社会资本的无限扩大，[①]但不可否认每个人都掌握着改变自身差序格局的主动权。所以，也有很多玩家以在虚拟世界中添加好友为乐，认为构建和组织自己的虚拟世界社交网络体系是一个强大的动力，收集虚拟物品并与虚拟世界的朋友交换也是强大的动力。他们还提到发展社交能力也被认为是带有趣味性和激励性的[②]，因为仅仅在高分名单中出现朋友就会激励玩家击败朋友的分数并实现排名上的上升。两名受访者表示，当一个朋友在排名中水平接近自己时，他们的竞争心态就会被触发，在他们看来吹嘘自己的排名分数也是乐趣的一部分。为了实现这一点，一些没有社交功能的单机游戏也会通过社区排名平台（如微信步数、WeGame、育碧社区等）来激励玩家。

从这个视角再去分析"联盟的大杂兵"的案例就会发现，他的"内群体"改变并非是一种离散，而是当他回到现实世界，面对工作和生活的压力时，游戏中的朋友难以再为他提供支持；反过来，他也不能在现实世界中支持他在游戏中的朋友，他们二者其实都进行了"内群体"的更换以寻求建立新的差序格局。

二、虚拟世界的差序格局类型

通过以上案例可以发现，差序格局并非永久性的，而是具有明显的阶段性特征。在这里，我们难以讨论一个人全部生命阶段的所有差序格局变化，就本书主题而言，让我们把目光收回到在虚拟世界这一阶段中来看差序格局是如何构成的。

第一种类型就是在游戏内构成差序格局。正如上述所举的例子一样，进入游戏后会遇到志同道合的其他玩家，从而建立起紧密联系，使他们成

---

① 王小章. 社会资本：歧义、扞格与方向 [J]. 探索与争鸣，2024（04）：63-71+178.

② Paavilainen J., Hamari J., Stenros J., Kinnunen J. Social Network Games: Players' Perspectives[J]. Simulation & Gaming, 2013(06):794-820.

为"内群体"的一员，从而为自身主体提供社会资本。这样的社会网络形成过程十分平常，不管是在虚拟社会还是现实社会，这是最为普遍常见的一种模式。唯一不同的是，在作为资源的虚拟社会网络中并不需要真实身份，就像"联盟的大杂兵"自始至终都不知道他在游戏中那位朋友的真实姓名一样，因为在虚拟世界中通过虚拟角色提供资源或帮助已经能够维持作为"内群体"一员的地位。在游戏阶段，主体只需要获得在游戏中的帮助即可，并不需要对方在现实世界中提供其他帮助，所以只需要对方的"化身"进入"内群体"即可，并不需要操作这个"化身"的人的其他身份也进入"联盟的大杂兵"的"内群体"这个范围之中。

这是一个很简单的逻辑。例如，一个家庭的每个成员都会具有很多身份（或者备选身份），与此同时，每个人也有多个差序格局，因为每个人在某一时间、某一地点所动用的社交圈子不一定相同，就像家庭中的一位女性，当以家庭成员作为差序格局来分析时，她的母亲身份就成为这个格局的中心，然后女儿、儿子、丈夫、父母、公婆等角色在差序格局中依次展开。当进入公司后，她作为公司职员的角色就会成为另一个差序格局的中心，之后老板、同事、客户等角色又在这个差序格局中展开。在以家庭为主题的差序格局中，她并不会希望老板、同事等角色的介入；同样，在以公司为主题的差序格局中，她也不希望儿女、丈夫等角色的介入。如果我们不关心不同圈层的区隔问题，就会导致社会关系的混乱，并直接影响到个人生活。所以，在《魔兽世界》为主题的差序格局中，玩家只需要对方以"化身"的角色进入自己在游戏中的"内群体"，无需对方的其他身份介入。当然，如果想要获得对方除了在游戏以外的帮助，那就需要建立另外一个社交网络体系，只不过旧有的差序格局能够为新的社交网络体系建立提供基础，但并不意味着是旧有社交网络体系的扩展，而是一个全新的差序格局体系。

第二种虚拟世界的差序格局类型是基于现实世界的社会关系形成的。在受访的玩家中，很多人表示自己玩这款游戏是被朋友"带"进来的。例如一位名叫"永恒星辰"的玩家如是说：

　　说实话，读高中的时候我连"魔兽世界"这四个字都没听说过，进了大学后，我们寝室有六个人，四个都在玩这游戏，一开始我也没太在意，看他们天天在宿舍里喊打喊杀的还挺烦，后来和他们慢慢处熟了之后也就跟着下载了一个，然后就被拖下水了。他们带着我升级、打副本、拿装备，我们几个几乎形影不离，还经常一起去网吧通宵打游戏，直到现在虽然我们不在一个城市生活，但关系还特别好，经常会互相到对方的城市去串个门什么的，现在回忆起来，男生之间的友谊就是这么简单。

　　在这段表述中，现实世界的社交关系在虚拟世界差序格局构建方面发挥了重要作用，几乎每个受访者都表示，他们曾经都有根据值得信赖的朋友的推荐找到新游戏的经历。同样，停止玩游戏的决定也与朋友有关。当一定数量的朋友离开游戏时，会触发雪球效应，导致游戏在玩家的社交网络中消亡。

　　"永恒星辰"接下来的表述印证了这一点：

　　后来，我们几个有的读研究生了，有的工作了，还有一个出国了，大家慢慢地也不打《魔兽》了，我也就不玩了。怎么说呢，有一句比较矫情的话是这么说的：没有兄弟在一起的《魔兽》是没有意义的。大家都不玩了，有时候我一个人会上线玩一会儿，但是逛来逛去的也没意思，好友列表里面很多人的名字都是灰色的（《魔兽世界》中如果玩家在线，好友列表中玩家的名字是白色的，不在线则为灰色），就觉得没啥意思，也没有玩下去的动力。2019年的时候，我们几个在南京聚了一次，吃完饭我们第一个想到的就是去网吧，四五年没有像那样聚在一起玩了。那天晚上我们又打了一个通宵，仿佛回到大学宿舍的那段时光。所以我觉得刚才那话挺有道理的，仔细想想，玩游戏不就为了和朋友兄弟一起玩吗！

"永恒星辰"认为和朋友一起玩比和陌生人一起玩更有趣。有这样想法的并不在少数，一群好朋友共同进行游戏甚至弥补了一些糟糕的游戏设计。调查中很多玩家提到，他的游戏体验也受到现实世界中朋友的影响，并且和朋友一起玩比游戏本身带来的愉悦度更大。一位受访者表示，社交在游戏中比在游戏本身更重要。这种现象在一些团队合作程度更高的游戏中表现得更为明显。如 MOBA 类游戏（英文全称：Multiplayer Online Battle Arena，多人在线战术竞技游戏）的代表《王者荣耀》中的一位玩家"战伤"提到和朋友一起组队进行游戏的情况：

有时候，我自己会开一局，但还是更喜欢在宿舍玩，因为可以和舍友一起打，我觉得这样的体验会更好。有时候寒暑假放假回家了，我们几个都要开着语音打，自己玩总觉得少了什么，还是喜欢大家一起玩的那种气氛。

这种在虚拟世界的社会关系大部分依赖现实世界的社会关系，在一定程度上，现实世界的社会关系甚至能够起到决定性作用。对于这种社会关系是否可以视为虚拟世界的社会关系呢？同样回到差序格局的"内群体"讨论中就会发现，在这种情况中出现了"内群体的一致性"，即在两个不同社会关系体系中出现了相同的群体，或者说"内群体的一致性"就是两个不同的社会关系体系的交集。正如上述"战伤"的例子，在现实世界中，舍友们成为他在以学校为主题的差序格局中的"内群体"，舍友、同学、老师等角色在这个差序格局中展开，但他们一旦全部进入游戏，那么在游戏中的差序格局体系便浮现出来，舍友们在这个体系中成为他在游戏中的"战友"，然后战友、其他队友、对手等角色就会在这个差序格局中排列出来。在游戏中的"战友"实际上就是在现实世界中的舍友，却处于两个差序格局体系中，因此仍然属于虚拟世界社会关系的一种类型。

第三种类型则是从虚拟世界到现实世界的社会关系模式。第一种虚拟世界的关系模式允许我们在虚拟世界交到朋友，第二种关系模式能够将现实世界的社会关系带入虚拟世界，而第三种模式就是将虚拟世界的社会关系带到现实世界。在早期，"网友见面"是一种十分流行的形式，"奔现"一词至今十分流行。不管"网友见面"还是"奔现"，都是将网络的社会关系带到现实中来。虚拟世界的匿名化使人对"化身"背后真实的人产生好奇，当这种好奇感达到一定程度时，便会期望了解"化身"背后真实的人，于是双方或者多方就会相邀进行线下聚会，以期建立线下联系。

　　这种情况最开始流行是在 QQ 早期几个版本时代，甚至还出现过极为负面的情况。[①] 在网络游戏领域，2005 年暴雪娱乐公司宣布在美国加州安纳汉市的安纳汉会议中心举行首届暴雪嘉年华，邀请玩家前往参加丰富多彩的活动，这是第一次由游戏主办方举办的玩家线下见面会，由此掀起了一股玩家线下见面的热潮。这样的举措引得其他公司纷纷效仿，各大游戏公司都开始举行各类线下活动和比赛，玩家也自发组织线下聚会，甚至在线下聚会中有男女玩家建立起了婚姻关系。[②] 一位名叫"旭日西落"的玩家回忆自己在 2010 年参加过的一场线下聚会：

　　我们公会算是一个熟人公会，就是各种朋友相互介绍加入公会，所以公会成员大多来自同一个城市的。2010 年那个时候可流行线下聚会了，所以会长他们几个就组织了一下，我们宿舍也都在这个公会里，就一起去了。地点是在市中心的一个火锅店，当时打完副本统计了一下人数，就十多个人，没想到去了五十多个人，把火锅店老板都震惊了。那天晚上可热闹了，我们几乎把火锅店包场了，大家年纪也差不多，大多是大学生，加上在游戏里本来就很熟了，所以很快玩到一起，再加上啤酒、火锅的渲染吧，大家都很开心，聊天话题也不再限制于《魔兽世界》，大学生活啊、家庭啊、

①　李小芳，罗维，谢嘉梁. 网友"一夜情"现象透视 [J]. 中国青年研究，2005（04）：11-13.

②　玩家在游戏中相伴五年后结婚 牧师嫁给了法师 [N]. 人民日报海外网，2015. https://m.haiwainet.cn/middle/232657/1970/0101/content_28342128_1.html.

女生啊什么都聊！对了，那天晚上还来了好几个女生，后来听说还促成了一对。反正那天晚上会长喝得烂醉，一个舍友也醉得不行，被我们抬回来的。总之，那是我参加过最有意思的一次聚会，之后也零零散散地组织过几次小型聚会，再后来慢慢地就没了。不过那次聚会留了好几个人的电话，后来大学毕业后我就留在这座城市工作了，到现在还和他们有联系，有两个居然还成了我们公司的合作伙伴。前两天和他们吃饭还聊起来2010年那次聚会呢！

这样的线下玩家聚会很盛行。一位名叫"鱼尾巴摆摆"的《王者荣耀》玩家回忆了自己参加的线下玩家聚会：

这是我第一次参加这种游戏的线下活动，心情很激动。平时我也挺爱和朋友一起开黑"打王者"，当时看到活动宣传就觉得老板肯定也是一个爱玩游戏的人，通过打游戏就有计划获得免单福利，真是"一举两得"。活动现场聚集了很多人，都是周边大学的学生和路过的年轻人，大家都很兴奋，还有少部分人在店里点了烧烤准备"观战"。虽然知道王者的人气很旺，但没想到这样一个商家自发组织的活动都能有这么多人参加。我也很激动，甚至已经开始思考过会儿选择什么"英雄"。活动是分组进行的，我们进行随机分组，然后进行对抗，最终决出第一名小组，也有单人比赛和双人赛，第一名可以获得免单券，二三名则是打折券。在等待比赛的过程中，我和队友进行交流，心中感慨老板的商业头脑，这么多人聚集，不仅为店里拉来人气，还在无形之中做了宣传。比赛过程也是十分刺激，才开始遇到的队伍实力都还行，虽然有些险胜，但还是一路奋战到了第四名，甚至有一瞬间我觉得自己很有获胜的希望。这时现场的气氛也达到高潮，大家紧盯着大屏幕，我也拿出了本命英雄，战况十分激烈。老板一边做着讲解一边宣传自家烧烤，吸引了更多的人进到店里消费。虽然最终我止步于第四名，但老板还是给了我一张八折优惠券。我和几个朋友马上进到店里点了些烧烤观看接下来的比赛。参加完这次活动，我整晚都很兴奋开心，不仅有一种爱好得到认可的喜悦感，更发自内心地感到充实，仿佛接触到了"电竞"的含义，了解到了游戏带给我的意义，希望下一次我还能有机会参加类似的线下活动。后来，我们再去那家烧烤店，生意确实比以前好很多，基本都是年轻人。

与从现实到虚拟的社交关系建立过程不同，这是一种相反的社交关系建立模式。虚拟世界的到来为社会关系的建立提供了更多可能，游戏在年轻人的社交生活中起到了重要的作用。虽然年轻人并不认为只有游戏才能够帮助他们结交新朋友，但游戏可以作为一个社交媒介，成为在学校或其他场合与陌生人交流的话题。年轻人通过讨论游戏，分享游戏经历，加强了与朋友之间的关系。游戏也被认为是学校社交环境和社区的一部分，可以促进不同背景的学生之间的交流和凝聚力。在一些传统的讨论中认为游戏会占用大部分个人时间以至于缺乏对社会关系的经营。[①]游戏为人们提供了一种新的社交渠道，将虚拟世界的社会关系迁移到现实世界是一件很简单的事情，尤其在大学校园中这种现象更为普遍。一项关于校园游戏社交情况的研究表明，游戏在学校中被视为一种社交桥梁，可以促进学生微小社区的形成和维持。学生们可以通过游戏内的聊天功能或者组队合作来互动和交流，从而建立起社交关系。此外，各种社团在学校内部或者学校之间举办游戏比赛或者相关活动，会吸引更多的学生参与，进一步促进学校游戏类社区的形成和维持。[②]游戏的确可以通过视觉化身和听觉亲密增加人际交流、促进彼此了解。游戏共玩对于桥接型社会资本的意义主要体现在关系破冰，对于结合型社会资本的意义主要体现在为远距离亲密关系创建

---

① Buhrmester D.Intimacy of friendship,interpersonal competence,and adjustment during preadolescence and adolescence[J]. Child Development, 1990(04):1101-1011.

② Eklund L., Roman S.Digital Gaming and Young People's Friendships:A Mixed Methods Study of Time Use and Gaming in School[J]. YOUNG, 2019(01):32-47.

情感仪式。换言之，游戏在社交和个人社交网络建构中不一定处于核心地位，以游戏建立社交关系的实现往往仍需辅之以"媒介转移"。这一发现补充了既往量化研究的局限，体现出一种"去媒体中心化"的媒体研究取向。[①] 从虚拟社交走向现实从媒介化开始到去媒介化的过程完成了"内群体"迁移的"媒介转移"，在虚拟世界的帮助下，玩家会在现实世界建构起一套新的差序格局体系。"一起打游戏"不仅是这一模式的符号化呈现，也是一种跨越时空的数字化实践。[②] 虚拟世界架起了一座跨时空的桥梁，成为一种全新的社会关系构建模式。

另外，刚才所提到的过度沉溺于虚拟世界从而放弃现实世界的极端情况是否会冲击这种模式的发展，抑或产生反作用力？尤其是青年群体假期回家拒绝社交而埋头于手机的情况让许多家长感到担忧。在访谈中，一位访谈对象的母亲为我们描述了她女儿暑期在家的情景：

一放假不是躺在沙发上就是躺在床上，抱着手机一直刷，也不出去和朋友玩，也不去亲戚家串门。

这种情景似乎已经成为很多大学生的常态。对此，我们询问了这位母亲口中所说的当事人"阿凡提"：

我觉得是因为是面对面的交流，就需要看你的表情，还有听你的语气等，这种现场感会让人很累，但是如果你只是打字或者发语音，就少了最重要的那一项。就是，就是怎么说呢，那种面对面的压迫感（让我不舒服）。对我来说，除了上面的原因，还有就是不见面我可以更自由地展现我的真

---

① 董晨宇，丁依然，王乐宾.一起"开黑"：游戏社交中的关系破冰、情感仪式与媒介转移 [J]. 福建师范大学学报（哲学社会科学版），2022（02）：96-107+171-172.

② 陶荣婷，瞿光勇."一起打游戏"：城市青少年网络空间新型社交模式探究 [J].新闻与传播评论，2021，74（03）：51.

102

实想法，比如我不喜欢这个人，但是平时还要和颜悦色地和他打交道。如果是面对面，我不可能流露出无语的神情和白眼，要很做作地伪装自己真实想法。可是躲在屏幕背后，我就可以一边翻着白眼一边夸赞她，虽然口不对心，但是打出来的字和说出来的话还是有区别的，我内心就不会觉得这是一件很大的事，反而像平时在网上跟陌生人聊天、评论一样。

"阿凡提"的表述中提到一个关键问题，就是现实世界中的面对面交流会导致自己的情绪表现被对方所捕获，而自己又不善于情绪控制和表情管理，而虚拟世界则将语言交流和情绪交流相剥离，从而能让她以一种十分自洽的方式展开社交活动。正如之前所说，人类学强烈反对对"他者"的生活方式进行指责或者蛮横地介入，因此，我们并不能指责这样的行为是错误的。如果把这种情况带入差序格局体系以"内群体"的视角分析就会发现，"阿凡提"并不愿意将内心真实的想法直白地展现给对方是因为对方并未进入她当前差序格局的"内群体"之中，而是将对方视为"外群体"的一员，而"外群体"的流动性是十分频繁的，因此"阿凡提"不会主动巩固和"外群体"成员之间的联系。

每个人都有自己的社交圈（圈子），每个人的"内群体"和"外群体"成员数量都不相同也不会固定，但每个人都在构建着以自己为中心并自洽其间的差序格局，从"文化进化论"被人类学抛弃的那一刻开始，文化优劣性就已经不是人类学所要考虑的问题，而是"他者"的独特性，因此，不同人在不同时刻的差序格局都是不同的，并不能以此判断虚拟世界剥夺了他们在现实世界的社会关系。早期的一些研究试图阻止社会关系在虚拟世界的蔓延或者试图在虚拟世界和现实世界中找到一个平衡，但差序格局的理论揭示了"自我中心"社会关系的重要意义，虚拟世界为我们的社会关系构建提供了更多的可能，如果虚拟世界中的社会关系能够为"自我"提供支持和帮助，那完全可以在虚拟世界中不断完善属于自己的差序格局体系，所谓的"平衡"实际上是一种"自我中心"的平衡而不是虚拟世界和现实世界的平衡，因此，并不是所有在虚拟世界的社会关系都需要转移到现实世界，更不是放弃或者切断虚拟世界的社会关系而全身心投入现实世界的社会关系中，而是根据自身的需要来构建适合自己的差序格局体系。当然，和第一种模式一样，不管是在虚拟世界还是现实世界，当逐渐走入极端以至于对身心健康产生危害，这就已经不是差序格局的问题了，而是进入疾病的范畴。所以要注意的是，绝不能把差序格局和游戏成瘾混为一谈，在这里我们主要讨论的是社会关系的构成而不是怎样避免或者治疗疾病。

第四种类型就是低效能社交。一些玩家并不希望在游戏中有过多的社交活动，一位名叫"徐拉拉"的《魔兽世界》玩家提道：

我太害怕收到好友申请或者组队申请了，不只是在《魔兽世界》，我是个超级社恐，玩游戏就只想自己玩而已，自己做做任务，通过组队系统打打一些简单的副本，当个休闲玩家挺好的。我不喜欢打字（聊天），不喜欢开语音，有时候跟着打一些大型副本，被团长点名的时候感觉就像上课被老师点名一样。

在我们的受访者中有不少与"徐拉拉"相似的情况，常见原因是他们想独自享受游戏，却总是收到好友申请、聊天请求，还有游戏内推送广告的"骚扰"，这让他们产生一种挫败感。社交对一些受访者来说是一个严重的问题，以至于他们不想玩被认为带有社交性质的游戏。"徐拉拉"表示，她自己几乎没有主动发送过聊天请求并试图尽量减少与其他玩家的交流，但有时这是不可能的，因为游戏的进展需要很多团队合作。

我们的受访者基本承认社交是游戏的重要组成部分，但通过游戏机制进行社交互动却让他们感到苦恼。这是一种非常矛盾的体验，尤其是在游戏中获得帮助时，如何回馈他人更像是一件苦差事。尽管游戏的设计者非常希望在游戏中建立一种玩家互惠机制以增加游戏的乐趣性，但总有一部分玩家讨厌这种机制。"徐拉拉"还讲述了自己的一个经历：

> 我记得当时还是"燃烧的远征"版本，我玩的是一个法师，有一次跟着一个团打黑庙（黑暗神殿，一个25人大型副本），打到F4的时候（伊利达雷议会，由四个BOSS组成的关卡），团长在没有征求我意见的情况下让我去当法师T（负责拉住高阶灵术师塞勒沃尔，其中最重要的就是利用法师的"法术偷取"技能偷取BOSS身上的抑制魔法buff，这是此关卡通关机制的一部分），可是我根本就不会，但是又不敢说，结果因为我的不会导致团灭（战斗失败），团长一直在骂我。结果几次团灭后，我直接被踢出团队，那一瞬间我太难受了，一种深深的挫败感让我一度产生了再也不玩游戏的念头。

"徐拉拉"的这种情况可能会导致恶性循环，因为对当时的她来说，游戏可能不再有趣，但"徐拉拉"又不得不和其他玩家继续进行游戏，因为其他人依赖她在游戏中的职业技能，不负责任的退出可能会招致更严重的后果。

同"徐拉拉"一样，很多人声称自己"社恐"。当前，"社恐"青年的社会交往建立在数字媒介和现实世界的日常观照之上，杂糅了恐惧、焦虑、向往等多重心理状态与情感诉求。"社恐"不仅指涉当代青年对社会交往的个体理解，也表征了他们在时代转型中的生存境遇。[1] 他们进入虚拟世界，一部分原因就是想要逃避现实世界的社交活动，却又不得不面对虚拟世界的社交。很少有游戏能像《我的世界》一样让玩家独享一个只属于自己的虚拟世界，很多游戏都要通过相互交换物品或者团队合作才能推进游戏进程，这似乎对"徐拉拉"这样的玩家很不公平。为了回应这样的诉求，《魔兽世界》在此后的版本中相继推出了"自动组队"系统和"团队查找"

① 段俊吉. 理解"社恐"：青年交往方式的文化阐释[J]. 中国青年研究，2023（05）：95-102.

系统，通过系统自动搭配团队职位的方式尽量避免"徐拉拉"的尴尬遭遇，让像她这样的玩家能够独自体验艾泽拉斯世界。

像"徐拉拉"这样的玩家并非少数（这也是诸如《我的世界》这类非社交游戏大火的原因之一），或许这就是虚拟世界包容性的一种表现。在虚拟世界中可以搭建一个属于自己的世界，但也面临这样一个问题：能不能在虚拟世界中切断所有社会关系，尽情享受完全属于一个人的世界？

这种较为极端的情况在现实世界肯定不可能发生，尽管自古以来就有很多人向往过上世外桃源的生活，但马克思主义关于"联系普遍性"的论述早已证明任何人都不可能切断自己的社会关系。虚拟世界只能提供一个暂时性的可能，例如，在玩《我的世界》时，可以戴上耳机、关闭手机，全身心地在游戏中搭建一个独属于自己的世界，但这仅仅是暂时性的，哪怕不借用游戏，一个周末的独处也可以满足这种需求，所以虚拟世界虽然具有包容性，依然无法打破人类社会运行的基本原则，因为人不可能永远生活在虚拟世界之中。虚拟世界能够为"徐拉拉"这样对低效能社交需求的玩家提供一个空间，让她得到暂时的缓冲，因此也成为虚拟世界社会关系的一种模式，但在游戏开发和学术研究中，这种模式却往往被忽略。

虚拟世界的四种差序格局类型其实都指向一个主要结论：在数字时代，社会关系是一个跨虚拟世界和现实世界的复杂关系网络。虚拟世界为每个人社会关系的构成提供了更多可能，而这种情况将会成为主流。费孝通提出的差序格局强调是针对中国社会的情况提出的，但虚拟世界的出现以及世界各国虚拟社交方式的相似性逐渐抹平了东西方社会关系构成模式的不同。四种类型的虚拟世界社会关系构成模式一方面会让人类社会的社会关系构成变得更为复杂，但另一方面也为每个人提供了更多可能，让每一个人都有更多机会构建起自己的差序格局体系，如果以更为宏大的视角来看，虚拟世界能够为建构更为和谐的社会关系提供巨大的帮助。

但我们对此也不抱有完全的乐观态度，有秩序就会有失序，在虚拟世界的社会关系构建过程中同样可能出现失序的情况。"徐拉拉"就是因为遭遇了社会关系的失序而感到沮丧和失落。虽然在虚拟世界构建社会关系的历史才发展了四十余年就已经如此复杂，却仍处于初步阶段，也就是各种类型模式的形成阶段，而如何让各类模式有序发展仍然需要一个漫长的过程，加之电信诈骗、匿名骚扰等各种违背道德甚至违法行为的发生，更是加大了虚拟社会的治理难度。就目前来说，在虚拟世界出现社会关系的失序经常发生，幸而社会各界都在努力打造一个和谐共处的虚拟世界。

第二节　虚拟组织

一、虚拟世界组织方式

伴随着社会关系而来的就是组织。组织最开始是一个社会学的概念，但人类学家们在进行田野调查时，不可避免地会遇到组织问题。例如，在一个村庄里调查村民的社会关系网络，就肯定会遇到"他们是怎么组织起来的"这个问题。差序格局是以个人为中心形成的社会关系结构，但是当很多"个体"之间的社会关系互有交集时，一个社会网络徐徐展开，而为了让这张大网变得有序，组织便开始发挥作用。

关于组织的探讨大多会从管理学的角度出发[①]，为了契合本书的主题，我们更愿意从人类学的角度来探讨组织，人类学对此有一个专门的分支学科，叫作"组织人类学"。

组织人类学的研究最早是从乡村研究开始的，葛学溥（Daniel Harrison

① 尹利民，聂平平，曹京燕，芦苇. 公共组织理论 [M]. 武汉：华中科技大学出版社，2022；金东日. 现代组织理论与管理 [M]. 天津：天津大学出版社，2003.07；叶正茂，叶正欣. 组织人力资本论：人力资本理论的拓展研究与应用 [M]. 上海：复旦大学出版社，2007.

Kulp）在广东汕头凤凰村的调查可以算是组织问题研究的开端。[①]之后，葛伯纳（Bernard Gallin）、玛杰里·沃尔夫（Margery Wolf）、孔迈隆（Cohen Myron）、武雅士（Arthur Wolf）等西方学者先后开展了中国乡村组织研究。[②]这一时期的组织研究重点放在家庭身上，因为在他们看来，中国乡村的组织形式是以家庭和宗族为核心组织起来的社会体系。[③]在血缘之外，地缘和业缘也在乡村社会的组织生活中发挥着一定作用，所以在宗族不发达的社会或无宗族社会，同乡组织、水利组织、青苗组织等乡村基层组织也成为人类学组织研究的对象。直至今日，城乡社会剧烈变迁所引发的传统组织应对与重组，已经成了人类学新的关注点。[④]基于复杂的组织关系，人类学将组织分为正式组织和非正式组织。正式组织遵循的是效率原则，非正式组织则注重情感联系。[⑤]

人类学家对组织的研究卓有成效，通过组织视角的透视，有效地揭示出一个乡村的运作逻辑。例如，堂安侗寨作为西南少数民族村寨典型代表，具有"低分化自整合"的特征。这类村寨历史上长期远离中央王朝，依据村寨力量实现自治的能力较强。虽经历国家建构和市场化的冲击和影响，但村寨较强的社区记忆、传统交往空间信息化拓展、农耕经济的延续与核心家庭的相互嵌入以及短期内难于消除的城乡二元结构等因素相互叠合，使村民在社会转型背景下依旧保持较强集体行动能力，为村寨公共服务的

---

① Kulp D.H.,Country Life in South China:the Sociology of Familism,Vol.1,Phoenix Village, Kwangtung,China,New York:Bureau of Publication,Teachers College,Columbia University, 1925.

② Gallin B., Hsing-Taiwan H.A Chinese Village In Change.Berkeley:University of California Press, 1966; Wolf M. Women and the Family in Rural Taiwan. Stanford: Stanford University Press,1972; Myron C.House United,House Divided: The Chinese Family in Taiwan. New York: Columbia University Press,1976; Wolf A.Marriage and Adoption in China, 1845-1945, Stanford:Stanford University Press, 1980.

③ 庄孔韶. 行旅悟道：人类学的思路与表现实践 [M]. 北京：北京大学出版社，2009：159.

④ 庄孔韶，方静文. 作为文化的组织：人类学组织研究反思 [J]. 思想战线，2012，38（04）：7.

⑤ Hsiaotung F. Peasantry and Gentry: An Interpretation of Chinese Social Structure[J]. American Journal of Sociology, 1946(52):1.

有效供给提供重要的社会基础。①得益于人类学家的功效，地方政府可以很有效率地建立基层组织体系以实现对社会的有效治理。

虚拟世界为组织理论提出了新的挑战。在一个没有血缘关系、没有家庭关系的世界，如何整合复杂的社会关系成为组织理论不得不考虑的问题。要理解这个问题，就要从虚拟世界如何建立组织进行分析。

在《魔兽世界》中，有两种组织类型：一类是由NPC组建起来的组织，一类是由玩家建立的组织。先来看由NPC们组建的政府组织，以联盟阵营的暴风城王国为例：

> 暴风城王国的最高统治者为国王。通过游戏介绍，可知在政权建立之初，国王得到了铁马兄弟会成员们和北郡修道院的牧师团体的支持，这两个组织可视为议会组织，咒术师则是国王的近臣，负责对国王提出建议。在第二次兽人战争之后（一场人类与兽人的大战），以泰瑞纳斯·米奈希尔、玛拉·弗塔根、大主教阿隆索斯·法奥为代表的贵族开始兴起，瓦里安国王开始实施分封制，将领土分给贵族统治，结果导致各个封国分崩离析，形成了七大王国。之后，石匠兄弟会（铁马兄弟会）和贵族议会之间（牧师团）的分歧引起了暴动，女伯爵卡特拉娜·普瑞斯托夺得政权，国家进入贵族统治时期。安度因·乌瑞恩由于国王年幼，所有的政治事务都由伯瓦尔·弗塔根和女伯爵卡特琳娜·普瑞斯托从旁协助，直到他父亲瓦里安·乌瑞恩归来，国王才重新掌权。②

从这段资料可以看出，暴风城的政府组织结构包括国王、议会、各部大臣等，游戏设计者明显复刻了现实世界的政府组织结构（包括历史上的和现在的），如果按照组织类型的划分，很明显这种组织结构属于正式组织。

---

① 陈志永，刘锋.社会转型背景下村寨集体行动何以可能：堂安侗寨村民自组织能力的社会人类学考察 [J].黑龙江民族丛刊，2018（05）：88.

② 以上资料来自暴雪官网。

但另外一个问题接踵而至：在正式组织的定义中，正式组织是为了提高社会的运行效率，在虚拟世界中，这样由 NPC 构成的社会组织是否会提高社会运行效率？

考量社会运行效率主要是通过具体的公共事件来进行判断。①在现实世界中对公共事件进行深入研究，就能够判断正式组织在其中所起到的作用。但在虚拟世界中这样的考察却变得复杂起来，在《魔兽世界》中有很多公共事件，例如，敌人入侵、双方阵营交战等，以国王为代表的政府组织带领军队有效抵挡了敌人入侵，如果从这一角度来看，NPC 所组成的这种正式组织能够发挥有效作用。

但如果加入玩家这一因素后，整个逻辑体系就会发生变化。游戏中，玩家参与公共事件并不是集体参与，而是通过任务和副本的形式轮流参与（详见第二章），于是就会出现这样一种情况：每当一个玩家开始任务或者进入副本体验气势恢宏的重大公共事件，NPC 则会按照剧本进行机械地演绎，玩家虽然参与其中，但无法改变整个事件；反之，当下一个玩家进入其间时，NPC 会重复一遍整个流程。这就意味着无论 NPC 所组成的这种组织体系如何精密，对所有玩家的影响都是一样的，也就是说，这样的组织形式对所有玩家的游戏活动效率影响都是一致的。既然对玩家没有效率高低的影响，那么 NPC 所组成的社会组织也就是一个无效的社会组织。

所以，花费更多的时间分析游戏中由 NPC 组建的社会组织毫无意义，他们只是设计者为了增强玩家的游戏体验而借鉴现实世界的社会组织形式所设计出来的一个背景而已，只能说设计的精巧与否对玩家的体验有一定影响，但不能说对玩家的组织效率提升有影响。

因此，我们的重点仍然是放在玩家的组织形式上。在《魔兽世界》中，玩家的主要组织类型由简单到复杂依次为：小队、团队、工会。从组织结

---

① 王晓慧.人类学视角下的传统社会组织结构研究：以五指山杞黎的合亩为例 [J].青年研究，2012（02）：69-82+95-96；姜似海.农村青年互益组织发展的功能与局限：滇南良心寨村"弟兄协会"的社会人类学考察 [J].青年研究，2019（02）：82-93+96.

构上，小队共有 5 人组成，1 人为队长，队长有邀请或者踢出队员的权力，同时负责队伍职业的分配。团队人数为 10—40 人，团长 1 人，团长有邀请或者踢出队员的权力，并且负责团队各职业的组合分配，同时设立团队助理数名，助理只有邀请或者踢出队员的权力。公会是《魔兽世界》中规模最大的玩家组织，人数上限可达数千人，公会设有会长 1 名，公会官员数名，公会会长负责管理公会日常事务，包括添加公会成员、组织公会活动（一般都是副本活动）、管理公会银行、选拔公会官员、管理公会成员装备修理费用等，官员负责协助会长管理公会，如协助添加公会成员、组织公会活动（一般都是副本活动）等。

游戏中各级组织的有效运作能够显著提升玩家的装备获取效率。以小队为例，在一个 5 人组成的小队中，至少需要 1 个防御性职业（简称 T，如防御天赋的战士或者圣骑士等）、1 个治疗职业（简称治疗，如治疗天赋的牧师或者萨满等）、3 个伤害输出职业（简称 DPS，如近战伤害职业的潜行者、死亡骑士；远程伤害职业的法师、术士等），其中 3 个伤害输出职业还要有近战和远程职业的搭配，这样一个合理的团队结构才能够更有效率地打通副本获取奖励，虽然游戏规则允许其他类型的组合进入副本（曾有玩家尝试 5 个 T 或者 5 个治疗职业也能够通关副本），但这样会显著增加副本通关地难度并且需要花费更多时间，因此，一个合理的小队组织架构就显得至关重要。由小队扩展至团队同样如此，团队成员的搭配、配合以及团长的正确指挥都是决定能否通关副本得到奖励的重要因素，团队的成功取决于连贯的群体建立和共同的组织激励而不是个人能力，有序的团队和小队组织能够明显提高玩家通关副本并获取奖励的效率。

公会组织则显得更加复杂，在较早期的《魔兽世界》版本中，需要组建 10 人或者 40 人是十分麻烦的，因此，公会的活动机制就是在每周固定时间由会长或者官员组织公会活动以通关副本。玩家"小胖"回忆了公会活动高峰时期"燃烧的远征"一个周期（《魔兽世界》的大型副本机制为一周一次刷新，即大型副本一周只能获取一次奖励）的公会活动，记录如下：

我们的公会名叫"安其拉"，是我们服务器规模最大的公会之一。公会活动制度之比较严格，当时服务器是每周二更新，所以活动时间都定在每周二晚上七点三十，每到这个时候公会成员就会上线，最多的时候会有七八十人上线，会长就会分三到四个团，每个团三十人左右，都包含四五个替补队员，会长会带一个团，其他几个团会分给副会长。周二晚上固定打"太阳井"副本，我是主力T，所以经常被拉进一团，有时候是会长直接指挥，有时候是公会其他官员负责指挥，因为会长在培养新的团长，计划让一批公会官员掌握指挥团队的能力，然后就能独当一面自己开团，这样就能扩充公会的力量。每按时参加一次公会活动，就会积累一定数量的DKP（Dragon Kill Points，屠龙点数，一种积分制度，每击杀一个BOSS，就付出DKP来竞拍BOSS掉落的装备，所以参加公会活动越多，DKP就越多，就能获得更多更好的装备）。毕竟比去外面参加"野团"（非公会组织的团队），公会团无论从专业性还是配合度都是最好的，所以更容易通关获得装备，因此，一到周二晚上我都会按时上线，一段时间后我的DKP越来越多，装备也越来越好，甚至一度达到最好，以至于团队都离不开我了，因为我的装备和技术能够带着大家顺利打完整个副本。除了周二，我们公会活动的日程很稳定，周三晚上就打"黑庙"（"黑暗神殿"副本），周四晚上是"小号团"，专门带小号的，周五是"卡拉赞"（"卡拉赞"副本）等小团，周六周天自由活动，有时候还会在周末开金团（金币交易装备团，具体见第六章）。参加这些活动都可以积累DKP。当然，会长不可能带领所有活动，有时候就会给公会官员分配任务，有的负责"黑庙"团，有的负责"小号团"等。我有段时间也是公会的官员之一，分给我的就是"小号团"，所以周四晚上我也要上线去带团，后来实在太累了，就连我的小号装备都到头了，也就不当了。会长又会分配新的团长，当然有时实在没人的话，我还是会去帮帮忙。后来ICC开了以后（"巫妖王之怒"版本），我们公会当时为了冲阿尔萨斯首杀，几乎每天晚上都有活动，尤其是公会主力必须上线，不然就会被扣大量的DKP，虽然最后没有争取到首杀，但那段时间还是积累了不错的装备。就是太累了，每次和上班似的，一到点就要上线，迟到一下都不行，要么就被扣 DKP，要么就会被取代，真的比上班还像上班，为了这个事当时逃课还是挺厉害的（笑）。

从"小胖"的表述中可以发现他所说的"安其拉"公会有着完整的组织架构，还有稳定的活动时间表，并且建立起了一套较为完善的管理制度。在这一系列的组织架构之下，"安其拉"公会成为当时服务器中规模最大的公会，许多玩家慕名加入，一旦加入该公会的体制，就能更快地获取装备，在这套组织架构之下，玩家的游戏效率也得到了提高。到此为止基本可以判定，小队、团队和公会就是《魔兽世界》中的正式组织，这些正式组织存在的目的就是为了提高玩家获取装备的效率。

当然，有正式组织就有非正式组织。在游戏中，非正式组织就是玩家自发组建的社区、QQ 群或者微信群等。前文提到非正式组织的主要作用是维系情感。之前已经讨论了在虚拟世界中差序格局形成的逻辑，在各种差序格局的交汇下，虚拟世界中志同道合的玩家便会相互邀约组建各种群组，以下就是一个《魔兽世界》玩家微信群的日常聊天内容：

歌：还有人吗？打个 25 人 TOC（"十字军的试炼"副本）啊！

卧梅幽闻花：明天再打。

卧梅幽闻花：今天没空。

Lucky star：是要去买橘子吗？

八风不动：等我给他送橘子，等等啊，过了月台就到了。

王军：老梗。

多吃甜食：@歌

歌：人呢？开 2 车 10 人 toc 啊！

歌：都哪去了？

王军：其他怀旧服搞搞啊，总刷 toc 完全不是个事。

歌：不玩 60 级。

刘伟：今晚没空上线了。

歌：那我俩去混野团了。

歌：冬拥湖 20 层 BUFF，看柯基 1V2 我都不带下马的，下面 3 个塔来回杀。

王军：一边杀一边唱 loser 么？

王军：8 爷的歌，我也喜欢听。

歌：我负责飙车光环，他负责杀人，380% 的伤害加成。

多吃甜食：下午洗个光掌。

多吃甜食：追得上 qs（圣骑士）。

卧梅幽闻花：等等，我也起个暗牧去。

歌：小心对面狙击，20 层 BUFF 的 3 AM（暗牧），最多打几个？

卧梅幽闻花：我感觉打 10 个问题不大吧。

多吃甜食：冬拥湖。

歌：五分钟。

多吃甜食：已经开始了。

歌：我还没到家。

多吃甜食：你到家估计结束了。

歌：（沮丧表情）

多吃甜食：赢了。

多吃甜食：结束。

歌：我电脑刚启动。

多吃甜食：这几个。

多吃甜食：都会打。

歌：那是没遇到 LM10 辆车守家的。

歌：眯一会儿，睡醒再玩。

多吃甜食：小强伤害真的高，碾压局我挨个上 dot 伤害都打不过。

歌：我给牧师也换了几件。

多吃甜食：等会给你切点石头。

歌：天赋也洗了。

卧梅幽闻花：明天就搞，今天上不了。

中的执念：论治疗骑的重要性。

Lucky star：意思你要玩个治疗了？@多吃甜食，dkt（防御天赋死亡骑士）什么专业？

Kevin：工程。

多吃甜食：还有一个嘞？

Kevin：珠宝或者锻造？

多吃甜食：消失的大炮是谁？

歌：还没到家。

以上类型的聊天在各类游戏群中十分常见，主要特征都表现为主题短暂、逻辑跳跃以及极大的随意性。相比公会这样组织严密的体系，这些群聊显得松散而随意，但从中可以发现在这种看似随意的聊天间，玩家的情感得到维系，他们或是相互邀约共同进行游戏，或是讨论生活中的点滴。在群聊中没有一个特定的目的，不像公会活动就是为了通关副本然后获取装备，因此，这类群聊的主要作用就是维系情感，也就是非正式组织的一种典型特征。

当然，并不是所有的群聊都是非正式组织，尤其在一些工作群中，上级会在群里分派任务，成员接到任务后前去实施，之后又在群里反馈等。在这种类型的群中，又会出现体系结构严密、分工具体、目的明确的正式组织。在游戏中，一些临时组建的"野团"也会出现松散和随意的情况，因此，我们判断组织的类型并非是以形式为基础，而是以特征为主旨，正式组织和非正式组织既有区隔，也可能会相互转化。

总之，从以上现象可以发现，对于玩家来说，《魔兽世界》中同样有正式组织和非正式组织，这两种组织构成了玩家在游戏中能够参与的所有组织形式。除了《魔兽世界》以外，其他游戏也会出现组织类型，再扩大至整个虚拟世界，会发现组织在虚拟世界中存在的必要性。那么在虚拟世界中，组织的本质与现实世界有何不同？组织在虚拟世界存在的意义又是什么？

二、虚拟世界组织的本质及意义

在现实世界中，组织形成的三大基础是血缘、地缘、业缘。[1]但在虚拟世界中，唯有业缘的存在。因此，我们无法从血缘和地缘来考察虚拟世界的组织系统，于是我们将重点放在业缘上。

以生产关系的视阈考虑组织的构成就不得不提到斯科特（W. Richard Scott）和戴维斯（Gerald F.Davis）的组织理论，他们从理性、自然和开放的视角定义了组织：

从理性视角出发，组织是意在寻求特定目标且具有高度正式化社会结构的集体；把组织看作一种自然系统，可以得到关于组织的第二种定义：组织是这样一种集体，其参与者追求多重利益，既有共同的也有不同的，但他们共同认识到组织是一种重要的资源以及保持其永续长存的价值；最后，我们给出根据开放系统视角的第三种定义：组织是相互依赖的活动与人员、资源和信息流的汇聚，这种汇聚将不断变迁的参与者同盟联系在一起，而这些同盟则根植于更广泛的物质资源与制度环境。[2]

斯科特等人的理论可以很好解释虚拟世界中组织的本质。特定目标、追求利益以及资源获取是虚拟世界中组织得以形成的基础。通过前文"小

---

[1] 庄孔韶，方静文.作为文化的组织：人类学组织研究反思[J].思想战线，2012，38（04）：7-12.

[2] W.理查德·斯科特，杰拉尔德·F.戴维斯.组织理论：理性、自然与开放系统的视角[M].高俊山，译.北京：中国人民大学出版社，2011：30-33.

胖"的回忆就会发现，他加入公会最主要的目的就是获取更好的装备以让自己变得更为强大。公会组织自身也在培养团队、拉动会员以争取更多的力量，但这样的讨论似乎逐渐陷入功利性的目的论中。如果摒弃目的论，在虚拟世界中不加入组织是否能够生存呢？《魔兽世界》中曾出现过一个非常著名的玩家名为"三季稻"，其所选取的角色是一位亡灵法师，常年穿梭在暮色森林和荆棘谷中击杀低等级联盟玩家，两年时间一共完成了 12 万次击杀。① 他这种频繁的击杀行为导致联盟玩家难以进行游戏，从而招致大量围攻，"三季稻"也由此成名。如果单独分析"三季稻"事件就会发现他的游戏乐趣在于击杀小号，而这样乐趣的获得并不需要加入任何公会或者小队之中。在《魔兽世界》中，有着大量的无公会玩家，在游戏中我们找到一位无公会玩家"摇尾巴的猫"并进行了在线访谈。他 / 她解释了自己不加入公会的原因：

> 我是个休闲玩家，没事就做做任务看看剧情什么的。我对装备也没什么执着的追求，一开始也加过几个公会，后来这些公会也没什么活动，更没什么人聊天，没什么意思，我也就退了。后来游戏开了团队查找功能（一种自动组队功能）那就更没意思加入公会了，想打副本就组下随机团队跟着玩一下就行。

可见，《魔兽世界》允许玩家不加入组织进行游戏，甚至为此提供便利（团队查找功能）。这种情况在现实世界是难以实现的。现实世界中的组织无处不在，一个人的成长经历就是在不同的组织间游走，例如，为了学习就要加入班级组织，为了获取报酬就要加入工作组织，甚至一出生就加入了家庭组织等，一个人在现实世界中不可能长期处于"无组织"状态中。

---

① 正惊小弟. 魔兽最富争议的玩家？ 2 年击杀 12 万小号，如今直播仅有 3000 个订阅 [N].17173 游戏网，2019（11）：https://baijiahao.baidu.com/s? id=1651414118363661427&wfr=spider&for=pc.

从哲学意义上来看，无组织是有组织的基础，没有无组织的事物就不可能衍生出某种组织。另一方面，从原有的组织走向更高级的新组织，中间需要"无组织"这个特定的演化阶段，即无组织与有组织在矛盾对立中实现否定之否定的发展，这是二者的相互对立性，无组织与有组织又在相互否定的矛盾运动中实现相互转化。① 所以，人不可能完全处于一种无组织状态，在无组织到有组织的循环中，会产生三种有组织模式："自组织—他组织""自组织—被组织""自组织—组织"，以及被组织和他组织的非自组织模式。人造系统是被组织的，他组织指组织化的指令来自系统外部而系统不是人造系统。当组织结构和功能的形成是由于系统内部原因，没有外界的特定干涉时，便认为体系是自组织的，自组织分为无意识自组织和有意识自组织。就社会系统来看，当其发展演化不是出于人为设计安排，是长期的动态多方多阶段博弈形成其结构时，称为"无意识自组织"；当社会制度和组织结构是人为安排，却符合社会系统特性时，称之为"有意识自组织"。事实上，有意识自组织与被组织是很类似的。②

让我们以这样的逻辑思维带入"摇尾巴的猫"的行动中就会发现这样一个轨迹：他／她以无公会无组织自居，却又加入小队或者随机团队去打副本，并在其中发挥自己应有的作用，实际上，他／她确实处于了一个组织之中，只不过这个组织没有外界的特定干涉（无人组队、无人指挥），而小队或团队机制又是人为安排的，并符合游戏运行的逻辑，成为有意识自组织。

当然，还会有另外一种情况，就是在单机游戏之中是否还存在组织。试想玩家进入游戏操控虚拟角色，戴上耳机阻隔外界声音，甚至还断开互联网，全身心地投入虚拟世界之中。在这一瞬间，这位玩家所操控的虚拟角色是否存在于组织之中？在第二章中我们讨论了虚拟世界"化身"的本

---

① 沈筱峰，吴彤，于金龙. 从无组织到有组织，从被组织到自组织 [J]. 自然辩证法研究，2013（08）：123.

② 孙锐，王战军."自组织悖论"与社会组织进化动力辨识 [J]. 清华大学学报（哲学社会科学版），2003（06）：69.

质，即虚拟世界的"化身"不是一个独立的对象，而是现实世界中实实在在的人的延伸。所以要注意的是，在上述讨论中加入组织的并不是"化身"，而是玩家，也就是实实在在的人，不管是加入公会、团队、小队还是微信群，都是玩家自主能动地加入，而不是虚拟"化身"自动加入，所以我们要讨论的其实不是虚拟"化身"的组织，依然是现实中的人。哪怕他们切断网线、戴上耳机，能够隔绝网络信息传递和外界的声音，但无法隔绝社会，看似在这一瞬间处于无组织状态，但依然处于家庭组织、社群组织等相关组织中，甚至还可能存在于多个无意识自组织，而正是这些组织的存在，才能够让他们获取报酬购买电脑，也是因为这些组织的支持才让他们在这一段时间能够全身心地投入游戏中。要注意的是，无组织和有组织相互对立且相互转化，无组织必然会转化为有组织，有组织又会解构为无组织从而促使个人进入下一个组织。所以，还是刚才所强调的，没有人能处于长期的无组织状态。

这个问题再讨论下去似乎会陷入哲学的命题，这也不是我们要讨论的重点。[①] 以上论述至少可以证明，在虚拟世界中，组织同样无处不在，组织理论在虚拟世界中依然有着强大的解释能力。在虚拟世界中同样有正式组织和非正式组织两种形式，也都具备非自组织和自组织两种组织过程，但有一点必须明确，虚拟世界中的一切组织都是现实中"化身"背后的操作者所构建的群体形式，NPC 的组织不具有组织的特性（哪怕 AI 技术发展后，在运算的加持下，NPC 的组织也不能称为真正意义上的组织），但不可否认的是，虚拟世界的组织为我们提供了更多的组织选择，也确实为我们在虚拟世界中的发展提供了帮助。因此，我们的研究应该进一步关注如何优化虚拟世界的组织形式以让人们在虚拟世界中获得更多的便利。当然，虚拟

---

① 关于哲学领域的组织问题可参看以下著作：埃里克·詹奇.自组织的宇宙观 [M].曾国屏，等译.北京：中国社会科学出版社，1992；曾国屏.自组织的自然观 [M].北京：北京大学出版社，1996；许国志.系统科学与工程研究 [M].上海：上海科技教育出版社，2000；沈华嵩.经济系统的自组织理论 [M].北京：中国社会科学出版社，1991.

世界的组织对现实世界的影响力日益增长。现今，虚拟世界存在着各类组织，有的组织在努力推动社会的发展，有的组织却在破坏社会秩序。司法体系的不断进步在规约着虚拟世界组织的发展，道德教育也在其中发挥着重要的作用，虚拟世界将组织结构变得越来越复杂。对组织问题的研究不仅仅是在虚拟世界，如果通过调控虚拟世界的组织而促进现实世界的发展在目前数字时代背景下显得至关重要，很多学者的目光已经从现实世界的组织研究专项虚拟世界。①从早期的 BBS 到论坛，到各类游戏组织，再到"饭圈""粉丝群""水军"，各种组织形式可谓层出不穷，虚拟世界组织对现实世界的影响力越来越大，甚至出现了失控，而现有的研究明显过于滞后，难以及时解析这些新兴组织的行动逻辑，这或许就是虚拟世界带给组织理论的重大挑战。

另外，在社会学或者管理学的领域中，往往习惯于从宏观角度去看待组织，着重分析组织的结构、制度、过程等问题，其目标是更好的管理组织以发挥组织的最大作用。这一点在以斯科特为代表的组织学家们的研究中体现得淋漓尽致。正如斯科特在《组织理论：理性、自然与开放系统的视角》一书第一章导论部分所提到的那样：

至此，我们已从多个方面论证了组织值得关注。列举的所有论点都源于组织的社会意义：它们的广泛性、对权势和地位的影响以及对个性和业绩的作用。组织研究价值的另一个理由在于它的社会学意义：对组织的研究可以加深我们对社会的理解和认识。组织是许多基本社会过程的基础，例如社会化、沟通、等级化、行为准则的形成、权力的运用以及目标的设定与实现。如果这些基本的社会过程发生在组织之内，那么通过组织研究

① 邢永杰.虚拟组织 [M].上海：复旦大学出版社，2008；张保仓.虚拟组织持续创新 [M].北京：经济科学出版社，2021；李敬波，徐亿军，赵玉华.虚拟组织管理模式研究 [M].哈尔滨：哈尔滨地图出版社，2004；张大钟.虚拟社区组织公民行为：概念、形成与影响 [M].上海：上海大学出版社，2015.

所获得的有关规律和知识就会帮助我们认识其他类型的社会系统。一般而言，发生在组织内部的这些过程——沟通、社会化、决策等，正式化的程度更高。我们相信，组织研究能够加深我们对这些一般社会过程如何在不同的社会结构中发生的认识，从而对社会学做出基础性的贡献。

此外，组织本身就是一个复杂的社会过程集合，其中有的过程延续现有的行为模式，有的则挑战、颠覆、抵触或者改造当前的常规。个人行动者既受制于现存结构，也利用和修改它。米尔斯在《社会学想象》一书中认为，社会科学家的作用就是在社会结构中的传记与历史的交叉处寻求意义和解释（Mills，1959）。当组织成为具有代表性的社会结构时，了解组织如何运转无疑会极大地帮助我们解释其参与者的行为与经历。比如对社会分层问题的研究——社会财富与收入分配的平等（或不平等）程度及其原因。①

如果用人类学的眼光来看，我们更希望从个人角度来看待组织，而不是把个人视作组织的一个部分，毕竟人类学研究的是一个个活生生的人而不是一个庞大机器中的零件。但要注意的是，我们并非以"原子论"将个体分成一个个独立的单元（事实上我们很反对这一点），仍然是在社会关系网络架构之下看待个体，只不过我们所关注的是个人的情感、文化、思想在一个庞大组织体系掩盖之下的表达，以人本主义的视角对待每一个为组织带来利益的个体，正是无数的个体赋予了组织有意义、有活力的文化。

以霍桑实验为代表的早期研究是将组织从其社会背景中抽离出来，作为特定的个体进行研究，之后的情境研究及向上研究视角已经逐步将组织视为嵌入更广阔社会系统的一个组成部分，不仅研究组织本身，同时还研究组织与社会系统的关联及互动，并不断回归与创新运用民族志方法，形

---

① W. 理查德·斯科特，杰拉尔德·F. 戴维斯. 组织理论：理性、自然与开放系统的视角 [M]. 高俊山，译. 北京：中国人民大学出版社，2011：8-9.

成将文化概念、人际关系与社会情境作为整体进行分析的理论取向。[①] 人类学的组织观察，除了考虑大文化（如族群文化）影响下的组织文化延续与变迁进程、速率及深刻程度，也要重新考量高科技、市场与信息推动的组织文化中的意识形态以及消费者、性别、权力等方面。现代组织的急剧文化变迁，究竟是停留在"机器"与"生物体"系统层面，还是推进到组织文化参与者的思维、哲学、族群认同层面，或许是并存的，不能一概而论，而要看当今全球化过程中文化多样性对特定组织的具体影响状况。因此，在管理学对组织文化的研究层位较为固定的情形下，人类学总是随时提醒文化传统和文化变迁的联动问题，以及达成快速联络的信息社会对组织文化的关系性影响，特别是权力的生成与组织变动的决断过程—— 一个现代意义上的主动的组织文化变迁线索。否则，我们将难以"发明一个更大秩序的表征"。[②]

基于此，我们接下来将关注虚拟世界中贯穿于各类组织体系的历史与文化问题。

① 袁同凯，陈石，殷鹏.现代组织研究中的人类学实践与民族志方法 [J].民族研究，2013（05）：54+124.
② 庄孔韶，李飞.人类学对现代组织及其文化的研究 [J].民族研究，2008（03）：108-109.

第四章　历史书写：虚拟的历史及意义

　　所有田野调查必然要记录历史，因为这是人类学研究必不可少的内容。当人类学家踏足一个村庄之时，都会思考这个村庄从何而来，于是历史、历史记忆、历史遗迹等图景便一一展现出来。但毕竟人类学家不是历史学家，列维－斯特劳斯明确指出过：历史学是从社会的有意思的表达方面来组织其资料的，而人类学是通过考察他们的无意识的基础来进行研究的。[①] 由此诞生了人类学的一个分支——历史人类学。

　　历史人类学作为一种研究方法已经深入历史学和人类学研究的方方面面，研究领域涉及民族学、历史学、考古学、法学、艺术学等诸多学科，研究成果也颇为丰富，尤其是随着近几年新材料的不断出现，历史人类学的研究已经进入高峰时期。正是在这样的情况下，研究层次参差不齐，研究方式多样，这也导致对历史人类学的许多争论。当面对虚拟世界到来，这些争论更加明显：一是历史人类学的研究范围问题。由于历史人类学可以研究一切与人相关的文化，但文化也可能受到虚拟世界的影响，那么历史人类学的关注点是否应该从现实世界扩大到虚拟世界。二是历史人类学所使用的材料问题。历史人类学所使用的材料一方面是基本史料，另一方面是基于田野调查所取得的口述史材料，那么在虚拟世界中，历史材料从何而来？这依然是历史学和人类学在面对虚拟世界时遇到的一大困境。三是研究视角的问题。目前历史人类学的研究视角主要有两种，一种是历史人类学力图从"平民"的视角出发，构建一种"自下而上"的历史；另一

[①]　克罗德·列维－斯特劳斯. 结构人类学（第一卷）[M]. 谢维扬，俞宣孟，译. 上海：上海译文出版社，1995：22.

种是从历史事件的参与者或者文本中的作者等这些"他者"视角出发去理解"他者"的历史记忆，建构出"他者视角中的历史"。那么在虚拟世界中"化身"的历史记忆是什么？

以上几点争论成为历史人类学目前面临虚拟世界发展下的困境，核心问题就是：历史人类学应该以一种怎样的方法在虚拟世界展开研究？历史学家和人类学家似乎都不太关注虚拟世界的历史问题，历史学家习惯把目光放眼于遥远的过去，人类学家则深耕现实，二者在虚拟世界中似乎完全没有交集。

而文化源自历史的积淀，如果不搞清历史问题，很多文化现象就难以得到解释，因为文化现象来源于特定的历史情境，要解释清楚虚拟世界中出现的种种文化现象，就要从历史中寻找答案。这样的话又回到原点：虚拟世界的历史是什么？

第一节　被建构的历史

一、被建构的历史与虚拟世界自身的历史

在虚拟世界存在两种历史：一种是在虚拟世界中被建构出来的历史，一种是虚拟世界自身的历史。

先来看第一种，即在虚拟世界中被建构出来的历史。《魔兽世界》以恢宏而庞大的历史背景而著称，其中一部分是这样描述的：

光之海洋动静无常、瞬息万变。然而随着它日益扩张，一部分能量衰退变弱，留下一个个冰冷虚无的空洞。在这些光明无法照见的地方，一股新的力量渐渐形成。

这股力量就是虚空能量，它是妄图吞噬所有能量、扭曲万物如吸血

鬼般的黑暗之力。虚空的力量很快壮大，影响力也渐渐增强，进而开始跟光明的流波作对。两股对立却不可分割的力量间的紧张态势日渐加剧，最终引发了一系列灾难性的大爆炸，打破了万物的构造，产生了一个全新的界域。

在那一刻，物质宇宙宣告诞生。

……

随着初生的泰坦力量日益增强，在这一世界的地表开始出现游荡的元素之灵。历经多年之后，这些生物变得越发暴躁且破坏力十足。蓬勃生长的世界之魂变得如此巨大，吸引并吞噬了大部分第五元素——灵魂。少了这一创造平衡的原始力量，艾泽拉斯的元素之灵陷入一片混乱。

火、土、风、水——这些是在这个诞生伊始的世界上占有支配地位的四大力量，彼此之间冲突不断，使艾泽拉斯的地表涌动着无穷无尽的元素洪流。四大元素领主，强大得远超凡人的想象，成为无数低等灵魂的主宰。

……

这边的部落在苦苦挣扎、艰难求存，那边的联盟则在普天同庆、欢庆胜利。人类、矮人、侏儒与高等精灵都沉浸在大胜的喜悦中。然而欢庆过后，他们却要面临一个严酷的现实——生活再也回不到从前。

战争毁灭了整个东部王国，无数村庄城镇被部落血洗。从希尔斯布莱德丘陵到奎尔萨拉斯，从大路小径到山岭隘口，全都尸积如山，让人目不忍视。①

《魔兽争霸》系列以及其历史背景就是从"第二次大战"之后开始的。在暴雪公司官方出版的《魔兽世界编年史》中，从宇宙的诞生到艾泽拉斯世界的诞生，再到宇宙和艾泽拉斯世界所发生的一切都设定好了一个完整的历史发展脉络，最近有一个名词可以形容这种完整的历史叙述——"宇

① 克里斯·梅森. 魔兽世界编年史 [M]. 刘媛，译. 北京：新星出版社，2016：10，106，737.

宙观"。

这样的历史叙述肯定不能称之为"真实的历史"或者"典范的历史"，《魔兽世界编年史》一书的主要作者、暴雪娱乐资深故事及品牌开发副总裁克里斯·梅森在书的序言部分提道：

《魔兽世界》的宏观宇宙在过去二十几年的时间里不断壮大且成熟，实在令人叹为观止。从最初相对简单的游戏设定变成一个恒久不衰、生机勃勃的世界，每天都有数百万来自地球各地的玩家造访其中。

从构想诞生之日起，数百位技术人员、设计师、艺术家和剧情创作者一直在努力塑造着艾泽拉斯世界。正是这群才华横溢的天才，凭借着无与伦比的天赋与热情，齐心协力地将这个世界中的每个细节、故事和角色都刻画得如此丰富生动，让你恨不得……恨不得立刻脚踩火箭靴，拼尽全力去捍卫它。

而这一切都基于真实的历史感。魔兽世界的故事包罗万象，由林林总总的神话、传说以及改变世界的重大事件相互交织，加上玩家英勇不懈的努力，才最终造就了这个日新月异的广袤世界。

经过长达二十年的剧情设计，不计其数的种族、角色、怪物与重大时刻穿插其间，互联共生，构成了一张错综复杂的庞大关系网。这本编年史旨在将这一切串联起来，帮助读者理清贯穿魔兽核心的发展脉络。撰写此书也让笔者有机会从灿若繁星的故事堆中理出头绪，让这部虚构的历史能够起承清晰地跃然纸上。①

在这段表述中，克里斯·梅森承认这段历史是被构想出来的，是"经过长达二十年的剧情设计"而打造出的一个宏大的历史背景。如果将目光从游戏扩大到整个虚拟世界就会发现一个有趣的规律：所有的游戏、虚拟

---

① 克里斯·梅森. 魔兽世界编年史 [M]. 刘媛，译. 北京：新星出版社，2016：1-2.

空间都会有一个历史背景。这种类型的历史，我们暂且称为"虚拟世界中的历史"。

另外一种历史可以称为"虚拟世界"自身发展的历史。

《魔兽争霸》1994 年 11 月上市

《魔兽争霸 2：黑暗之潮》1995 年 12 月上市

《魔兽争霸 3：黑暗之门》1996 年 4 月上市

《魔兽争霸 3：混乱之治》2002 年 7 月上市

《魔兽争霸 3：寒冰王座》2003 年 7 月上市

《魔兽世界》2004 年 11 月上市

《攻陷黑翼之巢》2005 年 7 月上市，《魔兽世界》1.6 版本

《血神的崛起》2005 年 9 月上市，《魔兽世界》1.7 版本

《安其拉之门》2006 年 1 月上市，《魔兽世界》1.9 版本

《纳克萨玛斯之影》2006 年 6 月上市，《魔兽世界》1.11 版本

《燃烧的远征》2007 年 1 月上市，《魔兽世界》2.0 版本

《黑暗神殿》2007 年 5 月上市，《魔兽世界》2.1 版本

《祖阿曼》2007 年 11 月上市，《魔兽世界》2.3 版本

《太阳之井》2007 年 11 月上市，《魔兽世界》2.3 版本

……

《熊猫人之谜》2012 年 9 月上市，《魔兽世界》5.0 版本

……

《德拉诺之王》2014 年 11 月上市，《魔兽世界》6.0 版本

……

《暗影之地》2020 年 11 月上市，《魔兽世界》7.0 版本

……

从以上时间线可以发现《魔兽世界》本身也有一段长达三十余年的历

史发展过程，再加上前期的策划制作、过程中的运营以及嘉年华等各种事件，这条时间线会更加丰富。如果编写一部"《魔兽世界》制作与运营史"可能会是一本比砖头还厚的书籍。任何事件都有历史，其他的游戏、虚拟展馆在制作和运营中也会产生一条时间线，这就是"虚拟世界"自身的历史。

《魔兽世界》内的历史是一种被建构的虚拟的历史，而游戏的运营发展史却是实实在在客观发生的历史，两种历史的出现为历史学和人类学提出了一个难题：哪种历史才是研究的对象？

在探讨这个问题之前，先要理清人类学如何理解"历史"。

20世纪50年代开始，人类学家开始关注到人类学研究中出现的历史问题，马林诺夫斯基在晚年提出用人类学的功能理论来研究历史文化的变迁。[①]美国人类学家雷德·埃根非常支持马林诺夫斯基的这一研究方法，并且将功能论的理论运用到对美国历史文化的研究中来。[②]这种将人类学的理论引入历史研究中的方法，开始打破历史学和人类学的隔阂，并且在50年代形成一股学术思潮。虽然在这一时期，主要运用的理论还局限在功能论上，注重对历史的情景解读，并没有将人类学的理论全面运用到历史学的研究中，但也为历史人类学的形成提供了可行性基础。

20世纪60年代开始，历史学和人类学的结合开始变得明显起来。1961年，普里查德在一次演讲中说道：社会学的历史学家和人类学家都充分意识到，任何事件都有独一无二的特征，在阐释它时，这两点都要考虑到。如果一个事实的独特性丧失了，那么对它的概括就会显得太一般而没有什么价值；另一方面，如果没有被视作有规则的连续性，视作属于事件的某一类型，事件也就丧失了大部分甚至全部的意义。[③]这就说明，历史学和人

① 刘海涛.论西方"历史人类学"及其学术环境 [J].史学理论研究，2008（04）：77.

② Eggan F. Social Anthropology and the Method of Controlled Comparison[J]. American Anthropologist, 1954(05):745.

③ 爱德华·埃文斯-普里查德.论社会人类学 [M].冷凤彩，译.北京：世界图书出版公司，2010：130.

类学其实是有者共同的研究对象，就是对于研究者而言的"他者"。"他者"是与自我生活在不同的时空之中，不管是历史中的"他者"还是现时中的"他者"，都可以成为研究对象。1966年的社会人类学家学术会议在爱丁堡召开，主题便是"历史和人类学"，可以算是历史学和人类学第一次公开的合作。最先使用"历史人类学"这一名词的是法国人类学家、年鉴学派领军人物勒高夫，他在《新史学》一书中提出：或许是史学、人类学和社会学这三门最接近的社会科学合并成一个新学科。关于这一学科，保罗·韦纳称其为社会学史学，而我则更倾向于用"历史人类学"这一名称。[①]在20世纪70年代，年鉴学派开始主张利用人类学资料将史料的范围继续扩大，提出将"历史人类学作为扩大了范围的史学代名词"[②]。在这里，勒高夫主张历史学也要运用人类学的资料，所以在历史人类学概念出现之初，仅仅是关注资料范围的扩大和运用，其实人类学的研究从来都会或多或少地运用到历史资料，但反而历史学的研究是否应该用人类学的田野资料、口述史、传说等，一直存在争议。

　　直到20世纪90年代，历史学家转而关注那些不具有赫赫事功之人的态度与信仰，亦即是民众史的一种形式。[③]这样的转向使得历史学从关注"上层社会"转而关注"下层社会"。然而仅仅是研究平民的历史还是不够的，奥特娜强调如果要用历史来回答人类学的问题，就不仅仅要看简单地发生在人们身上的历史，而是他们身在其中的创造。在她的这一观点中，要求在历史人类学的研究中，既要注意到历史的研究，同时也要运用人类学的理论来分析历史的本质问题。从这些方面来看，历史人类学的学科归属依旧是人类学。正如人类学家大贯惠美子对"历史"的理解是：在过去

①　雅克·勒高夫.新史学[M].姚蒙，译.上海：上海译文出版社，1989：40.
②　雅克·勒高夫.新史学[M].姚蒙，译.上海：上海译文出版社，1989：95.
③　海伊.何为历史社会学[M]//肯德里克.解释过去，了解现在：历史社会学.王辛慧，译.上海：上海人民出版社，1999：36.

信息的基础上试图表现过去的一种解释或构建。① 人类学家依旧坚持人类学本位，当人类学家在研究文化的过程中不可避免地碰到历史问题时，人类学家并不认为自己在研究的是"历史"，更不是在为历史研究提供资料，玛丽莲·西佛曼和菲利普·格里福做的宣告有必要整段引用：我们必须认识，历史人类学的努力，不是为了给爱尔兰历史学家提供研究资料，正如这次学术谈论会上一位参与者所恰当表示的"我不以为我的工作是为爱尔兰的历史填空"。因此，作为在爱尔兰工作的历史人类学家，我们以为，对于爱尔兰历史（History）和史料编纂（Historiography）所需的工作，历史人类学家可以有所贡献。然而，爱尔兰的历史人类学有自己的过去、自己的现在，以及自己的时间表，这一点使它与爱尔兰的史料编纂学有别。更重要的是，通过人类学一般而言的跨文化传统，它将爱尔兰的历史人类学和其他国家在进行的和已经完成的历史人类学研究联系在一起。② 这一宣告尖锐而又指向明确，也代表了当时大多数人类学家的观点，即历史人类学是人类学中包含的历史。如此一来，历史人类学便出现了两种指向：一种是人类学中的历史，一种是历史学中的人类学。③ 玛丽莲·西佛曼和格里福对这两个概念做了较为精确的区分：人类学家"注意在时序编年和功能上将过去和现在联系在一起，以便参考过去来解释和了解现在"，还有一种是"过去时期

---

① Ohnuki-Tierney E. Culture Through Time: Anthropological Approaches[M]. Stanford University, 1990:6.

② 玛丽莲·西佛曼，P.H. 格里福. 历史人类学和民族志的传统 [M]// 载玛丽莲·西佛曼，P.H. 格里福. 走进历史田野. 贾士蘅，译. 台北：麦田出版股份有限公司，1999：38.

③ 关于这两种指向的称谓多有不同，古德曼称之为"民族志的史学"（ethnographic history）和"历史民族志"（historical ethnography），详见 Goodman,J.History and Anthropology[M]// Bentley,M.ed,Companion to Historiography. Routledge,1997. 人类学家西佛曼和格里福将历史人类学又分为两个类别：历史民族志（historical ethnography）和历史的人类学（anthropology history），详见玛丽莲·西佛曼，P.H. 格里福. 历史人类学和民族志的传统 [M]// 玛丽莲·西佛曼，P.H. 格里福. 走进历史田野. 贾士蘅，译. 台北：麦田出版股份有限公司，1999：18. 陆启宏称之为"人类学的史学"（anthropological history）和"历史人类学"（historical anthropology）两种。

的历史民族志"，这种历史民族志通常取决于档案资料的情况。① 这便区分出前一种即人类学历史的研究目光依旧是"共时"，只不过需要用过去来解释现在；后一种研究即历史中的人类学的目光是"历时"，完全用过去来解释过去，甚至可以用过去的过去来解释过去，而如何知道过去，就需要对档案资料进行收集和研究。这一点，就是"历史中的人类学"的研究路径。历史中的人类学一度被认为是历史学的"副产品"，因为和历史学一样，都注重文献资料的收集和研究，看上去和历史学十分相似，而人类学的历史才被认为是真正的人类学研究。

其实，历史人类学的诸多指向并不矛盾，只不过是视角的问题，正如赵世瑜说所：历史学有自己的历史人类学，人类学有自己的历史人类学。② 关键是看研究对象的时空存在，如果研究对象是"历时性的存在"，那就要用历史人类学中"历史中的人类学"指向来进行研究；如果研究对象是"共时性的存在"，那就要用"人类学中的历史"的指向来研究。

通过以上讨论，我们已经很清楚历史学和历史人类学之间的区别与关联。很明显，虚拟世界中的历史属于"共时性的存在"，因此完全没有必要去虚拟世界中"挖掘"历史，因为虚拟世界的历史作为一种被建构出来的历史明显不符合"人类社会的客观进程"，因此也就失去了历史学研究的基础。如果在虚拟世界中被囿于"历史"二字而没发现其本质，则十分容易陷入历史虚无主义的困境之中。

所以，我们也无意考证虚拟世界中的历史到底是真是假，这既无意义也没必要，而是从历史人类学的角度出发，分析"他者"如何看待历史，以参考过去来解释和了解现在。

---

① 玛丽莲·西佛曼，P.H.格里福.历史人类学和民族志的传统[M]//玛丽莲·西佛曼，P.H.格里福.走进历史田野.贾士蘅，译.台北：麦田出版股份有限公司，1999：26.

② 赵世瑜.小历史与大历史：区域社会中的理念、方法与实践[M].北京：生活·读书·新知三联书店，2006：370.

二、"他者"眼中的历史

首先来看玩家"小胖"对《魔兽世界》中的历史是如何理解的：

肯定要有背景或者历史，不然我们进去瞎逛吗？就像看电影一样，要是这个电影没有建立背景或者情节，就看这几个演员在里面走来走去的，那就没啥意思了。别的不说，要是游戏里面没有剧情、没有背景，一呢就是没有什么代入感，二就是没有什么意义。比如我去打一个BOSS，我为什么要去打他，总要给个理由吧！总不能进去见人就打或者什么也不打，就是在里面走来走去，那我为什么不去逛公园呢？

"小胖"的叙述中提到一个关键问题："比如我去打一个BOSS，我为什么要去打他，总要给个理由吧！"也就是说，游戏的历史建构中划分出了"正派"或"反派"，通过历史建构才知道游戏的目的是什么，否则就会"在里面走来走去"，虚拟世界就会显得毫无生机。

这就意味着在虚拟世界建构一个历史框架是为了提供一种行为的合理性，即为玩家的一切行动提供一种可以解释的框架。比如，在《魔兽世界》中，为什么联盟阵营玩家和部落阵营玩家可以相互攻击？为什么要去副本中击败BOSS？为什么要去往"外域"或者"暗影国度"？……这一切问题在一个被建构起来的历史框架中都能得到解释。不仅仅是《魔兽世界》，所有游戏都是在一个被建构的历史框架下进行的，例如《和平精英》的历史背景设定如下：

世界各国建立了一个名为"和平国联"的国家组织。某日，"和平国联"遭到袭击，为了选拔优秀的特种兵加入"和平国联"，于是举行"和平精英邀请赛"，全世界有意愿的人均可报名参加。最终赢得总冠军的队伍，不仅将获得第一代"和平精英"的荣誉称号，还能加入和平国联维和部队，成为守护和平的特种兵。

《和平精英》是一个生存竞技类游戏，玩家操控角色收集武器并与其他玩家在同一片区域中展开生存竞争，存活到最后的玩家将会取得胜利。如果抛开历史背景，这样的游戏就会变成一种"毫无意义的杀戮游戏"，即人们在那里相互厮杀，毫无目的，但是一旦将历史框架置入游戏，玩家的一切行动就变得"有意义"，即为了成为"守护和平的特种兵"而进行相互比拼。

从这几个案例中可以发现，在虚拟世界建构一个历史能够为游戏中的种种行为带来一种合理性的解释，更经常的是，我们以知识体系建立起一个虚拟世界，人们生活其中也就是被包在一个大蚕茧里。在这样的世界里，人们有欢笑、挫折、悲伤、愤怒，但一切都理所当然。人们对于创造及操弄这虚拟世界的真实世界毫无所知，自然对造成自己愤怒与悲伤的根源力量毫无反应；或者更糟的是，我们的反应只是让这虚拟世界更"真实"而已。[①]

为了更加准确地了解虚拟世界中历史的本源问题，我们对其从两个方面进行剖析：一是虚拟世界中的历史从何而来；二是我们为什么会"配合"虚拟世界中的历史？

先来看第一个问题：虚拟世界中的历史从何而来？答案似乎显而易见，肯定是从现实世界中来。《魔兽世界》中的"国王""议会""执政官"等元素都是从现实世界历史元素中剥离出来，然后在虚拟世界重构，那么在虚拟世界我们只能"重构"历史而不能"重建"历史吗？

从唯物主义的角度来说，"新建"历史是不可能的，人不可能建立自己从未见过的事物。历史同样如此，我们不可能从无到有地建立世界上从未出现过的事物，即建立一套"全新"的历史。所以这个问题没有多大争议，反而是在这个问题基础上引申出的下一个问题值得讨论：该用哪些历史元

---

① 王明珂.反思史学与史学反思：文本与表征分析[M].上海：上海人民出版社，2016：4.

素在虚拟世界重构历史呢?

　　一个大型游戏所选取的历史元素是相当庞杂的，就像《魔兽世界》中东西方历史元素交织在一起，各种重要的历史事件也在游戏中被重构。再比如，《王者荣耀》中角色的塑造既有中国著名历史人物也有西方历史人物。虚拟世界的历史元素选取往往伴随着争议，就像《王者荣耀》中将荆轲这一历史人物塑造成女性形象曾经掀起过一场热议，在舆论之下运营方不得不将游戏中的"荆轲"角色改名为"阿珂"，①并为其建构了一段"历史"：

　　代代相传的杀人之剑，暗夜之族的"荆氏"在悠长的前生中带着刺秦的意志，将利刃刺向秦王，她前生只为刺秦而生。而重生后的荆轲以少女"阿轲"的身份活在这个世上，她与乐师高渐离的关系也将逐渐揭晓。得到重生的少女阿轲将选择勇敢地追求自己的爱情，与高渐离一同踏上新的旅途。从此之后，他们将为了彼此而战，高渐离所说的"爱情与死亡，永恒的乐章"也将成为他们爱情的最真实写照。②

　　在改名之后重新赋予一段历史背景，就是为了让这个角色变得合理，也就是说，在虚拟世界可以任意提取现实世界中的历史元素，其关键在于如何使这些元素在虚拟世界中变得合理化。因此，虚拟世界的历史并不需要复刻现实世界的历史，而是要将现实世界的历史进行转化，并且这种合理化还直接关乎用户的接受度。在《魔兽世界》中，我们在线随机拦截了一位名叫"欧拉拉猫"的玩家进行了访谈：

---

① 韩丹东. 王者荣耀角色设定歪曲历史遭质疑：还有多少游戏修改历史 [N]. 新华网，2017（07）：http://www.xinhuanet.com/politics/2017-07/15/c_1121322629.htm
② 王者运营团队. 荆轲更名"阿轲"归来，为完成重振荆氏一族的使命！[N]. 王者荣耀官方网站，2017（04）：https://pvp.qq.com/webplat/info/news_version3/15592/24091/24092/24094/m15241/201704/575712.shtml.

访谈者：你觉得游戏设定的历史，比如上古战争啊、兽人大战之类的历史你觉得有必要吗？

欧拉拉猫：有必要啊，游戏不都需要一个背景？

访谈者：那你觉得《魔兽世界》的背景设定得怎么样，你喜欢吗？

欧拉拉猫：还行，毕竟是暴雪出品。

访谈者：那你平时在游戏中会刻意去关注这些历史故事吗？

欧拉拉猫：我不太会，我主要就是打打副本吧。

访谈者：如果我就设计个副本，没有什么历史背景，就是打 BOSS 拿装备，和《魔兽世界》现在的所有副本一样，就是没有背景故事，你觉得怎样呢？

欧拉拉猫：那有什么意思，这还是游戏？

访谈者：可是就算有历史故事背景大家也不一定都会关注呀？

欧拉拉猫：那连个情节都没有也不行啊！

在对一名《无畏契约》（一款 5V5 设计对抗游戏）玩家"能力越小责任越小"的访谈也和"欧拉拉猫"类似：

访谈者：这个游戏设定了一个故事背景，一场名为"第一波"的全球性事件改变了世界的格局，其中一种名为"瓦罗兰特原型"的未知物质在全球范围内出现，为一些特殊个体赋予了超能力。为了维护世界秩序与安全，一个名为"无畏契约议会"的组织应运而生，你们有没有想过这个历史背景合不合理的问题？

能力越小责任越小：我不怎么考虑背景之类的，只是为了和朋友们一起玩。

访谈者：你选择玩哪个角色依据什么？

能力越小责任越小：强度以及和队友的配合吧，毕竟每个位置都要有人选。

访谈者：如果设计一款没有背景故事的游戏，就给你们一个场景，然后 5V5 战斗，一场接一场的，这种游戏你会有兴趣吗？就是人物设定、故事背景、人物介绍什么都没有。

能力越小责任越小：那肯定不会啊！就拿《无畏契约》说，人物什么的虽然是虚构的，但也会有你以上说的那些（历史、背景），如果什么都没有，那肯定没意思。

访谈者：但内容不变啊，依然是 5V5 射击竞技，我可以保证把美工做得很好，场景武器人物设计都很漂亮，就是没有什么背景故事、人物设定什么的。

能力越小责任越小：也看游戏本身热度吧！如果是我的话，我的朋友都在玩，我可能会下一个玩一下，但是我也会对这款游戏做一个评价。

访谈者：说白了，就是故事背景我可以不看，但是不能没有。

能力越小责任越小：是的，就是这个意思。

访谈者：那你评价一款游戏好坏的时候背景故事、人物设定会成为评价依据吗？

能力越小责任越小：会的，我不会去特意看他们的背景之类，但也会留意一下。

访谈者：比如我现在设计一个角色，就突然上线了，就像你第二天打开游戏突然发现多了一个新角色，官方没有说明也没有介绍，但是他的能力不比其他角色差，你会选择这个角色吗？

能力越小责任越小：如果别的角色都有介绍，就他没有，那肯定奇怪了。

访谈者：你不会想着管他的，好玩就行？

能力越小责任越小：不会，他的背景故事可以烂，但不能没有。

从"欧拉拉猫"和"能力越小责任越小"的表述可以看出，他们并不会刻意在意游戏中历史事件的叙述，但又无法接受一个没有历史背景的游戏。这一点和现实世界有相通之处。人人都是历史学家，但并不是人人都能成为历史学家。[1] 因为我们每个人都了解一定的历史，但并不是每个人都会用科学的方法去研究历史，所以历史学家毕竟还是少数，大部分人都不会成为专门的历史学家，但为什么不成为历史学家也要了解历史呢？这就牵涉"历史有什么用"这一宏大的问题。要完全说清楚这个问题很难，并且已经有大量的研究对这个问题做了解释说明，我们只围绕"我可以不懂历史，但是不能没有历史"这个话题展开。

2018 年 8 月 23 日，国家主席习近平为在济南召开的第 22 届国际历史科学大会发来贺信，开宗明义地指出："历史研究是一切社会科学的基础。"因为历史是人类社会实践的记录。一切社会科学都是研究人的科学，无论是经济学、法学、人口学、社会学、民族学等学科，都是研究人类不同的社会实践。任何一门社会科学的发展，都是在以往知识积累的基础上而发展的。[2] 反过来说，历史是人认识世界的基础，因为社会实践经验都源自历史，这是历史这门学科最核心的存在意义。从历史人类学的视角来看，历史并不仅仅是王侯将相、开疆拓土，也不仅仅是宫廷权谋、文明交往，更是爷爷奶奶年轻时候的往事、家庭搬迁的过往以及小时候池塘摸鱼的趣事，正如林耀华的《金翼》一样，人类学家更关注的是"不起眼"的往事。[3] 这些事情都让我们的一切行为有了合理的解释，比如"我家为什么住在这里""因为这房子是我家买的，我从出生就住在这里"，那么"买房子"这段历史就成为我家住在这里的合理解释。我们习惯了这样的合理性，所以不会刻意去分析历史对于自己的意义是什么。吕思勉在《中国通史》一书中对这样的合理性做了比较好的解释：

① E.M. 茹科夫. 历史方法论大纲 [M]. 王瓘，译. 上海：上海译文出版社，1988：198-199.
② 中国史学会. 历史研究是一切社会科学的基础 [J]. 中国历史评论（第十一辑），2018（08）.
③ 林耀华. 金翼：一个中国家族的史记 [M]. 庄孔韶，方静文，译. 北京：生活·读书·新知三联书店，2015：5.

历史虽是记事之书，我们之所探求，则为理而非事。理是概括众事的，事则只是一事。天下事既没有两件真正相同的，执应付此事的方法，以应付彼事，自然要失败。根据于包含众事之理，以应付事实，就不至于此了。然而理是因事而见的，舍事而求理，无有是处。所以我们求学，不能不顾事实，又不该死记事实。

要应付一件事情，必须明白它的性质。明白之后，应付之术，就不求而自得了。而要明白一件事情的性质，又非先知其既往不可。一个人，为什么会成为这样子的一个人？譬如久于官场的人，就有些官僚气；世代经商的人，就有些市侩气；向来读书的人，就有些迂腐气；难道他是生来如此的吗？无疑，是数十年的做官、经商、读书养成的。然则一个国家，一个社会，亦是如此了。中国的社会，为什么不同于欧洲？欧洲的社会，为什么不同于日本？习焉不察，则不以为意，细加推考，自然知其原因极为深远复杂了。然则往事如何好不研究呢？然而已往的事情多着呢，安能尽记？社会上每天所发生的事情，报纸所记载的，奚啻亿兆京该分之一。一天的报纸，业已不可遍览，何况积而至于十年、百年、千年、万年呢？然则如何是好？①

在虚拟世界中，这样的合理性依旧存在，只不过在逻辑上是将现实的合理性迁移到了虚拟世界，当我们进入虚拟世界之后，仍然需要一个合理的解释，否则无法认识虚拟世界，也就无法在虚拟世界展开实践。

站在开发者的角度来说，在虚拟世界建构一个体系完整的历史框架显得至关重要，因为这决定了当人们的"化身"进入虚拟世界后能在多大程度上认识这个世界，然后决定了"化身"能在这个世界中展开多少实践活动，进而决定了这个虚拟世界存续的时长。在如此激烈的市场竞争背景下，多少游戏因为混乱粗糙的历史背景设定而被玩家所抛弃，最终被市场所淘

① 吕思勉.中国通史 [M].北京：群言出版社，2016：1-2.

汰。可以说，能否建构一个完整的历史架构，是一个虚拟世界能否长期存续的基础。

所以，虚拟世界需要历史，但不完全需要真实的历史，而是需要合理的历史为人们在虚拟世界的一切活动提供最基本的逻辑基础，因此，如果对虚拟世界中的历史展开研究，并非是对历史真实性的考据学研究，而是分析其以何种逻辑或方法为"化身"提供了合理性。

这个结论其实也就解释了另外一个问题：如何看待虚拟世界自身的历史。就像《魔兽世界》一次次的版本更新和新内容的推出，本质上来说就是不断为玩家提供合理的历史故事以让玩家合理地体验新的游戏内容，对此玩家戏谑地称之为"填坑"。建构一部历史并非易事，在建构过程中越是宏大，漏洞就会越多，所以游戏开发商不得不更新一个个新的版本去"填坑"，才能进一步推出新的内容。我们不应该苛责游戏厂商的疏漏，就像盖房子一样，需要一步一步填充内容才能呈现出一个完整的历史背景，虚拟世界自身的历史就是在这种推陈出新的进程中不断完善的，所以虚拟世界自身的历史发展就是虚拟世界中历史不断合理化的过程。

第二节　虚拟世界与真实的历史

一、何以可能

虚拟世界中难道就不会有真实的历史吗？答案是否定的，因为虚拟世界恰恰又是保存和展现真实历史的最佳场所。

近年来，历史正以数字化的形式被大规模引入虚拟空间之中。以数字敦煌、云游故宫、中国国家博物馆数字展厅为代表的数字博物馆保持着庞大的浏览量。作为数字化重要表征平台的电子游戏也在国朝风的驱使下展现着各类历史元素，以《王者荣耀》《天涯明月刀》《原神》等为代表的国产游戏大量将中国历史元素融入其中，使游戏成为历史文化传播的有效媒介，也成为中国历史文化"走出去"的重要方式。① 这种情况在国外早已成为趋势，如法国育碧公司开发的游戏《刺客信条》系列在游戏中复刻了大量历史遗迹，《魔兽世界》也将世界各民族历史文化特色融入其中，当然以卢浮宫数字博物馆、伦敦自然历史博物馆数字展馆为代表的项目也将展品以数字化、视觉化方式呈现。数字化早已突破以存储为目的的瓶颈，而是以多样的表现形式在虚拟世界传承着历史文化内涵并扩充着文化产业体系。在文化数字化的大背景下，以数字化技术将历史文化引入虚拟空间已成趋势。

虚拟世界的出现引发了历史的数字化这一趋势，"数字历史"这一学科应运而生②。数字历史大致经历了文献数字化、自主创建历史专题和三维虚拟环境再现等几个发展阶段。数字历史虽起源于计量史学，但不囿于计量史学单一的数理统计，而是力图复原多维连续动态的可视化历史。其最大的优势不在于快速存储、查询和利用文献数据，而在于将各种不同的数据置于同一时空维度下，清晰地表达历史要素在时间和空间序列变动中的相互关系与互动作用。数字历史在汇聚资料、分析数据和成果展示方面，对历史研究工作已产生了潜移默化的影响，特别是超文本的书写方式，对传统纯文本历史研究的冲击颇大。③

国家古籍数字化资源总平台、古籍专题资源库、少数民族文字古籍数字化资源库等将历史文本以数字化的方式在虚拟世界呈现；数字敦煌、数字故宫、数字龙门等将一个个历史遗迹复刻到了虚拟世界，甚至能够精确

① 陈庆华.游戏产业视域下中华传统文化的表达创新 [J].出版广角，2021（06）：85-87；曾培伦，邓又溪.从"传播载体"到"创新主体"：论中国游戏"走出去"的范式创新 [J].新闻大学，2022（05）：94-104+122.

② Thomas W.G.Interchange: The Promise of Digital History[J]. The Journal of American History. 2008(09):452-491.

③ 牟振宇.数字历史的兴起：西方史学中的书写新趋势 [J].史学理论研究，2015（03）：74-81+159.

到一砖一瓦；电子游戏则让人们体验到历史上一个个惊心动魄的时刻（如展现二战历史的《使命召唤：第二次世界大战》、展现美国西部历史的《荒野大镖客2》、展现第一次世界大战的《战地1》等）。现代世界所有的事件都能在网络上找到踪迹，虚拟世界已经自动开始记录历史。在可预见的未来，虚拟世界将会是历史记录、保存、复现的重要空间。

虚拟世界对历史的作用还不止这些，当历史文化进入虚拟空间之后对现实世界历史文化的保护与开发是否有促进作用，也开始引起关注。

2019年法国巴黎圣母院失火，育碧公司宣布免费赠送游戏《刺客信条·大革命》，让玩家能够在游戏中游览巴黎圣母院，以唤起人们对巴黎圣母院重建和保护工作的重视，同时提供巴黎圣母院的建模数据以协助修复工作；2020年热门手游《江南百景图》联合南京大报恩寺遗址景区推出"长干里潮玩街"版本带火了南京夜经济，更推动了大报恩寺遗址群的保护与开发工作；同年，游戏《王者荣耀》与越剧大师茅威涛合作推出游戏人物上官婉儿掀起了越剧潮；2023年游戏《原神》为角色云堇打造的"神女劈观"皮肤和配音，引发流行乐与京剧融合的创作潮流。

大量的案例不仅证实了历史以数字化方式在虚拟空间呈现的有效性，也表现出虚拟世界与现实世界在历史文化遗产保护上的强关联，数字空间和现实空间的相互渗透/重叠的特质导致两个空间在社会生活中发挥着互补的功能。① 在这里，虚拟世界已不再是一个游戏、一个数字展厅，而是一个历史展现的空间，是唤起人们保护历史文化遗产行为的场所。

二、何以可为

为了证明虚拟世界对现实世界的历史文化遗产有反推性的保护作用，

① 徐迪.空间、感知与关系嵌入：论数字空间媒介化过程中的技术中介效应[J].新闻大学，2021（10）：102；Zhang G.Jacob E.K.Reconceptualizing Cyberspace：real'Places in Digital Space[J].International Journal of Science in Society, 2012(3.2):91－102.

我们在虚拟世界做了一项实验：以制作水平较高、中国传统文化遗产元素较多的手机网络游戏《原神》作为实验材料进行问卷调查，受试者均为中国玩家。我们在游戏中以聊天的形式向玩家提供调查问卷链接，同时在线上社区（主要集中于《原神》线上游戏社区，如微信群、论坛等）发放问卷二维码链接，线下则在高校校园中采取拦截询问式进行问卷发放并提供一定的奖品。

在这场实验里，我们将虚拟世界视为一个保护和展示历史的空间，列斐伏尔的"空间生产"理论提出空间生产呈现出空间实践、空间表征和表征性空间的三元形态。① 尽管不同的学者对空间三元形态的具体概念持有不同看法，② 但都不否认三元空间适合对空间类型进行划分。③ 结合索亚在《第三空间》中对三元空间的阐释："三元空间"可理解为三种空间类型，"空间实践"是物质性和日常性的，主要关注空间日常生产中与各类场所以及物质如公共空间、城市乡村、建筑、雕塑等之间的关系，是一个可感知或者可使用的范围。"空间表征"是精神层面的空间，即通过符号、图像或者规则、秩序、权利等传达设计者所希望传达的意义或精神。"表征空间"与人们的社会生活紧密相连，主要讨论空间中"居民"或"使用者"在空间中的社会关系再生产。④ 基于列斐伏尔空间三元论的基础上，考虑虚拟世界的具身性（embodiment）特征，⑤ 分别对空间实践、空间表征和表征空间制作考察量表。

关于虚拟世界和责任行为之间的关系已经有了一些探讨，薛可等通过

---

① Lefebvre H.The production of space[M].Blackwell Publishing, 1991:348−349.

② Shields R.Lefebvre: Love and Struggle Spatial Dialectics[M].Routledge,1999:160; Elden S. Understanding Henri Lefebvre: Theory and Possible[M]. Continuum, 2004:190; Merrifield A. Henri Lefebvre:A Critical Introduction[M]. Routledge, 2006:109−110.

③ 李春敏.论列斐伏尔的三元辩证法及其阐释困境：兼论空间辩证法的辨识与建构[J].山东社会科学，2023（09）：43.

④ 爱德华·索亚.第三空间：去往洛杉矶和其他真实和想象地方的旅程[M].陆扬，译.上海：上海教育出版社，2005：84−85.

⑤ 杨翠芳，任祎曼.数字时代具身性的化身传递之潜能与路径[J].江汉论坛，2023（08）：15−22.

非遗虚拟空间生产体验的研究证明了非遗虚拟空间能够增强文化自信。[①] 孙佼佼等人的研究提出数字博物馆用户的使用意愿和使用行为正向影响其遗产责任。[②] 但关于虚拟世界是否能激发历史文化遗产保护责任行为的研究还较为缺乏，其背后的作用机理尚不明确，由于历史文化遗产保护责任行为本质上来说是受到虚拟世界三个维度的刺激，在空间下影响，游览者可能会表现出更多的历史文化遗产保护责任行为，故提出假设一：

H1：虚拟世界对历史文化遗产保护责任行为有显著正向影响。

H1a：空间实践对历史文化遗产保护责任行为有显著正向影响。

H1b：空间表征对历史文化遗产保护责任行为有显著正向影响。

H1c：表征性空间对历史文化遗产保护责任行为有显著正向影响。

空间感知和情绪有直接的关联，例如，社交空间拥挤感知是导致游客负面情绪的关键，[③] 文化空间同时是一个情感连接空间，[④] 因此，文化空间和情绪之间有直接关联，[⑤] 情绪感知可以被定义为在使用特定系统的活动中的享受程度。[⑥] 在虚拟空间中，享受被概念化为愉快、兴奋和有趣等特征，[⑦] 情

[①] 薛可，鲁晓天. 非遗虚拟空间生产体验对文化自信的影响 [J]. 上海交通大学学报（哲学社会科学版），2024，32（03）：18-34.

[②] 孙佼佼，郭英之. 文化遗产数字化对国民遗产责任的影响研究：基于 TTF 和 TAM 的模型构建 [J]. 旅游科学，2023，37（03）：85.

[③] 胡婷，张朝枝. 拥挤会唤醒游客负面情绪吗？基于泰山观日情境的实证研究 [J]. 南开管理评论，2024，27（01）：98-107.

[④] 张铮，许馨月. 从场景理论到氛围理论：文化经济模态的新阐释体系 [J]. 南京社会科学，2024（01）：137.

[⑤] 高权，钱俊希. "情感转向"视角下地方性重构研究：以广州猎德村为例 [J]. 人文地理，2016，31（4）：33-4；梁璐，代莉，田嘉申等. 情感地理学视角下纪念性恐惧景观地游客体验特征分析：以 5·12 汶川特大地震纪念馆为例 [J]. 西北大学学报（自然科学版），2018，48（6）：884-892.

[⑥] Venkatesh V. Determinants of Perceived Ease of Use: Integrating Control,Intrinsic Motivation, and Emotion into the Technology Acceptance Model[J]. Information Systems Research, 2000(04):342-265.

[⑦] Guo Y., Barnes S.Purchase Behavior in Virtual Worlds: An Empirical Investigation in Second Life[J]. Information and Management, 2011(07):303-312.

绪感知是了解游览者在虚拟世界内部状态的关键因素之一。[①]另外，由于在虚拟空间并不一定是独立的，也可能是共享的，因此在身体出现"缺位"的情况下，会产生"互动仪式链"（interaction ritual chains）效应，即情感会被纳入虚拟的信息化场景中，以互动仪式的方式实现情感凝聚与空间互动。[②]基于以上虚拟空间和情绪感知关系的讨论，提出假设二：

H2：虚拟世界对游览者的情绪感知有显著的正向影响。

H2a：空间实践对游览者的情绪感知有显著的正向影响。

H2b：空间表征对游览者的情绪感知有显著的正向影响。

H2c：表征性空间对游览者的情绪感知有显著的正向影响。

虚拟世界同时是有机体验的场所，在空间中真实感的体验是一个重要的变量。[③]其中，外观/物理环境、旅游设施/商品化、当地文化和习俗以及氛围都会影响游览者有机体验，[④]在以电脑游戏为代表的虚拟空间中，更真实的环境会带来更高程度的沉浸感和娱乐价值。[⑤]在VR（增强现实）技术应用中，参与者认为物理空间和身体感官的共同作用是虚拟旅游体验真实性的重要组成部分。[⑥]此外，一项关于虚拟空间与沉浸感的研究记录了沉浸感对真实体验的影响，尤其是在提高游览者的参与度方面，虚拟空间越真

① Saeed N., Yang Y., Sinnappan S.Emerging Web Technologies in Higher Education: A Case of Incorporating Blogs, Podcasts and Social Bookmarks in a Web Programming Course Based on Students' Learning Styles and Technology Preferences[J]. Educational Technology and Society, 2009(04):98−109.

② 张美娟，苏华雨，王萌.数字阅读空间中的信息流动、情感凝聚与虚拟互动[J].出版科学，2023，31（02）：47−55.

③ Lin C.H., Wang W.C. Effects of Authenticity Perception,Hedonics,and Perceived Value on Ceramic Souvenir−Repurchasing Intention[J]. Journal of Travel and Tourism Marketing, 2012(08):779−795.

④ Nguyen T.H.H., Cheung C.Toward an Understanding of Tourists'Authentic Heritage Experiences: Evidence from Hong Kong[J]. Journal of Travel and Tourism Marketing, 2016(7):999−1010.

⑤ Pietschmann D., Valtin G., Ohler P. The Effect of Authentic Input Devices on Computer Game Immersion[J]. In Fromme J., Unger A. Computer Games and New Media Cultures: A Handbook of Digital Games Studies[M]. New York: Springer, 2012:279−292.

⑥ Yung R., Khoo−Lattimore C.New Realities: A Systematic Literature Review on Virtual Reality and Augmented Reality in Tourism Research[J]. Current Issues in Tourism, 2019(17):2056−2081.

实，游览者的沉浸度越高。[①] 基于虚拟世界和有机体验之间的关系，提出假设三：

H3：虚拟世界对游览者的有机体验有显著的正向影响。

H3a：空间实践对游览者的有机体验有显著的正向影响。

H3b：空间表征对游览者的有机体验有显著的正向影响。

H3c：表征性空间对游览者的有机体验有显著的正向影响。

情感本质上是社会性的，一些研究证实了积极的情感会产生正向的行为，[②] 如酒店客人的情绪反应会显著影响他们对酒店的忠诚度。[③] 在虚拟空间中，情感参与、积极情绪和流动状态对行为意图也有积极影响。[④] 情感不仅加强了群体的边界以及文化认同，有利于提高群体的生存能力，也由于情感在群体内的传播性，为群体的相关、一致的行动提供了重要依据。[⑤] 情绪感知可以在有效激发文化认同感的基础上激发责任行为。[⑥] 因此，基于情绪感知和责任行为之间的关系提出假设四：

H4：在虚拟世界中的情绪感知对历史文化遗产保护责任行为有显著正向影响。

对于虚拟空间而言，有机体验与情绪感知也有直接关联。体验已被概

---

①　Loup G., Serna A., Iksal S., George S. Immersion and Persistence: Improving Learners'Engagement in Authentic Learning Situations.Lecture Notes in Computer Science[C].Including Subseries Lecture Notes in Artificial Intelligence and Lecture Notes in Bioinformatics, 2016: Vol. 9891 LNCS.

②　Chang C. H., Shu S., King B. Novelty in Theme Park Physical Surroundings: An Application of the Stimulus−Organism−Response Paradigm[J]. Asia Pacific Journal of Tourism Research, 2014(06):680−699.

③　Jani D., Han H.Influence of Environmental Stimuli on Hotel Customer Emotional Loyalty Response: Testing the Moderating Effect of the Big Five Personality Factors[J]. International Journal of Hospitality Management, 2015(44):48−57.

④　Huang Y. C.,Backman S.J., Backman K. F., Moore D. Exploring User Acceptance of 3D Virtual Worlds in Travel and Tourism Marketing[J]. Tourism Management, 2013(36):490−501.

⑤　刘笠萍. 亚文化视阈下当代青年的情绪感知与国家认同建构：基于高校思想政治理论课教学改革的思考 [J]. 河南社会科学，2021, 29（08）：118.

⑥　江金波，孙韶雄. 怀旧情感对历史文化街区游客环境责任行为的影响研究：感知价值和地方依恋的中介作用 [J]. 人文地理，2021, 36（05）：83−91.

念化为心理、行为和生理成分之间的相互作用。[1] 例如，在博物馆中使用VR 或 AR 技术让游客进行娱乐体验对游客参观博物馆的积极性有重大影响。[2] 在电子游戏中通过调节任务难度可以操控玩家情绪，[3] 并且电子游戏还可以通过对玩家经验的反馈提高玩家的享受水平，进而产生积极情绪，证明了游戏体验与情绪价值呈正相关。[4] 基于此提出假设五。另外，在旅游行为中游客良好的体验会产生保护环境的责任行为，[5] 旅游中的体验从本质上来说也是一种空间体验，在虚拟空间中游览者也可能会由于良好的体验感而产生积极的行为，因此提出假设六：

H5：在虚拟世界中，有机体验对情绪价值有显著正向影响。

H6：在虚拟世界中，有机体验对历史文化遗产保护责任行为有显著正向影响。

经典的刺激—反应理论（Stimulus Response，S-R）旨在说明刺激和反应之间的关系，认为二者可能存在直接的相互关系。[6] 但实验证明，人的内部状态和体验也会对反应程度有影响。[7] 因此，加入机体（Organism）这一

---

① Wiemeyer J., Nacke L., Moser C., 'Floyd' Mueller F. Player experience[J]. In Dörner R.,Göbel S.,Effelsberg W., Wiemeyer J.(Eds.), Serious games:Foundations, concepts and practice Springer International Publishing, 2016:243‑271.

② Jung T., Claudia M., Lee H., Chung N. Effects of Virtual Reality and Augmented Reality on Visitor Experiences in Museum[J].In Inversini A, Schegg R.Information and Communication Technologies in Tourism[M]. NY:Springer, 2016:621‑635.

③ Bowman N.D., & Tamborini R.In the Mood to Game:Selective exposure and mood management processes in computer game play[J]. New Media & Society, 2015(03):375‑393.

④ Eshuis S., Pozzebon K., Allen A.,Kannis‑Dymand L.Player Experience and Enjoyment: A Preliminary Examination of Differences in Video Game Genre[J]. Simulation & Gaming, 2023(02):209‑220.

⑤ Russell D.W., Russell C.A.Experiential reciprocity: The role of direct experience in value perceptions[J]. Journal of Travel & Tourism Marketing, 2010(06):624‑634.

⑥ Pavlov P.I.Conditioned reflexes: an investigation of the physiological activity of the cerebral cortex[J]. Annals of neurosciences, 2010(03):136.

⑦ Woodworth R.S. Psychology(revised edition)[M]. Henry Holt & Co.New York, 1929.

变量因素，认为机体作为中介影响着刺激和反应之间的关系。[1] 由此提出刺激—机体—反应模型（Stimulus Organism Response，SOR）。作为一个心理学模型，很快便被应用到管理学的考量之中并得到验证。[2] 此后，该模型在多个领域得到运用。[3]

图 4-1　刺激—机体—反应模型示意图

空间实践所关注的是空间的感知性[4]以及实践性[5]，即对空间可测量纬度的感知以及在其中的活动。与现实世界一样，虚拟世界也是可感的，[6]因此，关于空间感知的量表参考了 Mavridou 以及 Aijing 等人在虚拟空间中的空间

① Mehrabian A.,Russell J. A.An Approach to Environmental Psychology[M].Cambridge, MA:MIT Press,1974.

② Bitner M.J.Servicescapes: The impact of physical surroundings on customers and employees[J].Journal of marketing, 1992(02):57−71.

③ 李文瑛，李崇光，肖小勇．基于刺激—反应理论的有机食品购买行为研究：以有机猪肉消费为例 [J].华东经济管理，2018，32（06）：171-178；田钢，张永安，兰卫国．基于刺激－反应模型的集群创新网络形成机理研究 [J].管理评论，2009，21（07）：49-55；范琳，李绍山．汉—英—日三语者语言产出过程中语码转换的抑制加工：基于刺激反应设置影响的研究 [J].外语教学与研究，2013，45（01）：58-68+160；Tafesse W., Aguilar M.P., Sayed S., Tariq U.Digital Overload, Coping Mechanisms, and Student Engagement: An Empirical Investigation Based on the S−O−R Framework[J]. Sage Open, 2024(01).

④ 李春敏．论列斐伏尔的三元辩证法及其阐释困境：兼论空间辩证法的辨识与建构 [J].山东社会科学，2023（09）：41.

⑤ 杨芬，丁杨．亨利·列斐伏尔的空间生产思想探究 [J].西南民族大学学报（人文社科版），2016，37（10）：184.

⑥ Dodge M., Kitchin, R.Code and the Transduction of Space[J]. Annals of the Association of American Geographers, 2005(95.1):162−180.

感知实验量表[①]，从范围感知和经验感知两个角度测量游览者在虚拟世界的感知性。实践性的测量在于对游览者主动实践的测量，随着虚拟世界的自由度和开放度越来越高，在虚拟世界中的实践已经完成了被动到主动的转化[②]，因此参考在虚拟空间中活动的主动性和便利性量表，[③]对游览者在虚拟世界的实践性进行测量。

空间表征所关注的是空间中的意义和精神。首先，在虚拟世界中的意义和精神是由图像或者符号以信息传递的方式被游览者感知并与之产生交互，[④]可以参考关于信息丰富性的统计[⑤]以及信息丰富性量表，[⑥]通过象征意义的解读、文化信息的传递来考量游览者对虚拟世界中的空间表征感知。另外，空间中的意义和精神也可以通过其设计者、规划者所设定的秩序、规则来传递。从组织视角来看，空间中的秩序应该符合社会理性的标准，以

① Mavridou M.Perception of Three−Dimensional Urban Scale in an Immersive Virtual Environment[J]. Environment and Planning B:Planning and Design, 2012(1):33−47; Liu A.J., Ma,E.Travel during holidays in China: Crowding's impacts on tourists' positive and negative affect and satisfactions[J]. Journal of Hospitality and Tourism Management, 2019(41):60−68.

② 赵艺哲，蒋璐璐，刘袁龙．作为"位置"的弹幕：用户的虚拟空间实践[J]．新闻界，2022（04）：41.

③ Wu Y., Jiang Q., Liang H.,Ni S.What Drives Users to Adopt a Digital Museum? A Case of Virtual Exhibition Hall of National Costume Museum[J]. Sage Open, 2022(01); Yoon C., Kim S. Convenience and TAM in a ubiquitous computing environment: The case of wireless LAN[J]. Electronic Commerce Research and Applications, 2007(01):102−112.

④ Patrakosol B., Lee S.M.Information richness on service business websites[J].Service Business, 2013(02):329−346.

⑤ Oh S.H., Kim Y.M., Lee C.W., Shim G.Y., Park M.S.Jung H.S.Consumer adoption of virtual stores in Korea: Focusing on the role of trust and playfulness[J]. Psychology & Marketing, 2009(07):652−668; Otondo R.F.,Van−Scotter J.R., Allen D.G., Palvia P. The complexity of richness: Media, message, and communication outcomes[J]. Information & Management, 2008(01):21−30.

⑥ Wu Y., Jiang Q., Liang H., Ni S.What Drives Users to Adopt a Digital Museum? A Case of Virtual Exhibition Hall of National Costume Museum[J]. Sage Open, 2022(01).

和谐、安全、舒适作为优质空间秩序塑造的基本准则。[1] 因此，将从虚拟世界与规则经验的契合度及安全舒适度进一步空间表征考察游览者对虚拟世界中的空间表征感知。

　　表征空间在虚拟世界中以社会关系和信息共享两个维度为主要表现。在社会关系方面，主要从中心性[2] 和关系强度[3] 两个方面测量个人的社会网络结构以考察个体和社会之间的互动。[4] 在信息共享方面，一项关于虚拟社区信息共享的研究采用了包括共享机制、信息需求和交互主题、通信机制、技术支持、通信环境和平台规模六个维度制作量表。研究表明，共享机制、通信机制优先级最高[5]，其中共享机制指个人在信息共同中的主导作用，与中心性概念一致。综合以上研究，将从个人参与虚拟空间中的活动强度（中心性）、与他人交流的可能性（关系强度）、参与沟通和互动感受四个方面测量虚拟世界中的表征空间维度。

①　Mikołajczyk M., Raszka B.Multidimensional comparative analysis as a tool of spatial order evaluation: A case study from Southwestern Poland[J].Polish Journal of Environmental Studies, 2019(05):3287−3297; Różycka−Czas R., Czesak B., Cegielska K. Towards evaluation of environmental spatial order of natural valuable landscapes in Suburban Areas:Evidence from Poland[J]. Sustainability, 2019(23):6555; Szczepań ska A., Pietrzyk K.A multidimensional analysis of spatial order in public spaces: A case study of the town Morąg, Poland[J].Bulletin of Geography. Socio−Economic Series, 2019(44):115−129.

②　Faraj S, Kudaravall S, Wasko M.Leading collaboration in online communities[J]. MIS Quarterly, 2015(02):393−412; Fang R.L.,Landis B., Zhang Z.,et al.Integrating personality and social networks:a meta−analysis of personality,network position,and work outcomes in organizations[J]. Organization Science, 2015(04):1243−1260.

③　Louch H.Personal network integration: transitivity and homophily in strong−tie relations[J].Social Networks, 2000(01):45−64.

④　周密, 吴书慧, 郭文杰. 在线知识社区中社会网络结构对用户创意质量的影响 [J]. 科技管理研究，2024，44（04）：130.

⑤　Zhang M., Gao Y., Sun M., Bi D. Influential Factors and the Realization Mechanism of Sustainable Information−Sharing in Virtual Communities from a Knowledge Fermenting Perspective[J].Sage Open，2020(04).

关于情绪感知测量的量表已经有较为成熟的案例[1]。由于本书讨论的是对情绪感知的正向影响，因此参考江金波[2]和Moon[3]等人关于文化空间中积极情绪感知的题项从享受度、愉悦度、态度、期待度四个方面测量情绪感知。有机体验主要关注沉浸感[4]，但随着技术进步，操作体验、互动性和游戏反馈等也是人们所关注的因素。鉴于本书以网络游戏作为实验内容，因此参考 Eshuis 等人的针对游戏体验所设计的量表，[5] 从沉浸感、控制性、互动性、反馈度四个方面对有机体验进行测量。

对历史文化遗产保护责任行为的测量主要参照环境保护责任行为的测量方法[6]，同时结合对数字文化遗产的感知、情感和行动的测量方法[7]，从道德意识、参观行为、保护行为、宣传行为四个方面测量历史文化遗产保护责任行为。

量表设计如下：

①　Prebensen N.K, Xie J. Efficacy of cocreation and mastering on perceived value and satisfaction in tourists' consumption[J]. Tourism Management, 2017(60):166−176; Arslanagic−Kalajdzic M., Kadic−Maglajlic S., Miocevic D. The power of emotional value:Moderating customer orientation effect in professional business services relationships[J], Industrial Marketing Management, 2020(88):12−21.

②　江金波，孙韶雄. 怀旧情感对历史文化街区游客环境责任行为的影响研究：感知价值和地方依恋的中介作用 [J]. 人文地理，2021，36（05）：83−91.

③　Moon J.W., Kim Y.G.(2001). Extending the TAM for a World−Wide−Web context[J]. Information & Management, 2001(04):217−230.

④　Wu Y., Jiang Q.,Liang H., Ni S.What Drives Users to Adopt a Digital Museum? A Case of Virtual Exhibition Hall of National Costume Museum[J]. Sage Open, 2022(01).

⑤　Eshuis S., Pozzebon K., Allen A.,Kannis−Dymand L.Player Experience and Enjoyment: A Preliminary Examination of Differences in Video Game Genre[J].Simulation & Gaming, 2023(02):209−220.

⑥　Strumse K.B.Diverging attitudes towards predators: do environmental beliefs play a part?[J].Human ecology review, 1998(02):1−9; DAVIS J.L.,Le B.,Coy A.E.Building a model of commitment to the natural environment to predict ecological behavior and wilingness to sacrifice[J].Journal of environmental psychology, 2011(03):257−265.

⑦　Tong Q.,Cui J., Ren B.Space Connected,Emotion Shared: Investigating Users of Digital Chinese Cultural Heritage[J]. Emerging Media, 2023(02):269−293.

表 4-1 电子游戏与历史文化遗产保护责任行为量表

		完全不同意（1） —完全同意（5）
空间实践		
感知范围	1. 我感到游戏提供的空间非常宏大，有很多地方可以探索。	
便利性	2. 游戏中的自由度非常高，我可以自由地选择去向和行动。	
主动性	3. 我会在游戏中进行一些生产实践活动（如采集草药、收集物资等）。	
空间表征		
信息传递	1. 游戏中的建筑和图像有效地传递了传统文化信息，让我学到新的历史文化知识。	
象征意义	2. 我能够理解和解释游戏中的文化符号和信息。	
规则经验	3. 我觉得游戏中的各种规则是合理的。	
安全舒适	4. 我认为游戏中只要遵守规则，不使用破外游戏平衡的工具（如外挂、脚本等），就能让我安心地进行游戏。	
表征空间		
参与沟通	1. 我喜欢参与游戏内的团队活动和合作任务。	
关系强度	2. 在游戏中我乐于与其他玩家交流和发言。	
互动感受	3. 游戏社交活动增加了我的游戏乐趣。	
社交体验	4. 我觉得游戏内的社交互动是游戏体验的重要组成部分。	
情绪感知		
享受度	1. 当我玩游戏时，我经常感到享受，甚至忘记时间。	
愉悦度	2. 游戏经常激发我的积极情绪。	
态度	3. 我在游戏失败时很少感到挫败或生气。	
期待度	4. 我通常很期待游戏中的下一个挑战或活动。	
有机体验		
沉浸感	1. 我在游戏中的沉浸感很强，就像真实的一样。	
互动性	2. 游戏的互动性使得游戏体验更加生动和有趣。	
控制性	3. 我认为游戏的控制系统易于理解和使用。	
反馈度	4. 我觉得游戏界面和操作回应我的指令非常迅速和准确。	

		完全不同意（1）—完全同意（5）
历史文化遗产保护责任行为		
道德意识	1. 游戏中展示的文化遗产让我产生了保护它们的欲望。	
参观行为	2. 我有兴趣在现实世界中访问游戏中出现的文化遗产景点。	
保护行为	3. 我愿意采取实际行动来保护和保存传统文化。	
宣传行为	4. 我会推荐其他人玩这款游戏，以便他们感受文化遗产的魅力。	

三、实验结果

调查共回收问卷 914 份，剔除未通过验真性测试和无效问卷，有效问卷共计 660 份，有效率 72.9%，有效问卷的人口统计学特征为：男性 378 人占比（56.6%），略高于女性 282（43.4%）；15—30 岁的玩家分布比例最高，共 558 人，和调研情况一致，游戏的受众主要为青少年玩家；在受教育程度方面，高中或本科玩家共计 483 人，玩家月平均收入主要分布在 3000—5000 元区间，职业以学生为主。

运用 SPSS25.0 对问卷的 11 个题项进行探索性因子分析，采用最大方差法进行旋转，结果显示 KMO 值为 0.821，巴特利特球形检验显著性值为 0.000，满足探索性因子分析的分析条件。提取 3 个公因子后发现与实际问卷设计中的三个维度题项相对应，累计方差解释率达到 70.351%。最终得到三个公因子的克朗巴哈系数分别是 0.818、0.847 和 0.844，均大于 0.7，说明其稳定性和可靠性均良好。

运用 SPSS25.0 进行信度分析发现，空间实践、空间表征、表征空间、情绪感知、有机体验和历史文化遗产保护责任行为的克朗巴哈系数分别为 0.818、0.847、0.844、0.842、0.844 和 0.842，总体克朗巴哈系数为 0.870，达到内部一致性要求。使用 AMOS23.0 进行验证性因子分析，对于聚合效度，

所有题项的因子载荷均大于 0.5，组合度（CR）位于 0.827—0.854 之间，均
达到 0.6 的最低标准；平均方差抽取量（AVE）均达到 0.5 的标准，结果可
接受。之后分析区分效度（见表 4-2），当各变量本身的平均方差萃取量的
平方根（对角线加粗数字）大于任意两变量间的相关系数，即表明各潜变
量间的区分效度较好。[①]本书各变量平均方差萃取量的平方根均高于各潜变
量间相关系数，说明区分效度达到分析要求。

表 4-2　测量模型分析结果

主题与变量	标准化因子载荷	Cronbach's α	AVE	CR
standard	> 0.5	> 0.7	> 0.5	> 0.6
空间实践		0.818	0.616	0.827
感知范围	0.848			
便利性	0.724			
主动性	0.777			
空间表征		0.847	0.597	0.854
信息传递	0.897			
象征意义	0.738			
规则经验	0.708			
安全舒适	0.733			
表征空间		0.844	0.588	0.850
参与沟通	0.874			
关系强度	0.751			
互动感受	0.741			
社交体验	0.689			
情绪感知		0.842	0.582	0.847
享受度	0.861			
愉悦度	0.731			

① Fornell C, Larcker D F. Evaluating structural equation models with unobservable variables and measurement error[J]. Journal of Marketing Research, 1981(01):39−50.

续　表

主题与变量	标准化因子载荷	Cronbach's α	AVE	CR
态度	0.744			
期待度	0.706			
有机体验		0.844	0.585	0.849
沉浸感	0.878			
互动性	0.71			
控制性	0.743			
反馈度	0.718			
历史文化遗产保护责任行为		0.842	0.601	0.854
道德意识	1			
参观行为	0.689			
保护行为	0.682			
宣传行为	0.682			

表 4-3　区分效度检验结果

变量	空间实践	空间表征	表征空间	情绪感知	有机体验	责任行为
空间实践	0.785					
空间表征	0.329	0.773				
表征空间	0.329	0.338	0.767			
情绪感知	0.344	0.366	0.386	0.763		
有机体验	0.356	0.351	0.389	0.342	0.765	
责任行为	0.011	−0.010	0.005	0.118	0.126	0.776

　　运用 AMOS23.0 中的极大似然法对结构方程模型进行参数估计，各项拟合指标（$x2/df=2.151$，RMR=0.062，RMSEA=0.042，GFI=0.946，CFI=0.965，TLI=0.959，IFI=0.965）均达到标准。对假设模型进行检验，结果显示：空间实践、空间表征、表征空间对历史文化遗产保护责任行为的直接影响均

未达显著水平（$\beta10$=-0.063，p=0.211 ＞ 0.05；$\beta11$=-0.088，p=0.068 ＞ 0.05；$\beta12$=-0.039，p=0.440 ＞ 0.05），因而拒绝假设 H1a、H1b、H1c；空间实践、空间表征、表征空间显著正向影响玩家的情绪感知（$\beta4$=0.194，p ＜ 0.001；$\beta5$=0.198，p ＜ 0.001；$\beta6$=0.225，p ＜ 0.001），H2a、H2b、H2c 得以验证；空间实践、空间表征、表征空间显著正向影响玩家的有机体验（$\beta1$=0.238，p ＜ 0.01；$\beta2$=0.187，p ＜ 0.001；$\beta3$=0.268，p ＜ 0.001），H3a、H3b、H3c 得到支持；玩家的有机体验正向影响玩家的情绪（$\beta7$=0.119，p=0.014 ＜ 0.05）H5 成立；玩家的情绪感知和有机体验正向影响玩家历史文化遗产保护责任行为（$\beta8$=0.124，p=0.014 ＜ 0.05；$\beta9$=0.117，p=0.02 ＜ 0.05）H4、H6 成立。

表 4-4　假设检验结果

假设路径			标准路径系数 beta	标准误差	T 值	验证结果
空间实践	→	有机体验	0.238**	0.063	5.104	成立
空间表征	→	有机体验	0.187***	0.066	4.162	成立
表征空间	→	有机体验	0.268***	0.073	5.741	成立
空间实践	→	情绪感知	0.194***	0.063	4.051	成立
空间表征	→	情绪感知	0.198***	0.065	4.309	成立
表征空间	→	情绪感知	0.225***	0.073	4.663	成立
情绪感知	→	情绪感知	0.119**	0.047	2.45	成立
情绪感知	→	历史文化遗产保护责任行为	0.124**	0.066	2.447	成立
有机体验	→	历史文化遗产保护责任行为	0.117**	0.064	2.32	成立
空间实践	→	历史文化遗产保护责任行为	-0.063	0.086	-1.251	不成立
空间表征	→	历史文化遗产保护责任行为	-0.088	0.089	-1.827	不成立
表征空间	→	历史文化遗产保护责任行为	-0.039	0.1	-0.772	不成立

注：*** 表示 p ＜ 0.001，** 表示 p ＜ 0.05

采用 Bias-corrected Bootstrap 方法对体验度和情绪的中介效应进行检验，以 95% 为置信区间，多次重复抽样 2000 次。鉴于空间实践（$\beta10=-0.063$，$p=0.211 > 0.05$）、空间表征（$\beta11=-0.088$，$p=0.068 > 0.05$）、表征空间（$\beta12=-0.039$，$p=0.440 > 0.05$）三个维度与历史文化遗产保护责任行为的直接效应不显著，因而对情绪感知的单独中介、情绪感知与有机体验的链式中介、对有机体验的单独中介进行分析，得到下列结果："空间实践 / 空间表征 / 表征空间→情绪感知→历史文化遗产保护责任行为"，这三条间接路径在 95% 的置信区间分别为（0.007，0.053）、（0.007，0.054）、（0.007，0.057）；"空间实践 / 空间表征 / 表征空间→有机体验→历史文化遗产保护责任行为"，这三条间接路径在 95% 的置信区间分别为（0.006，0.062）、（0.005，0.049）、（0.007，0.065）；"空间实践 / 空间表征 / 表征空间→有机体验→情绪感知→历史文化遗产保护责任行为"，此三条路径在 95% 的置信区间为（0.001，0.011）、（0，0.009）、（0.001，0.012）。可见，情绪感知的单独中介、情绪感知与有机体验的链式中介、有机体验的单独中介路径均显著。

表 4-5　中介效应检验结果

路　径	效果值	95% 置信区间	P 值
空间实践→情绪感知→历史文化遗产保护责任行为	0.024	（0.007，0.053）	0.006
空间表征→情绪感知→历史文化遗产保护责任行为	0.025	（0.007，0.054）	0.008
表征空间→情绪感知→历史文化遗产保护责任行为	0.028	（0.007，0.057）	0.008
空间实践→有机体验→历史文化遗产保护责任行为	0.028	（0.006，0.062）	0.011
空间表征→有机体验→保护传统文化行为	0.022	（0.005，0.049）	0.01
表征空间→有机体验→历史文化遗产保护责任行为	0.031	（0.007，0.065）	0.011
空间实践→有机体验→情绪感知→历史文化遗产保护责任行为	0.004	（0.001，0.011）	0.015
空间表征→有机体验→情绪感知→历史文化遗产保护责任行为	0.003	（0，0.009）	0.014
表征空间→有机体验→情绪感知→历史文化遗产保护责任行为	0.004	（0.001，0.012）	0.016

注：P < 0.05

虚拟世界没有对历史文化遗产保护责任行为产生直接的影响，这与之前研究中认为建立虚拟文化空间能够促进文化遗产保护的讨论相悖，[①] 主要原因在于虚拟文化空间主要提供的是一个展示性的空间，虽然符合列斐伏尔的空间三元论的基本特点，但仅靠动手操作、空间感知等因素无法激发游览者文化遗产保护行为，尤其是在文化数字化、数字博物馆的浪潮之下，许多博物馆仅仅是将博物馆以 3D 形式进行复刻，游客只能以第一人称视角通过指示箭头的点击进行移动参观，偶尔能够进行一些简单的操作和互动（如旋转文物、趣味知识问答等），虽然从视觉感知角度来说能够满足游览者的观看需要，而不能唤起人们的历史文化遗产保护责任行为。

如果增加情绪感知和有机体验，那么对虚拟世界的看法将会有极大的改观，在积极的情绪感知和有机体验的中介作用下，历史文化遗产保护责任行为将会被唤起，人们将有可能积极主动地加入保护现实世界的历史文化遗产的行列中来。

这项试验证明了虚拟世界在促进文化遗产保护传承中所起到的现实作用。正如前文所说，未来历史文化将会在虚拟世界得到有效的保护与开发，但作用不仅仅局限于此，在现实世界保护历史文化遗产同样重要，在这方面，虚拟世界将会发挥越来越大的作用。从这个角度来说，我们同样没有必要考据虚拟世界中的历史是否真实，但可以利用虚拟世界中那些被建构的历史来保护开发真实的历史，这或许会成为虚拟世界历史研究的一个新方向。

---

① 刘清堂，雷诗捷，章光琼等.基于虚拟博物馆的土家器乐文化数字化保护与传承 [J].湖北民族学院学报（哲学社会科学版），2017，35（05）：11-15；阚仁镇，杨玉辉，张剑平.基于数字博物馆的历史文化探究教学：以西湖文化数字博物馆为例 [J].现代远程教育研究，2013（05）：34-42.

第五章　创造认同：虚拟世界中的文化演绎

有了历史的积淀，文化便开始形成。

何为文化？这一点还没有标准答案，但大趋势上还是符合了林惠祥关于文化的定义：文化是人类行为的总结。[1]再具体一些的话就是：文化是社会成员通过学习从社会上获得的传统和生活方式，包括已成模式的、重复的思想方法，感情和动作（即行为）。[2]另外就是泰勒的经典定义了：文化或文明是一个复杂的整体，它包括知识、信仰、艺术、道德、法律、风俗以及作为社会成员的人所具有的其他一切能力和习惯。人类各种社会之间文化的条件是研究人类思维和行为规律的课题。一方面，大量渗透于文明的种种要素最后大部分都会归因于一种一致性的原因，从而引起在这一文明中的人们的一致性行为；另一方面，它的各个阶段可以被认为是文明发展或进化的各个时期，每个特定的时期都是其前期历史的产物，并对将来的历史的形成起到了特定的作用。[3]

从林惠祥追溯到泰勒，一切关于文化的定义都是基于现实世界而做出的，他们生活的年代尚未出现虚拟世界，[4]那么现在我们就不得不考虑虚拟世界存在文化吗？

讨论之前，我们先来看一则新闻报道：

2023 年 9 月 30 日—10 月 3 日，全国规模最大的综合性动漫游戏展——

---

① 林惠祥. 文化人类学 [M]. 北京：商务印书馆，1991：5.

② 马文·哈里斯. 文化人类学 [M]. 李培茱，高地，译. 北京：东方出版社，1988：6-7.

③ 泰勒. 原始文化 [M]. 杭州：蔡江浓，编译. 浙江人民出版社，1988：1.

④ 虽然马文·哈里斯病逝于 2001 年 10 月 25 日，但他对文化开始研究时虚拟世界还尚未兴起。

CICF×AGF 广州动漫游戏盛典在琶洲开展，被誉为"动漫黄金周"的 CICF 中国国际漫画节动漫游戏展（以下简称 CICF）继续与 AGF 玩出名堂游戏博览会（以下简称 AGF）双展联办。今年共 65000 平方米展区，推出一系列精彩的动漫游戏活动项目。

据介绍，全国数百家动漫游戏企业踊跃参展，充分体现"经济复苏，文旅先行"的效应，众多产业头部企业"盛装出席"，当中包括腾讯视频、哔哩哔哩、万代南梦宫集团、米哈游、阅文集团、网易游戏、鹰角网络、华立科技、盛趣游戏、DeNA、恺英网络、乐元素、贪玩游戏、玄机科技、若森数字、三七互娱、Hot Toys、ANIPLEX、三月兽、原创动力、漫友文化、磨铁图书、天闻角川、映蝶影视、杰森动漫、核诚治造、星环重工等，总共展示动漫游戏相关衍生品上千种。

同时，展会期间举办金龙奖 COSPLAY 全国超级大赛、星舞银河全国宅舞大赛、漫次元·超萌星大赛、AGF 玩出名堂王者全民争霸赛等官方活动，除此之外还有各家参展商举办的精彩纷呈的展商活动，盛装 COSPLAY 自由行、AGF 猎冕计划、广州宅舞联萌随机宅舞等经典活动也将于场馆内四天不间断上演。①

如果关注动漫游戏的话的，这样的新闻十分常见，在这段新闻报道中，出现了"文旅""衍生品""COSPLAY""宅舞"等词汇，如果再结合刚才所提到的文化的各种定义，就会发现这些词汇的文化关联性极高。这些文化表象又和以动漫游戏为代表的虚拟世界有着密切的关联，似乎都在证明一个答案：虚拟世界存在文化。

如果这个答案得到证明，那么更多的问题就会被抛出：虚拟世界的文化是怎样产生的？虚拟世界的文化和现实世界的文化有哪些区别和联系？

---

① 南都记者许晓蕾，实习生梁栋，通信员陈君宜.全国规模最大综合性动漫游戏展开启：动漫"破圈"引领新潮流 [N].南方都市报，2023（09）：https://www.sohu.com/a/724914957_161795.

虚拟世界文化的发展方向是什么？……

人类学是一门对文化研究的科学，所以人类学家在进行田野调查的时候，往往也最关注文化表征，如语言、仪式、宗教、习俗等，只要耐心细致地观察，这些元素总能在田野点找到，那么在虚拟世界中我们能否找到这些文化元素？这就是接下来的调查重点。

第一节　虚拟世界的文化表征

一、语言的隐喻

马文·哈里斯认为：与文化起飞有密切联系的是人类独有的语言能力和以语言为基础的思维体系。[①] 也就是说，语言是形成文化的基础，虽然这一点尚存在争议，但我们暂且回归经典，从虚拟世界的语言开始来一步步挖掘文化。

虚拟世界是用编码语言写出的世界，但编码语言（或计算机语言）是编制和处理数据的逻辑编码，并非人类学所说的语言，因此，我们关注的重点在于虚拟世界的参与者所形成的语言。

虚拟世界的语言最早是在互联网信息传递过程中形成的，也被称为"网络语言"。网络语言指称在网络中使用的自然语言，或者说是出现在网络交际中人的自然语言。[②] 在网络交际中使用的自然语言包括网络技术用语、日常语言和变异形式以及特殊的表达方式。这样界定网络语言不仅充分考虑了网络语言和日常语言的密切关系，而且强调了网络语言的特殊性。[③] 对网

---

① 马文·哈里斯.文化人类学 [M].李培茉，高地，译.北京：东方出版社，1988：36.

② 吕明臣.网络交际中自然语言的属性 [J].吉林大学社会科学学报.2004（3）.

③ 吕明臣.网络语言研究 [M].长春：吉林大学出版社，2008：13.

络语言的研究，传播学和语言学已经取得极为丰富的成果。① 所以对网络语言的研究已经十分完善，基本解释了网络语言的发展规律和内涵意义，但在这里我们还是要从文化的角度来分析网络语言。

在《魔兽世界》中，我们随机截取了这样几段在世界频道的对话：

lkuiku：8 级 BB 求组 NY！！！！！！

独领风骚：15 级求带 YY 可消费人在门口

点点的贼：zul 任务全通队，有祖尔法拉克之槌，来的密，来个大号最好 =1

等风也在等你：全图纸附魔大师陪你渡过怀旧青春，风里雨里，奥格邮箱等你 ~MCBWLZUGTAQNAXX

龙景：《魔女》黑翼 2W 大锅饭同职业 50 分 G 装备 200 起躺尸收费缺法师近战牧师

雅典娜的吻：银海旁边的屋子里

疯宝：7391 二位置

雅典娜的吻：上

南湖水怪：银海？

晴天点点：收蛮皮 ..70 一组 .. 无线（限）收 .. 支持邮寄~当天收。

阿代谷师：无限超越招收各职业下周开始活动公会本日冲 3 级 5% 经验已经提供另招收满级玩家一起冲工会成就有兴趣的 M 谈

Gamerss：10 人 ICC 成就龙来个 T 治疗 DPS 小报等级

骑士的力量：21 级经验 BB 求组血色稳点听话缺人 ~~ 大佬可拉

云深怪蜀黍：2 元求拉我去奥格

李肆：NY10 金求带

---

① 仅知网收录的 CSSCI 检索中关于网络语言的研究就多达 7532 篇，读秀数据库收录的关于网络语言的书籍达 7333 种。

风巅：9级宝宝求组 NY9 级宝宝求组 NY9 级宝宝求组 NY

以下是在手机网络游戏《原神》中随机截取的几段玩家对话：

Sermonfire：打永冻还是千岩讨龙

Sermonfire：准备两套嘛，生命，虽然千岩海染都挺难堆生命值的

alei：那我和猫猫换一下

alei：我有一套千岩

沐川渝北：对啊

Lin：但是你给自己的盾看不到，但能看到加速 buff

沐川渝北：……

Lin：盾破时能看到特效

从这两部分对话中可以看出，不同的游戏会形成不同的语言体系，如果在游戏中没有较为深度的体验，则很难理解这些对话所要表达的信息，这种情况甚至让人联想到 2002—2008 年流行一时的"火星文"。一旦能够理解这些对话的含义，知识便随之产生了。

语言中存储了前人的全部劳动和生活经验；语言单位，特别是语词，体现了人们对客观世界的认识和态度，记述下民族和社会的历史发展进程。这样，后人必须通过学习语言才能掌握前人积累下来的整个文化。[①] 简单来说，语言就是经验的表达，当能看懂这些游戏中的对话聊天时，也就说明已经在游戏中积累了一定的经验，知识便开始慢慢积累。

所以从逻辑上来说，语言代表着经验传递，而要理解这些经验，就需要知识的积累，而知识的积累又是通过语言实现的，于是一个有序循环就此开始，一个人的语言和知识体系就变得越来越复杂，与此同时，还出现

---

① 戚雨村. 语言·文化·对比 [J]. 外语研究，1992（02）：5.

了特异性。由于每个人所接受的语言和知识不一样，每个人语言的知识体系都是独特的，我们就可以反过来借用语言和知识体系关注人类群体如何观察、认识、归纳和分析他们的现实。[①] 这样的研究方法被称为"语言人类学"。

语言人类学把语言看作是社会象征符号，是文化资源，它反映群体和个人的分类方式和思维特征，反映他们情感的价值观，也反映他们的行为方式和生活方式。更重要的是，语言人类学所研究的语言是社会构造的一部分，也是人们能动作用的一部分。[②] 已经有很多学者利用语言人类学的理论做了很多有意义的研究，[③] 其中都有一个基本的研究逻辑，就是从词汇表达中分析"他者"对事物的理解。

让我们将这种方法带入虚拟世界，就以上文在《魔兽世界》中随机截取的几段对话为例。"求组"和"求带"是两个出现频率比较高的词汇。在日常语境中，"求"往往表示"恳求""渴求"。从"求"的语态看，它是在自身需求难以满足的情况下渴望得到外界的帮助而表达急迫的需要，于是"求"字拥有了重要的认知和情感的意义。在《魔兽世界》中，只要有大号（等级较高的角色）愿意带小号（等级较低的角色）去打副本，就能在短时间内迅速提升小号的等级，因此"求"字代表了对等级提升的需求。自从"求"成为玩家的"等级提升"表征后，隐喻"效率"嵌入游戏体验，成为快速升级的意向。在游戏的设计中，副本设计的本意是让玩家体验情节以更好地理解游戏的背景故事和历史设定，但玩家往往急躁地想要到达最高等级以获取更好的装备，当然也有玩家可能之前在玩第一个角色时已

---

① Dolgin J.L.ed.Symbolic Anthropology[M].New York:Columbia University Press.1977:7,11,14,34.

② 纳日碧力戈. 语言人类学阐释 [J]. 中央民族大学学报，2003（04）：32.

③ 斯仁. 语言人类学视角下传统牧区牛粪文化探究 [J]. 黑龙江民族丛刊，2023（05）：152-157;刘莉. 语言人类学视域下海南岛滨海人群的互动与交融 [J]. 广西民族大学学报（哲学社会科学版），2021，43（03）：23-29;唐巧娟，王金元. 空间、记忆与生计：语言人类学视角下苗语"路"的语义内涵 [J]. 原生态民族文化学刊，2021，13（06）：99-110+155.

经体验过而无须二次体验，因此有了高效率的升级需求，"求"字则是这种高效率升级需要的直接表达。在游戏中，我们向一位名叫"碰碰鹏鹏"的玩家提问：为什么要通过这种刷副本的方式快速升级而不按部就班地按照游戏设定的任务或者副本一步一步来呢？得到了这样的回答：

> 这是我玩的第五个号了，当时我玩第一个号的时候还是"燃烧的远征"，那是封顶还是70级，我记得当时练级（升级）花了我三个多月呢，硬生生做任务打副本，当然那个时候还是挺有意思，大家一起玩嘛，升级进度也差不多，所以很多副本还是约起来一起打，有些难做的任务大家也会相互帮助一起做做，所以练级还是挺有乐趣的，也不太觉得累。后来我是第一个练小号的，但是舍友们都还在玩大号，就我一个人从头开始，你知道吗，那种感觉就像第二遍看一部电影一样，虽然我对很多任务都很熟悉了，但是再好看的电影多看几遍也会烦，慢慢就失去了耐心，就想赶快升到70级和朋友们打副本，于是就开始找大号代刷副本，有时候还要出钱，真的很快，就两个星期我就满级了，很快跟上了朋友们的进度，直接就打了"太阳井"（副本），拿到了好装备。以后我玩小号也都没有再做任务升级了，都是直接找大号代刷副本。玩游戏嘛，讲求的就是个效率。

从"碰碰鹏鹏"的回答可以发现，高效率升级已经成为游戏中的一种行为习惯，主要的原因或者其逻辑前提在于高效率升级能够为玩家带来快速的游戏体验。《魔兽世界》的开发者甚至回应了玩家这种需求，推出了"等级直升"服务（玩家支付一定费用后就会快速提升角色等级），于是一种快餐文化开始在游戏中蔓延。"时间就是金钱，效率就是生命"的口号催促着人们用最快的速度、最高的效率追逐财富，以实现个人的人生目标，[①]哪怕游戏作为一种娱乐方式而存在也逐渐被快餐化。高效率的游戏进

---

① 胡键. 快餐时代及其他 [J]. 社会观察, 2008（10）: 6.

程、短时间变强的快感让人们不再留恋游戏中的美工设计和高渲染的风景，MOBA 类游戏（如《英雄联盟》《王者荣耀》《无畏契约》等）的兴起将游戏高效率、短时间做到了极致，十几或者二十几分钟一局的战斗让游戏成为随时可玩的快餐，这或许就是游戏中的快餐文化。

通过以上分析，我们会发现一个"求"字作为高效率的隐喻，逐渐扩大到快餐文化。这样的例子有很多，这也是语言人类学的魅力，如果我们继续深入分析，就会发现在虚拟世界中这样的语言隐喻十分丰富，由此形成了一系列虚拟世界独有的文化样态，一套完整、复杂的虚拟世界文化体系就是在这样一个个语言的隐喻中诞生的。

当然，语言最核心的一个作用就是交流。在当前的虚拟世界语言交流主要有两种形式：虚拟世界内交流和虚拟世界外交流。虚拟世界内的交流就是在虚拟世界中提供的交流平台通过文字输入或内置语音模块进行交流，或通过线上聊天软件进行交流；虚拟世界外交流就是通过线下聚集共同进行游戏进行交流。

二、仪　式

当时我和我女朋友都玩《魔兽世界》，我是公会的副会长，她玩的是个血精灵牧师，说实话玩得的确不怎么好。我俩就是一个学校的，是在一次社团活动上认识的，就那么聊起来，才知道她也玩这个游戏。当时我还挺惊讶的，因为很少有女孩子喜欢玩这个，我就说要不你转来我们服务器建一个号吧，我们公会挺厉害的，能带你。没想到她很快就答应了，她说原来玩也是被高中几个同学带着玩的，现在大家都在各地读大学，很少聚在一起，挺想在新学校找几个玩伴一起玩。然后就这么玩在一起了，接触多了嘛，加上那个时候我们自己的电脑配置差，宿舍又经常断网，我们就经常约着去网吧，可把舍友们羡慕坏了，我就寻思着跟她表白，但是我胆小得不行。有次打公会活动，她没来，一群老爷们就瞎聊起哄什么，会长就说要不哪天打副本的时候给你个机会表白，我心想这怕是太随意了，然后他们就继续起哄，甚至还策划起了方案，最后还居然真的形成了一个方案。我心想着好吧，反正也这样了。第二天就各种骗她说团队缺治疗，你不来不行什么的把她哄上线，然后她一上线就被会长拉进 YY（YY 语音，一款即时语音聊天软件），叫她到奥格门口（奥格瑞玛，部落主城之一）领药水（增加 BUFF），她就去了。结果一到门口我们早就准备好了礼花，还用各种道具摆了一个爱心，大家都把角色衣服换成红色。然后大家都在游戏里放礼花，聊天框里各种祝福，我就和她表白了，我俩还一起站在那个爱心里面，大家各种截图各种起哄。我们公会本来就人多嘛，再加上其他玩家路过看见这一幕也来凑热闹，人就越聚越多，可热闹了。可惜最后毕业就分手了（笑），不过嘛，到现在聊起来这事还是个笑谈。在游戏里表白那可是个有意思的事情，到现在我手机里还有那晚奥格门口的截图（开始翻找手机），你看，是不是热闹（图片显示密密麻麻的玩家，礼花和其他道具在爆炸），我们在哪都看不见了。

以上是玩家"榴莲往返"在访谈中的回忆。在他的回忆中，展示了一场虚拟世界的表白仪式。也就是说，在虚拟空间也可以举行仪式，这就是虚拟仪式。

线上参与仪式活动的风潮是从网上祭奠开始的，[①] 此后网上开始出现各类仪式，如除夕的网络上香、春节的虚拟鞭炮、元宵节的网上灯谜、中秋节的云赏月、生日庆典的虚拟礼物和虚拟蛋糕、云婚礼、云毕业典礼等。[②]

虚拟仪式可分为两类：观察性仪式和参与性仪式。观察性仪式是按设定好的程序进行仪式的展演，用户可以围观仪式或者穿梭其间，但不能与

① 费中正，郭林．线上的关键在线下：社会变迁视野下网络殡葬发展研究 [J].甘肃社会科学，2014（01）：60-64.
② 王志伟，丁香雪钰．哪些日子最需要仪式感？受访青年认为是婚礼和生日 [N].中国青年报，2023-06-15（010）.

仪式进行交互。此类仪式多见于网络游戏中，NPC 按照设定程式举行仪式，玩家可以控制自己的角色在旁围观，能够听到 NPC 之间的对话，也能够看到整个仪式的过程，以达到推进游戏剧情的目的。参与性仪式是指用户可以参与仪式的过程且能够与仪式进行交互，包括用户与用户的双向交互和用户与网站的单向交互。这类仪式多见于网站或社交软件中，用户可以通过点击、输入等方式参与到仪式之中。

在现代化的快速发展过程中，快节奏的生活使人们疲于应付人际关系，而仪式的核心就是社会关系的再整合，他们不想承受人际关系的压力以及无法计算的时间和经济成本却又对仪式感充满渴望，比起进入复杂的社会关系网络以及高昂的仪式成本，虚拟仪式提供了非社交独立参与仪式的可能性，加之仪式过程的极大简化和便捷性的参与模式，几乎可以做到零成本参与，哪怕是要在网络世界举行某种仪式，网站制作或程式设计的成本远远低于在现实世界举行一场仪式。虚拟仪式契合了人们对仪式感的需求，作为一种新型的仪式文化，映射出元宇宙到来之际社会和文化的变迁，于是不得不面临这样一些问题：虚拟仪式相比现实仪式有哪些新的特征使其能够快速兴起并适应当今社会的发展？人们参与虚拟仪式的背后有着怎样的深层逻辑？虚拟仪式未来的发展方向是什么？

伴随着文化世俗化，仪式的世俗化也已经是一种必然趋势。从一开始仪式和神话紧紧绑定在一起，早期的人类学和宗教学研究也都是将仪式置于宗教的范围内来研究，这一点在穆勒（MaxMüller）、泰勒（Edward Tylor）、斯宾塞（Herbert Spencer）、弗雷泽（James Frazer）、奥托（Rudolf Otto）等人类学家的研究中可以清晰地看出来。但从德古兰吉斯（Fustel de Coulanges）、史密斯（Robertson Smith）开始，特别到了杜尔干（Emile Durkheim）的研究中，开始注意到了仪式的世俗化趋势，他做了一个很形象的比喻：我们的父辈过去曾为之倾倒过的那些重大事件，由于它们如今已经进入我们日常生活并已成为无意识的行为，或者由于它们已不能满足人们今天的愿望，已经不再能激起我们同样的热情；然而还没有什么能取代它们。^①仪式正在失去它的神圣性，以神秘为外衣的魅力正在消失，这就是仪式的"祛魅"。

在现代性的语境中，宗教仪式都已经开始变为文化表演，其仪式功能的神圣性已逐渐被世俗性所替代。^②节日仪式更是如此，人们在节庆仪式中的狂欢并不是在进行神圣性的祈祷，"过节只是一个聚餐的借口"得到青年群体的共鸣，当把节日视作一种休闲方式时，节日的神圣性就已经彻底消失。消费社会也在不断促使着节日仪式的"祛魅"。在消费主义中，节日成为礼物流动的最佳契机，商家利用节日推销商品，消费者利用节日消费和互赠商品。在这里，商品成为沟通和交换系统中的语言。^③节日背后的神话早已被抛诸脑后。消费主义所衍生出来的"双十一购物狂欢节""三八女神节"等新兴节日已经彻底失去了神圣性的根基，成为一场消费的狂欢，人们也是这场狂欢的主要参与者。

对于仪式世俗化的结果，最为担心的莫过于公共空间的崩塌，因为世俗化会使人们不再关注公共世界和他人，而是沉迷于物质享受和内心隐私，退回到生理性/身体性快乐和封闭的个人内心世界，导致病态的自恋人格。^④自恋人格的横行让人被困于自我之中，缺乏边界之外的社会互动意识，也使文化的神圣性消失不见，使仪式失去魅力，公共性被压缩到极致。仪式和典礼是真正的人类行为，令生命显得喜庆又神奇，它们的消失是对生命的亵渎和庸俗化，是把生命变成生存，因此通过重新"反魅"渴望获得一种治愈的力量，以抵御集体自恋。^⑤

从诸多讨论如何将仪式"反魅"的对策研究中可以发现一个很明显的

① E.杜尔干.宗教生活的初级形式[M].林宗锦，彭守义，译.北京：中央民族大学出版社，1999：611.

② 韦芳婧.宗教世俗化语境下民间宗教仪式的功能变化[J].原生态民族文化学刊，2019，11（01）：99.

③ 让·鲍德里亚.消费社会[M].刘成富，全志刚，译.南京大学出版社，2001：134.

④ 陶东风.从两种世俗化视角看当代中国大众文化[J].中国文学研究，2014（02）：5.

⑤ 韩炳哲.仪式的消失：当下的世界[M].安尼，译.北京：中信出版社，2023：28.

趋势：重建仪式的方向在虚拟世界。不管是从媒介传播的角度来重建仪式，[①]还是通过互动仪式链理论来探讨公共空间的重塑，[②] 无一例外都注意到了新的媒介——网络。基于移动终端等媒体技术支持，个人行动的灵活性激活出以现代文化节日为代表的新的自我实践，它不仅在空间意义上模糊了"此/彼处"的区隔，也在时间上模糊了历史/未来的衔接。[③]

导致仪式"祛魅"的根源是自恋。按照传统逻辑，重新为仪式"反魅"需要打破自恋，这也是既往研究中备受关注的一个方向，但现实情况却是不管通过教育引导还是强迫，"社恐"依然成为一个普遍的现象，自恋人格盛行于人们中，这一问题还是无法得到解决。从以上讨论可以看出，想要仪式重新"反魅"本质上来说需要两个关键条件：神圣性的附着和个人边界的打开。所以，思考的方向是否可以转化为在自恋的既存状态下，再次打开个人边界并赋予其神圣性，以使仪式重新"反魅"。

在这样的指向中，作为数字之地的网络空间成为仪式"反魅"的关键，以数字化技术所设计的仪式成功解决了本真性和社会性之间的矛盾，由于"此/彼"区隔的模糊，传统的"差序格局"在虚拟世界被重塑，新的数字权力场重构了虚拟世界的社会关系，[④] 在虚拟世界的社会关系中，亲疏远近都是短暂的，虚拟世界并不能构成一个稳定的社会。[⑤] 另外，网络世界中的互动仪式是在身体的"非在场"的情景下展开，情感信息的交流和传递也不再依赖"面对面"，随着仪式传播的媒介化与参与的社群化，使得仪式活动促发身体的集聚被网络的虚拟集聚部分替代。[⑥] 于是在"自恋"没有被阻

---

① 林慧. 论传统节日仪式在当代的重建 [J]. 湖南大学学报（社会科学版），2017, 31（04）：133.

② 徐明华，李丹妮. 互动仪式空间下当代青年的情感价值与国家认同建构：基于 B 站弹幕爱国话语的探讨 [J]. 中州学刊，2020（08）：166-172.

③ 凤仙. "节日的阐释"：都市青年在日常生活中的自我实践 [J]. 当代青年研究，2021（06）：76.

④ 王斌. 网络社会差序格局的崛起与分化 [J]. 重庆社会科学，2015（08）：38.

⑤ 王毓川. 回归现实：人类学视域下的"元宇宙" [J]. 中国图书评论，2022（04）：10.

⑥ 郭云娇，陈斐，罗秋菊. 网络聚合与集体欢腾：国庆阅兵仪式如何影响人们集体记忆建构 [J]. 旅游学刊，2021, 36（08）：137.

止的情况下，个人边界以虚拟化的方式被重新打开，再加之数字通道的即时性，在边界打开的同时还能实现高频率的交互。

至于神圣性的塑造，虚拟世界在文化空间的打造方面是现实空间无法比拟的。首先，作为神圣性载体的符号在虚拟世界的流动速度和规模是在现实世界无法想象的。仪式中充满了象征符号，或者干脆地说，仪式就是一个巨大的象征系统。① 在象征主义的研究里，仪式中的符号被赋予种种神圣的象征，符号体系越完整，仪式中的神圣性隐喻就越复杂。在现实世界里，我们需要置身于真实的文化空间中才能感受到符号的神圣性，但在虚拟世界，当符号场域以数字的形式从一个空间迅速传递到下一个空间时，一个庞大的虚拟符号空间就被建构出来，以图像或声音的展示形式为屏幕前的人们提供大量符号信息，这些聚集并流动着的符号成为激发情感能量的核心要素。② 人们并不需要现实的聚合在一起就能同时感受到符号所带来的神圣性冲击；其次，虚拟世界低成本的神圣空间塑造相较于现实世界更为便捷。从空间叙事的角度来说，空间场中的绘画、雕塑等以图像呈现的方式进行叙事，空间形式最终以图像叙事的方式呈现出来。③ 在这一点上，图像叙事有时候比文字叙事更为直观丰富。在神圣性空间中，绘画、雕塑、装饰等无不在叙述着历史和神话信息，当置身于神圣性空间中时，这些信息扑面而来，神圣感油然而生，但高昂的成本和空间的限制为现实的神圣性空间塑造带来了诸多困难。这些问题在虚拟世界荡然无存，图像展示的丰富性和空间扩展的无限性使空间叙事的信息更加丰富，从 3D 到 VR、AR 等技术的运用使人们能够产生置身其中的感觉，身处虚拟空间的神圣性体验不会亚于现实空间。通过符号和空间所塑造出的神圣性从现实空间迁移

① 彭兆荣.人类学仪式的理论与实践 [M].北京：民族出版社，2007：202.
② 郭云娇，陈斐，罗秋菊.网络聚合与集体欢腾：国庆阅兵仪式如何影响人们集体记忆建构 [J].旅游学刊，2021，36（08）：137.
③ 龙迪勇.空间问题的凸显与空间叙事学的兴起 [J].上海师范大学学报（哲学社会科学版），2008（06）：70.

到数字空间的技术已经实现并还在不断发展中，在虚拟世界复刻或者建造教堂、寺院等神圣性空间早已实现，当虚拟现实技术走向成熟的那一天，元宇宙搭建完善之时，数字空间将会成为人类文明的第二空间。

总之，促使仪式"反魅"的社会性和神圣性两大关键因素都能在虚拟世界找到解决方案，这也是虚拟仪式产生并发展的关键基础，由此虚拟仪式能够迅速风靡网络，吸引众多人群的参与，成为链接情感的主要形式。

对仪式的研究是人类学这门学科自诞生以来就关注的主题，然而19世纪的人类学家绝对想不到信息时代的到来和元宇宙的出现，使得虚拟仪式成为新的仪式形式，因此，关于仪式的传统理论在解释虚拟仪式的现象时显得力不从心，由此"社恐"成为极富吸引力的解释：

社恐代表了恐惧、害羞和焦虑等复杂情绪，[1]也被解释为不自信，[2]或者害怕他人评价。[3]所以从心理学的研究来说，这些因素更多地被归结为"社交焦虑"（Social Anxiety），因为这代表着一种消极情绪，甚至和"攻击""抑郁"有关。[4]

仪式是人类文化的重要组成部分，也是社会关系建构的重要环节，科林斯的互动仪式理论提供了重要的参考，他认为每一种交往都是一类仪式，它可以对任何具有一定程度仪式密度的连续体进行分析，一场成功的仪式

---

① Scott S.The Medicalization of Shyness from Social Misfits to Social Fitness[J].Sociology of Health&Illness, 2006(28):133-153.

② Robert J Coplan, Linda Rose-Krasnor, Murray Weeks, et al.Alone Is a Crowd: Social Motivations, Social Withdrawal, and Socioemotional Functioning in Later Childhood[J]. Developmental Psychology, 2012 (05):861-875.

③ Calin M.F.,Sandu M.L.,Chifoi M.A.The Role of Self Esteem in Developing Social Anxiety[J]. Technion Social Sciences Journal, 2021(01):543-559.

④ 吴晓薇，黄玲，何晓琴，等.大学生社交焦虑与攻击、抑郁：情绪调节自我效能感的中介作用 [J].中国临床心理学杂志，2015，23（05）：804-807.

就是对话，对话中参与者都受到了高度关注，这造成了一种共同的象征性事实，即参与者此刻是联结在一起的，其结果是他们离开对话情景时，双方都充实了一种社会团结的感觉。^①如果把每一次互动仪式进行解构，就存在两个范式的研究：一是以涂尔干为代表的范式，即把仪式当作信仰的行为（"神圣的"或"社会的"）；另一种范式认为，仪式要么是行为的本身，要么只是行为的一个方面。^②如果把仪式当作信仰的行为，那么就像特纳补充的那样，仪式把人体组织与社会道德秩序联系在了一起，展示了他们最终达到的神圣性统一，这个统一体高于并且超越这些秩序之间的冲突。^③而把仪式作为行为看待的话，马歇尔·萨林斯（Marshall Sahlins）所提出的仪式能够促使社会组织和文化象征系统的持久模式，对真正的事件产生影响和作用的观点就极具参考价值。^④但无论从何种理论视角解释仪式的逻辑，最终都会回到"社会行为"这一关键词上。^⑤解释仪式的产生以及影响，本质上都是在解释如何通过仪式实现社会关系的再整合，所以无论何种仪式都不可避免地带有社交属性。

仪式的社交属性和社恐的反社交属性相冲突，在仪式活动的密集社交环境中，"社交焦虑"被无限放大，恐惧和焦虑盖过了仪式的神圣性和行为性。在传统仪式研究中，大多数研究都注意到如何通过仪式将个人规定在社会秩序之中，^⑥并将个人置于冷漠而机械的社会结构中的状态，^⑦但很少能注意到当"社交焦虑"被放大之后与仪式秩序性整合之间的矛盾，这是由于研究过于关注仪式中的权力系统。在人类社会漫长的历史过程中，仪式

---

① 李少春.社会学的发展历程 [M].北京：中央编译出版社，2003：235.

② 彭兆荣.人类学仪式理论的知识谱系 [J].民俗研究，2003（02）：18.

③ 维克多·特纳.仪式过程：结构与反结构 [M].黄剑波，柳博赟，译.北京：中国人民大学出版社，2006：48.

④ 彭文斌，郭建勋.人类学仪式研究的理论学派述论 [J].民族学刊，2010（02）：18.

⑤ 彭兆荣.人类学仪式研究评述 [J].民族研究，2002（02）：89.

⑥ Leach E.R.Political System of Highland Burma[M]. Harvard University Press, 1954:14.

⑦ Morris B.Anthropological Studies of Religion[M]. Cambridge University Press, 1995: 255.

从来都与权威以及特定的权力关系密切相关。① 尤其是在政治仪式中，由其衍生出的仪式化，更是将有关权力和合法性的理解渗透进个人和群体的思维模式中，成为一种规训肉体、影响情感和控制社会的重要而隐蔽的方式。② 当个人被规训于仪式的权力空间中时，"社交焦虑"已经被权力所屏蔽而极易被忽视，但当"社交焦虑"突破屏障而形成权力难以对抗的力量时，个人在仪式场域中的身份重构就成了必须直面的现实问题。

随着社会的发展，仪式场域中的身份重构问题在人们中显得尤为突出，已有调查显示，仅有少数青年认为在节日中仪式越多越好，而大多数青年则认为节日中的仪式"无所谓"或者越少越好。③ 人们的仪式参与度低早已是一种普遍现象，他们自身不愿被束缚而喜"新"厌"旧"、追求个性的内在因素是一个重要的因素。④ 尤其是在一些家族仪式中，权力越来越难束缚住人们，他们开始自我建构在仪式场域中的身份，以"边缘人"自居，认为自己是否参与仪式无关紧要，当仪式即将举行之际，往往产生一种"临场恐惧感"，即明知不能缺席但又不想参与，于是应付了事，抽身离场。这种对仪式的恐惧虽然可以由"社交焦虑"这一概念来解释，但这又与人们对仪式感的追求相悖，社恐造成了对仪式的恐惧，但内心又渴望仪式感的莅临，这种矛盾随着网络空间的入场而有了新的解释。

学者们开始关注到社恐和网络活动的关联，认为网络世界为社恐群体提供了得以纾解的环境，有研究表明社交焦虑与上网舒适感和游戏时间呈

---

① 石义彬，熊慧. 媒介仪式，空间与文化认同：符号权力的批判性观照与诠释 [J]. 湖北社会科学，2008（02）：172.

② 王海洲. 政治仪式的权力策略：基于象征理论与实践的政治学分析 [J]. 浙江社会科学，2009（07）：42.

③ 耿波. 当代中国青年学生接受传统节日符号与仪式的现状与对策报告 [J]. 艺术百家，2012（04）：62.

④ 司忠业，陈荣武. 人们中的节日文化"泛化"与重建 [J]. 思想理论教育，2013（03）：92.

正相关。^①于是网络空间是否能够成为社恐的"避难所"成为讨论的焦点。现有研究几乎一边倒地认为人们不应该以网络空间的虚幻来逃避社会关系和自我身份的建构，过度沉溺数字媒介构建的"社交茧房"会使"社恐"群体囿于自我划定的交往舒适区，并将其视作回避真实社交的借口。^②只有强化真实世界的"情感能量赋予"功能，让真实世界的社会交往活动发挥其情感性功能。^③随着大量青年以"社恐"自居，"社恐"开始在网络世界成为一个被泛化的概念，《中国青年报》的另一项调查显示，超八成受访大学生认为自己轻微"社恐"。^④因此有研究认为"社恐"只不过是身份标签，是一种披着娱乐外壳的社会抵抗。^⑤总之，无论是逃避的借口还是泛化的标签，多数观点都偏向于网络空间不能成为逃避现实社交的场域，否则的话，社交媒体将从孤独的排解渠道变成孤独的来源。^⑥这一观点对虚拟仪式的态度也是如此，因为对现实仪式的逃避而参与虚拟仪式只不过是对仪式社交属性的逃避，虽然网络空间的出现为恐惧仪式和渴望仪式感的矛盾中间创造了缓冲区，只有回归到现实的仪式中才能重新发挥仪式的种种功能。

但随着仪式的表演特性重新回到研究视野中，这种研究指向也引起反思，对虚拟社交、虚拟仪式持批判的传统态度也开始发生改变。马林洛夫斯基曾指出仪式具有展演的功能，^⑦作为一种恰适的、精心设计的仪式，它也是自觉自愿的规范化行为表演，是以表层性、象征性展示以及流程化、

---

① Prizant–Passal S., Shechner T., Aderka I.M.Social Anxiety and Internet Use–A Meta–Analysis: What do We Know? What Are We Missing?[J]. Computers in Human Behavior, 2016(62):229.

② 段俊吉 . 理解"社恐"：青年交往方式的文化阐释 [J]. 中国青年研究，2023（05）：100.

③ 王水雄 . 当代年轻人社交恐惧的成因与纾解 [J]. 人民论坛，2021（10）：40.

④ 程思，毕若旭，王军利 . 超八成受访大学生认为自己轻微"社恐"[N]. 中国青年报，2021–11–23（011）.

⑤ 蔡骐，赵嘉悦 . 作为标签与规训的隐喻：对网络流行语"社恐"的批判性话语分析 [J]. 现代传播（中国传媒大学学报），2022，44（09）：145.

⑥ 李勃 . 当代青年网络社交流变特点分析 [J]. 中国青年研究，2023（11）：29.

⑦ Malinowski B.Sex, Culture and Myth[M]. Literary Licensing, LLC, 2011:191.

庄重化姿态对严肃生活的参与及呼应，[1]青年实际的生活状态被仪式化行为填充，仪式展现的并不是青年真正的生活状态，是带有极强目的性的理想性表演。[2]如果从这一视角出发，就能发现网络空间实际上是为人们提供了一个"展演的空间"，在这一空间中，他们并非为了逃避而进行"躲藏"，反而是在一个无限的空间中努力"展演"着自己，所以如果仅仅用"社恐"来解释青年人的网络社交活动似乎略显不足，而本真性理论则在这一方面有着极强的解释力度。

查尔斯·泰勒认为，现代人的本真性崇拜是一种"道德力量"，他认为忠于自我无非是忠于自我的真实性，而这是只有"我"才能明确表达和一探究竟的东西，在表达它的同时，定义着自身。[3]在以泰勒为代表的本真性思潮影响下，古希腊的思想"认识你自己"重新焕发生机，但西方的本真性理论在极端个人主义思潮下开始走向"原子论"，并衍生出"原子社会"这一概念，在这样的指向中认为本真性的自恋气质阻碍着共同体的形成，对本真性的内容起决定作用的，不是其与共同体或另一更高秩序的关系，而是其市场价值。在市场价值面前，所有其他价值都黯然失色。因此，本真性的形式及内容合二为一，两者都为自身效劳。本真性崇拜将身份问题从社会转移到个体上，持续忙于自我生产，从而使社会原子化。这种极端的"原子论"明显带有历史虚无主义倾向，因为社会不可能是原子化的，马克思指出强调全部人类历史的第一个前提无疑是有生命的个人的存在，因此，第一个需要确认的事实就是这些个人的肉体组织以及由此产生的个人对其他自然的关系。[4]过于强调自我崇拜将会陷入"盲信"的泥潭，因为

---

① 款成兵."伪精致"青年的视觉包装、伪饰缘由及隐形焦虑[J].中国青年研究，2020（06）：75-82.

② 赵平，冯惠芳.青年"伪仪式感"的本质透视、主要诱因及祛"伪"之策[J].中国青年研究，2022（11）：98.

③ Taylor C. Das Unbehagen an der Moderne[M]. Suhrkamp Verlag, 1995:39.

④ 马克思，恩格斯.马克思恩格斯选集（第1卷）[M].北京：人民出版社，1995：67.

这种"盲信"完全忽略了社会的现实性，马克思主义的介入让我们对本真性概念有了新的理解，在唯物主义价值观中，本真性是现实的个人的本真性，是从事实践活动的个人的本真性。实践是个人的生存方式。向内求助神秘实体或求助自己的创造意志都无法确证自己的个性或本真性，我们只有在实践中才能找到理解自我的秘密。实践始终是在现实的社会关系中进行，因而个人本真性只有在社会背景下才能获得其全部意义，否则个性或本真性不过是"疯癫"、毫无意义的特征。①

因此，本真性是个人在实践中的自我生产，其中包含两个关键的概念：第一，本真性必须在实践中才能表现出来，如果脱离实践，再张扬的个性也会毫无意义；第二，本真性是一种自我生产，是一种主观能动性的表现，是个人不断塑造自我的过程。所以，本真性并不和社会性相悖，因为实践和生产是社会性的活动，我们无法脱离社会进行实践和自我生产。反过来，实践和自我生产则在支持着本真性的塑造。所以这里所说的"本真性"是在社会性基础上的本真，有了社会性的基础，人才能塑造自我的本真，这便是自我生产。自我生产是一个比较宽泛的概念，包括个性的塑造、知识谱系的建构、自我价值的实现等，但如果将其纳入社会性的框架之中，就会发现本真性必然会通过社会性展现出来，韩炳哲将这种展现称为"表演"，认为本真性社会是一个表演型社会，每个人都在表演自我，每个人都在生产自我。

首先，人的自我生产是持续性的，这一过程并不是向下寻找自我的本质，而是一种向上的解放，摒弃了把人的本质界定为"自由自觉的劳动"，进而通过劳动异化及其自我扬弃来实现人的解放的路径，这实际上是摒弃了从预设的价值尺度和"应然"标准出发，在非现实的层面通过人向"应然"标准的回归来解决现实矛盾的哲学分析范式。②自我的本质作为一种

① 陆灵鹏，任丑. 本真性的批判与重构 [J]. 思想教育研究，2021（02）：87.
② 艾四林. 德意志意识形态（导读）[M]. 北京：中国民主法制出版社，2018：99.

"应然"标准在自我生产中被摒弃，因为自我的本质实际上一种静止的形而上学概念，如果被自我的本质所掣肘，人的自我生产将难以持续。所以生产自我作为一种解放自我的过程，在人的生命历程中有着积极的意义；其次，人的自我生产是在社会中进行，在不断地解放自我过程中，无论非本真的还是本真的生存都意味着人的生存实践。[①] 换言之，人想要在社会中生存，必须通过实践不断展现自我的本真性。从这一角度来说，社会是一个用来展演自身的剧场；本真性的表演并非是一种虚构的表象，相反，这恰恰是个人为建构社会关系和确立社会地位所做出的努力，在人的自我解放过程当中，实践是最基本的环节，实践结果是实践目的的实现，是改造客观世界的成果。实践结果是否具有价值，是否有利于人类主体的生存和发展，这是实践评价的最重要的内容。[②] 作为实践的本真性表演，就是一种为了实现价值而进行的展演，如果这种展演利于主体的生存和发展，那么这就是一场最真实的表演。

在本真性理论带来的诸多启示中，最重要的一条便是人的本真性是一场在社会实践活动中的表演，这种表演在塑造自我本真的同时也在塑造着社会。从这一启示回到社交恐惧还是仪式恐惧这一问题中后就会发现，所谓的"社恐"也是一种本真性表演，其实人们从来没逃避过社交，只不过在不同的社交关系中进行着不同的本真性表演，人们并不需要认识到自己本质是 i 人还是 e 人（在 MBTI 人格测试中，将 16 种人格类型分为两大类：i 人指的是性格内向，e 人指的是性格外向），因为所谓的追求人的本质不过是形而上学的误导，只需要在特定的社会关系中进行自我生产，也就是实践的价值实现。"差序格局"的原理早已解释了个人社会关系的多样性，[③] 在熟人面前开朗和在生人面前自闭的状态并不一定需要置换，而是需要在

---

① 陈勇. 生存、知识与本真性：论亚里士多德与海德格尔的实践哲学 [J]. 哲学研究, 2017（04）: 94.

② 郝立忠. 价值：实践评价的唯一尺度 [J]. 东岳论丛, 1996（04）: 52.

③ 费孝通. 乡土中国 [M]. 北京：人民出版社, 2008: 25-34.

不同的社交环境中进行"本真性表演"，在"表演"中实现自我生产和自我解放。

因此，人们积极参与虚拟仪式的逻辑并非基于"社恐"的逃避，而是在进行本真性表演，通过虚拟仪式的参与实践，个人的边界被打开，情感有了表达途径，知识谱系得到更新，自我价值得到认可，最终实现自我生产。如果仅仅基于"社恐"来看待虚拟仪式，便会割裂虚拟和现实之间的联系，容易走向否定虚拟世界并要求人们回到现实的误区。元宇宙的到来已经无法阻挡，数字化、网络化、智能化深入发展，在推动经济社会发展、促进国家治理体系和治理能力现代化、满足人民日益增长的美好生活需要方面发挥着越来越重要的作用。[①] 我们应该看到人们参与虚拟仪式的深层逻辑而非停留在表面"阻止"人们融入虚拟世界，只有认识到这一底层逻辑，才能为接下来在虚拟世界进一步发挥虚拟仪式的价值打下基础。

文化数字化已经上升为国家战略。[②] 虽然这一工作早已在进行，且技术手段也在不断更新，但内容上却长期停留在扫描存储阶段，研究重点也多集中在如何进行更加精细化的扫描和高效率的存储，但文化的关键即人类行为却长期被忽略。当回到文化最基本的概念时就会发现，在现实生活中文化是人的行为这一概念早已被作为"常识"来看待，但在文化转向数字化的过程中却往往忽略了文化的行为要素，而当文化失去行为要素，就退化为一种展示性的图像供人观赏。所以，当我们忙于扫描文物壁画或者以影视等方式记录一场仪式的时候，如何在虚拟世界重现"行为"而非仅仅以图像呈现的方式来复刻文化成为文化数字化所面临的重要问题。

虚拟世界的一大特征就是虚拟交互，其交互频率远远高于现实的交互，这就意味着以复杂交互行为所产生的文化在虚拟世界中是有实现可能的，如果不把数字化视为一种信息传递的媒介技术而是视为一个交互的空间技

---

① 习近平. 致首届数字中国建设峰会的贺信 [N]. 人民日报，2018（04）：22.

② 习近平. 高举中国特色社会主义伟大旗帜为全面建设社会主义现代化国家而团结奋斗——在中国共产党第二十次全国代表大会上的报告 [M]. 北京：人民出版社，2022：44.

术，就能发现元宇宙并不仅仅是在传递信息，而是人类交互行为的数字化迁移。因此，文化数字化的本质就在于将文化由现实世界迁移到虚拟世界，迁移的不仅仅是图像，还有行为、记忆、语言等非图像化的因素，更重要的是，实现像在现实世界能够进入一种文化一样，在虚拟世界也能具身性地进入一种文化。

仪式作为一种典型的交互行为契合了虚拟世界快速交互的特征，在仪式的数字化转换过程中，交互行为以一种极为便捷的方式被实现，所以虚拟仪式能够最早并且最快实现数字化转换，这一趋势必将会持续，会有更多的传统仪式在虚拟世界中被呈现出来，甚至可能会有新兴仪式出现。在未来，元宇宙中仪式种类的丰富性不会亚于现实中的仪式种类。

但在仪式的数字化开发过程中必须理解文化数字化的本质，仅仅将某个仪式进行记录并以数字化方式存储并不能体现仪式的交互性。当在虚拟世界呈现一个仪式的时候，应该把如何实现与用户的交互作为目标。如果朝这个方向发展，那么虚拟仪式不仅能够提供参与仪式的一种形式，更能将各类仪式在虚拟世界再现，甚至能重现历史上已经消亡的仪式，用户不仅仅是观看仪式，而能够进入其间，真正体会到仪式所带来的种种震撼。

虽然说本真性表演是一种自我生产，但并不是一种无序的表演。仪式无论是在现实世界还是虚拟世界都具有规约性，本真性表演必须和仪式的规约性相契合，才能在保证仪式顺利进行的时候发挥仪式的功能，参与者也能更好地参与和体验仪式。

仅仅引导参与者遵守秩序是远远不够的，从本真性表演的自我生产属性来看，参与仪式就是为了完成自我生产，其中包括知识谱系、价值观等方面的自我生产，所以在这方面所需要引导的是在仪式的参与过程中更好地完成自我生产。在一场仪式中，除了体验仪式外，还能通过仪式更新自身的知识谱系，进一步塑造自己的价值观，所以在这一点上，仪式流程的设计、图像和声音的组合等至关重要。通过一场仪式让参与者了解仪式背后的文化、历史等知识，并且通过仪式引导参与者建构起正确的价值观，这才能实现对参与者自我生产的引导。在现实世界中，仪式对自我生产的引导功能显而易见，庆典仪式、祭奠仪式、节日仪式等都能够让参与者完成一次自我生产；但在虚拟世界，仪式仍停留在"展示—观看"的阶段，将仪式以图像或视频的方式进行展示仍然是最主要的手段，仪式与参与者的互动性依然较低，对参与者自我生产的引导力度同样不高。虚拟世界的高频率互动就意味着虚拟仪式所能发挥的引导功能不会亚于现实世界，尤其对于人们来说，作为虚拟仪式的主要参与者，更能够通过虚拟仪式的进一步完善来引导人们了解更多的知识并形成正确的价值观，进一步树立文化自信，这一点将会是虚拟仪式接下来的发展方向。

另外，本真性表演中自我生产的另一个特征就是实践。参与仪式本身就是一种实践，虚拟仪式同样如此，虽然没有真实的临场，但具身性的参与要素同样具备，此外虚拟仪式所要引导的不仅仅是参与过程中的实践，还包括过程后的实践。传统文化的复兴作为一个时代命题已经引起诸多讨论，虚拟世界也将会作为一个重要的复兴场域，人们是元仪式的参与主力，也将是中国传统文化在虚拟世界复兴的主力。在这一点上，人们将发挥更大的价值。未来传统仪式将会以更为多样的创新形式在虚拟世界被呈现，参与虚拟仪式之后的实践内容就在于虚拟仪式的模式创新、文化传播、知识传递等过程后实践，因此，引导本真性表演的另一个关键就是通过虚拟仪式的参与引导参与者积极加入过程后的实践继续进行本真性表演而非止步于参与仪式，在虚拟仪式中也能够激发人们的文化自觉。

综上可以发现，从本真性理论的视角出发，通过研究视角的转向，重设审视了人们热衷参与虚拟仪式的现象，以此将问题引向更深的方向，通过以上分析便可以回答一开始提出的几个问题：虚拟仪式的特征主要体现在能够实现仪式的"反魅"。既能够重新找回仪式的神圣性，也能够打开个人的边界，回归到仪式的社交属性，这一特性既能够让仪式在虚拟世界重新焕发活力，也契合了人们对仪式感的追求，加之高频率的交互使得参与仪式的多样化和便捷化成为可能，哪怕在快节奏的生活中也能满足仪式感。

另外，虚拟仪式的"反魅"是建立在低成本和无限性的基础上实现的，低成本降低了仪式组织和建构的成本，无限性能够让虚拟仪式展现出更多的可能，不仅仅是无限的空间，还有无限的形式和内容都可以在虚拟世界呈现，成本和空间将不再成为限制仪式举行的条件。可以说，对虚拟仪式唯一的限制就是想象力。以上特征造就了虚拟仪式不可比拟的优势，使仪式以一种虚拟化的方式迅速风靡网络，并吸引了大量用户以多样的方式参与到虚拟仪式中。人们参与虚拟仪式的逻辑并非仅仅是因为"社恐"，而是找到了一个适合本真性表演的舞台，在虚拟仪式中可以用更快更便捷的方式完成自我生产，并且可以更为自由地进行本真性表演。因此，人们参与虚拟世界的活动并非是为了"逃避"，反而是为了更好地"展演"自身，如果以这样的视角出发，再加上文化数字化的战略背景，我们并不需要过于强调如何"阻止"人们在虚拟世界的活动或者要求他们回归现实，而是应该分析如何进一步完善虚拟仪式使之更好地契合本真性表演的需求，给人们搭建一个更为广阔的数字舞台。虚拟仪式的未来将会从三个方向发展：第一，虚拟仪式将会成为仪式举行的另一种重要形式。随着元宇宙时代的到来，大量现实中的事物被虚拟现实技术被迁移到虚拟世界，仪式也同样如此，虽然现在还处于元宇宙的初级阶段，虚拟仪式也还是以展示为主的方式呈现，但未来将会有越来越多的仪式在虚拟世界举行，甚至可能诞生现实世界中完全不存在的新兴仪式；第二，虚拟仪式将成文化数字化的主要载体。仪式背后的历史、神话、知识等文化元素将会跟随虚拟仪式实现文化的数字化转换，传统文化也将会通过虚拟仪式实现复兴；第三，虚拟仪式将会成为引导人们坚定文化自信，建设文化强国的重要手段。作为虚拟仪式主要参与者的人们将会通过虚拟仪式实现自我生产，更新知识谱系并树立正确的价值观，培育文化自觉，使人们更加积极主动地投入社会主义文化强国的建设中。总之，更加盛大的虚拟仪式必将会在虚拟世界中出现，这已然成为一种趋势。

但作为一种新事物，对虚拟仪式的研究还停留在比较初级的层面，在技术层面、理论层面和实践层面还有很大的研究空间。在技术层面，如何让用户能够更加深入且真实地参与到虚拟仪式中还有许多关键技术尚未攻克；在理论层面，现有的仪式理论基本都是基于现实仪式而生成的，虚拟仪式作为一种虚拟世界的虚拟仪式，旧有的理论是否还有指导和解释的意义，理论更新迫在眉睫；在实践层面，如何利用虚拟仪式的种种优势推动文化数字化战略进程，建设文化强国，同时又要避免虚拟仪式所带来的负面影响，正确处理虚拟仪式和现实仪式之间的关系，这些问题都需要在实践中持续研究。

三、创造传说

岁月流逝，无人知晓提尔那只被遗落在提瑞斯法林地之中的传奇白银之手下落如何，但白银之手早已成为居住在这片地区的所有人类氏族的共同象征。人们将它绘制在衣服和徽章上，用来抵御恶灵、保护战士、治愈疾病。在千百年之后，它将代表着一个伟大的圣骑士组织，那是一群忠于圣光、敢于自我牺牲的勇士。①

传说和神话是一对相互纠葛的存在。在《魔兽世界》中根据"创世神话"衍生出了很多种类的传说，如根据元素创世神话塑造了"萨满教"，根据"白银之手"神话塑造了"圣光教"等，如果对现实世界宗教有一定了解的话就会发现，游戏中提到的这些宗教实际上就是现实世界宗教的迁移与改造。

在虚拟世界的田野调查中发现一个有趣的现象：虚拟世界中信仰宗教的几乎都是 NPC，这或许可以理解为游戏背景剧情的一部分，目的是为让玩家有更加逼真的体验。也就是说，虚拟世界的神话都是现实世界神话的

① 克里斯·梅森. 魔兽世界编年史（第二卷）[M]. 刘媛，译. 北京：新星出版社，2016：133.

投射，对此就不得不面对两个问题：虚拟世界会产生神话传说吗？虚拟世界需要神话与传说吗？

先来看第一个问题，要分析虚拟世界会是否会产生神话传说，就必须要了解神话传说产生的基础是什么。

列维－斯特劳斯从结构主义的视角出发，从语义学的理论中分析神话的起源：

神话是语言。众所周知，神话必须由人来讲述；它是人类言语的一部分。为了保留它的特性，我们必须能够表明：它既是与语言相同的东西，又是某种与语言不同的东西。在这里，语言学家的老经验可以助我们一臂之力。因为语言本身可以被分解成与它相似、同时又与它不同的东西。这恰恰是索绪尔对语言和言语的区分所要表达的意思，一个是语言的结构方面，另一个则是语言的统计学方面。语言属于可逆的时间，而言语却是不可逆的。

我们已经按照它们使用的不同时间参照系区分了语言和言语。记住这一点，我们会注意到，神话使用的是把前两者的属性组合在一起的第三种参照系。一方面，神话总是涉及一些据说很久以前就已经发生的事件。然而，神话所描绘的特殊模式是超时间的，正是这一点赋予了它使用价值；它既解释了现在、过去，也解释了将来。如果我们把神话与现代社会中很大程度上是取代神话而出现的政治作一番比较，这一点就会一目了然。①

从列维－斯特劳斯的理论出发就会发现虚拟世界不会产生神话，因为"神话必须由人来讲述"，虚拟世界的神话只不过是现实世界神话的复刻，并且由固定程式录入系统，然后由 NPC 讲述出来，于是就会产生两种介质：

---

① 列维－斯特劳斯.结构主义神话学（增订版）[M].叶舒宪，选编.西安：陕西师范大学出版社，2011：13-14.

一是 NPC，二是 NPC 的设计者。如果是由 NPC 作为介质讲述神话，那就违背神话产生的基本逻辑；如果绕过 NPC，以游戏设计者通过 NPC 讲述神话的逻辑考量，虽然讲述神话的是人（NPC 的设计者），但他 / 她讲述的依然是现实世界的神话。

至此，我们已经可以确定一个结论，虚拟世界不会自发地产生神话，虚拟世界的神话只不过是现实世界的复刻，其目的是为加强玩家的游戏体验。因此，针对虚拟世界的神话内涵做出进一步的研究意义不大。但是正如在上一章我们所做出的关于游戏体验与遗产保护的实验一样，神话传说作为人类文化的遗产之一，有着重要的保护价值，从"女娲造人""后羿射日""盘古开天地"等传统神话到各民族史诗如"格萨尔王传""勒俄特依""江格尔"等，它们不仅仅是神话传说，更是一个民族历史记忆、文学、仪式等文化的重要载体。因此，将这些神话传说以游戏、动画等数字化手段引入虚拟世界以促进对这些重要文化遗产的保护和传承是十分有必要的。换言之，我们的研究重点应放在如何利用虚拟世界来保护和传承现实世界中的神话传说，而不是对游戏开发者所设计的神话传说进行研究。

但在我们的调查中，却发现了另外一种"神话传说"，即玩家的"传说"。以下是玩家"若梦影风痕"在艾泽拉斯国家地理（NGA）论坛上讲述的一则"传说"：

曹芝源，一位 21 岁的小伙子，一位身患癌症但依旧乐观向上、顽强不息的勇士。他喜欢玩 WOW，崇拜 sky 李晓峰。2011 年，他被确诊患有右腿骨肉瘤（俗称骨癌），医生的建议是进行截肢手术。第一次的手术中，芝源大腿根部的肿瘤和骨头一起被切除了。然而，术后仅仅过了大概几个月，突然有一天，在没有任何剧烈活动的情况下，他的右腿突遭骨折，而且属于不可修复型的骨折，芝源只能面临截肢。这样的噩耗在芝源的眼中，却更像是一种解脱。

"我心里轻松了很多，因为出院以后，我不再像以前一样只能待在家里了，可以依靠双拐自由地活动。虽然失去了一条腿，但生活是在朝着一个好的方向发展的，以后的日子会越来越好的，想到这里我就觉得挺开心。"

2014 年 4 月初，由于呼吸有点不舒畅，芝源去医院做一次了复查，结果是癌细胞扩散到肺部。在知道属于自己的时间已经非常有限以后，他依然固执地选择放弃化疗，选择止痛片，每天吃药，一种药失效再吃另一种，直到最后根本无法止痛。因为他不想在为数不多的时间里，再忍受化疗的痛苦。

从儿时开始，在母亲的熏陶下，芝源逐渐成长为一个乐观开朗的男孩。从他知道病情以后，从未有过苦恼，或是自卑。他没有选择回避痛苦，而是坦然面对，最大的希望就是开开心心地活下去。在与病魔斗争的 3 年里，他始终是快乐的。

芝源感觉自己非常幸运，因为他遇到了很多好人。他们陪伴他一起聊天，一起玩游戏。用他们自己的话说，"因为我们是兄弟。" 4 月芝源住院以后，他的朋友们也从全国各地跑来看望他，有广西的，有江苏的，这让他非常感动。在芝源看来，"其实我一直在失去，但是有这些朋友在，我觉得自己好像同时获得了更多，也许这就是感恩吧。"

面对着即将到来的一切，芝源的态度非常简单，尽人事，听天命。这也许就是他的心情——不指望奇迹，也不相信鬼神，只相信自己做好能做好的一切，接下来就听天由命吧。

2014 年 11 月 27 日，这场艰苦却又饱含温情的斗争结束了，芝源离开了。

为纪念曹芝源，暴雪公司在暴风之盾安多玛斯高塔的二楼设计了一位名为"芝源"的铭文师 NPC，继续用墨水和羊皮卷续写着自己的故事，静静地将不朽的生命定格在了艾泽拉斯世界。①

---

① 若梦影风痕.逝者纪念册：永生于艾泽拉斯之德拉诺篇 [N].NGA 论坛，2017（8）.

访谈中，玩家"朽木鱼鱼"又为我们讲述了另外一则"传说"

我们服务器有个大佬叫雷文。据说在游戏的 60 级版本的时候他就玩"魔兽"了，最开始只是一个默默无闻的新手。然而他特别喜欢带小号，而且不收取任何报酬，据说好多人都跟着他打过副本。后来，雷文的名字开始在玩家社区传开。他以卓越的战斗技巧和无私的团队精神，赢得了众多玩家的尊敬和信赖。他组织起一支强大的公会，吸引了无数玩家加入。他指挥得又好，除了装备都是优先让给别人，自己从来不贪。不打公会活动的时候，他就去带小号，十多级、二十多级的小号副本他都可以带着新手玩，可以说，他的事迹被玩家口口相传，成为激励人心的故事。许多新手玩家都视他为榜样。

但有一天他突然就离开游戏了，再也没上过线。他留下一封信，表达了对公会成员和《魔兽世界》社区的感激之情，并表示自己将回归现实生活，继续追求其他梦想，然后就这么走了。以后确实我也没在这个服务器见过这个号上线。

尽管雷文离开了《魔兽世界》，但他的传说却永远留在这片土地上。很多玩家都宣称自己认识雷文，甚至还在现实世界中和他一起吃过火锅，有时候打副本听他们几个指挥在闲聊都会提起这个雷文，大家似乎都以认识他为荣，很多人宣称还在和他保持联系，但都不太经得起推敲。有的说他结婚了就不玩游戏了，有的说他出国了所以不玩国服了，有的甚至说他离世了，反正什么说法都有。总之，以后服务器确实也没再见过这个人，再过了几年大家也不太提起了。现在的玩家几乎都没听过这个名字，在我们那个时候，雷文这个名字就是专业和高端玩家的象征，只要认识他仿佛自己就是高端玩家一样，可著名了。

然而，如果不采取这种过激的、令人反感的理论，而是以一种比较理智的方式揭开造化神话的千古之谜，我们就会得更多的东西。各种传说在后来的各个时代中的存留和传播，虽然有许多方面变得更加光怪陆离，可是问题却不是那么复杂。人类思维对于过去有一种天生的崇敬之情，而人类的宗教虔诚和儿童的恭顺孝敬，都是从这同一源泉中涌流出来的。尽管过去年代的传说显得奇妙、粗野，有时甚至有点伤风败俗、荒诞不经，但每一代人都欣然接受，并加以改造，从而使这些神话得以再生，能够揭示真理或揭示更为深刻的意义。[①]

以上两则"传说"都与现实中的玩家有关，如果说有不同的话，第一则曹芝源的故事有事实依据可考，第二则雷文的传说则很难找到事实依据。但正如缪勒所说，传说并非用来考证的，而是"揭示真理或揭示更为深刻的意义"，这就是神话传说存在的现实意义。在学术界曾经一度陷入考据神话传说真实性的悖论之中，很多学者翻遍文献和考古资料，要么努力寻找神话传说的"起源"，要么最终证明神话传说的"虚假"从而宣称要摒弃神话传说的"虚无"。尽管马林诺夫斯基们提出了还原到神话叙事主体的主位信仰形式的实践认识纲领，但很遗憾，人类学家仍然坚持"神话"概念的理论使用方式，即仍然视神话实践的主体和主体的神话实践为可直观的神话实践的经验性现象，于是理论认识的经验只能一方面证明神话信仰形式（心理态度）的真实性，另一方面证明神话叙事内容的非真实性，二者永远处于自我矛盾、自相冲突、自行瓦解的悖论当中。[②] 在人类学看来，神话传说不是用来考证的，神话传说本身就是一个研究对象，最重要的是研究神话传说如何影响文化情境，进而影响文化情境中的人的行为。

我们将上述两则"传说"带入列维‒斯特劳斯和缪勒关于神话的解读中就会发现，在虚拟世界中创造神话传说的依然是现实世界中的人，也就是玩家。神话传说并不需要宏大的叙事或者英雄的故事，普通人也能创造神话传说，神话之所以是神话，不在于其是神的叙事，而在于其通过"叙

---

① 缪勒. 比较神话学 [M]. 金泽，译. 上海：上海文艺出版社，1989：14.
② 吕微. "神话"概念的内容规定性与形式规定性 [J]. 长江大学学报（社科版），2015（11）：14.

事"或"论理"诸"体裁"的纯粹形式间关系，在任意约定的理性条件下，被赋予了共同体——神话的文化——生活宪章功能。① 在曹芝源的故事中，我们可以看到他对生命的渴望以及众玩家与他共同创造的友情，还能看到玩家对他的怀念。在曹芝源去世后，他成为一个"传说"，并且在游戏中为他打造了"纪念碑"（一位 NPC），他成为积极乐观、兄弟情谊的象征。雷文的故事则成为乐于助人、无私奉献的象征。他们都成了玩家在虚拟世界中的"生活宪章"。从这一理论进行解释，就会发现虚拟世界中神话传说的本质和现实世界是一致的，那么是否就意味着我们只在现实世界中构造神话传说，虚拟世界不需要神话传说？这就是接下来关于第二个问题的回答。

通过上述分析就会发现，虚拟世界神话传说的来源有两类：一类是现实神话传说的复刻，第二类是由玩家创造的神话传说。如果从功能上说，虚拟世界神话传说在发挥两种功能：一是增强玩家的体验感；二是赋予玩家以一种向上的精神。正如我们在讨论虚拟世界的历史问题一样，神话传说为虚拟世界提供了丰富的背景故事和文化底蕴。通过构建一系列引人入胜的故事情节和人物形象，神话传说能够让玩家更加深入地了解虚拟世界的起源、历史演变以及各个种族、势力之间的关系。这不仅增强了游戏的可玩性和吸引力，还让玩家在游戏中获得更加沉浸式的体验。其次，神话传说有助于塑造虚拟世界的独特氛围和风格。不同的神话元素和故事情节为游戏世界增添了神秘感和奇幻色彩，从而吸引玩家不断探索和发现。这种神秘和奇幻的氛围也是许多玩家钟爱虚拟世界的重要原因之一。此外，神话传说还能激发玩家的想象力和创造力。当玩家沉浸在丰富多彩的神话故事中时，他们会不自觉地开始构思自己的故事和角色，进一步丰富虚拟世界的内涵。这种想象力和创造力的发挥也是虚拟世界魅力的重要组成部分。更重要的是，通过神话传说，开发者可以在虚拟世界中传达各种价值

---

① 吕微. 回到神话本身的神话学：神话学的民俗学现象学——先验论革命 [M]. 北京：中国社会科学出版社，2023：221.

观和道德观念，也就是"生活宪章"。例如，一些神话故事可能强调勇气、正义、牺牲等主题，从而引导玩家在游戏中做出符合这些价值观的选择。这不仅有助于提升玩家的道德素养，还能让游戏本身具有更深远的意义。

虚拟世界已经成为现实世界延伸，游戏也不仅仅是发挥娱乐功能，一个个普通玩家在虚拟世界塑造出了一个又一个传说，或许没有"开天辟地""神界大战""拯救王国"这样的宏大叙事载体，但这样一个个普通的传说所发挥的作用不比神话史诗小。对此，玩家"朽木鱼鱼"表达了自己的看法：

其实《魔兽世界》中的传说故事还有很多，除了雷文这样的传说，经常会在论坛里、新闻里看到很多故事，比如，两个玩家在游戏中相识相爱，但是男生却不幸患了白血病，然后整个服务器都在帮他发起捐款什么的，女孩也不离不弃。还有一个服务器的玩家为了追歹徒却被歹徒刺伤不幸离世，然后全服务器的玩家都发起了纪念。对了，游戏里面有个NPC叫凯莉·达克，在沙塔斯城，这应该是我见过最感人的NPC了。我记得是为了纪念一位去世的玩家设立的，这个玩家在去世前为了表达对世界的眷恋，写了一首诗存放在游戏的邮箱系统里，后来暴雪公司为了纪念她就把这首诗的程序写在了这个NPC上，只要和这个NPC对话，就能看到这首诗。我记得我第一次看到的时候都快哭了，我现在必须给你看一下（翻看手机）。你看这首诗（念）：不要在我的墓碑前哭泣，我不在那里，我没有长眠。我是凛冽的风，掠过诺森德的雪原。我是温柔的春雨，滋润着西部荒野的麦田。我是清幽的黎明，弥漫在荆棘谷的林间。我是雄浑的鼓声，飞跃纳格兰的云端。我是温暖的群星，点缀达纳苏斯的夜晚。我是高歌的飞鸟，留存于美好人间。不要在我的墓碑前哭泣，我不在那里，我没有长眠。（叹气）你看，现在读完我都想哭，太感人了。我喜欢这个游戏，并不只是因为好玩，这个游戏创造了太多的故事。你刚才和我聊神话，说实话，我一时想不起来游戏里面的那些传说的内容，什么黑暗之门啊，永恒之井啊之类的，有时候只是在做任务的时候或者过场动画的时候看一下，至少知道个剧情吧，但我一下就能想起这些事情（指雷文、凯莉·达克等事情），我觉得这才是游戏的意义。家长们不太理解，觉得打游戏就是玩就是闹，实际上并不是，对我来说，玩家创造的传说才是最有意义的。毫不夸张地说，我的世界观、人生观都受到很大影响。游戏玩家并不只是沉溺于游戏世界，很多玩家的世界观甚至比不玩游戏的人正得多，或许就是受到游戏中这些神话啊传说啊的影响吧！我记得有款游戏在宣传的时候是这么说的："传说，由你来书写！"我觉得这句广告词说得太好了。

　　关于神话传说的研究，无论是对神话史的讨论还是对神话的建构性功能的探究，我们都需要指出神话不再是一个单纯被描述、被解释的对象，而是主动参与社会建构的文化动力。无论在过去还是当下，神话都有着推助社会发展的现实功能。[1] 虚拟世界为神话传说提供了一个全新的展演平台，在这个世界中，人们可以沉浸式地体验《山海经》中描述的奇珍异兽，也可以跟随夸父追逐太阳，还可以进入《封神榜》参与诸神之战。事实上，这也正是我们在努力的方向，在文化数字化战略背景下，神话传说将会在虚拟世界展现出无尽的魅力。但与此同时，虚拟世界也在为一个个普通人提供创造神话传说的平台，从"朽木鱼鱼"讲述的普通玩家的传说，再到扎克伯格创造了元宇宙，甚至黄仁勋推出的"Earth-2"，虚拟世界中涌现了一个又一个的传奇人物，我们没有必要去考证这些传说中的人物是否真实存在，更没必要去探寻所谓的原型。神话不是"人为的发明"，人在神话过程中所面对的根本不是事物，而是一些在意识自身的内核里崛起并且推动着意识的力量……过程的内容不是一些仅仅位于观念中的潜能阶次，而是潜能阶次本身——它们不但创造了意识，而且创造了自然界（因为意识仅

---

① 刘慧.论田兆元的社会神话学思想 [J].长江大学学报（社科版），2015（04）：35.

仅是自然界的终点），因此同样是一些现实的力量。[①] 不管是现实世界的复刻还是由玩家所塑造的传说，虚拟世界需要这些神话传说，正如现实世界一样，这些神话传说是推动虚拟世界文化发展的主要力量，这种力量也在影响着每一个人的意识。如果从人类学的视角出发，我们应该进一步关注神话传说在虚拟世界的传播机制以及作用机理，毕竟虚拟世界是一个充满无限可能的世界，当我们在虚拟世界跟随孙悟空走上冒险之路的时候（例如《黑神话：悟空》），我们应该思考，在虚拟世界神话传说将会以怎样的方式演绎并且影响我们每个人？更重要的是，我们每个人都有机会在虚拟世界创造神话，反之，我们也要关注一个个普通人的传说，他们构成了这个虚拟世界的精神层面，激励着每一个"化身"勇往直前。

第二节 从文化认同到群体

一、认同的形成

在上一节讨论了语言、仪式和神话传说等虚拟世界的文化表征，虽然只是三个主要的文化表征因素，尚未能进一步讨论其他的文化因素，但哪怕讨论得再多，最终也会回到认同问题上来。文化认同是一种个体或集体对于某种文化的认可和接受程度。它涉及对特定文化的价值观、信仰、习俗、传统等的理解和接纳。文化认同不仅仅是对文化的表面接受，更深层次地，它反映了个体或集体在文化中的归属感和自我认同。美国学者亨廷顿（Samuel P. Huntington）对于认同曾经做过简要的概括：

---

① Werke S., Schelling von K.F.A. Stuttgart und Augsburg, 1856-1861: XI ,207.

（1）个人有认同，群体也有认同。个人可以是许多群体成员，其身份是可变的；群体的认同则主要取决于它定性的特性，不易改变。（2）在绝大多数情况下，认同都是构建起来的概念。人们是在程度不等的压力、诱因或自由选择的情况下，决定自己的认同的。（3）个人有多重身份，群体在较小的程度上亦是如此。认同包括归属性的、地域性的、经济的、文化的、政治的、社会的以及国别的等。随着时间和情况的变化，这些认同的各自轻重分量也会变化，它们有时是相辅相成的，有时也会彼此相冲突。（4）认同由自我界定，但又是自我与他人交往的产物。作为一种身份或归属感的心理认同意识，它是人们在社会交往中的关系建构。（5）对个人和群体而言，各种认同的重要性是随着情况而定的。①

在现实世界中，关于文化认同问题已经有了较为确定的答案，在文化存在、发展和交流与融合中，对于文化的认同一直是一个核心的问题。人们因为具有对自己民族文化的认同，才对这种文化赋予了热爱的情感，具有与这种文化相应的心理体验，维护这种文化中的价值并以之来规范自己的行为。而失去了认同也就相应地要失去这一切。同样，能认同异文化，才能吸收异文化中的有益成分以充实自己，获得新的发展。不能达到对异文化的认同，那么，文化之间的交流就十分困难。②

文章写到这里，我们才能真正开始探讨认同问题，让我们从第二章重新开始。文化认同的主题是自我身份以及身份正当性的问题。具体地说，一方面，要通过自我的扩大，把"我"变成"我们"，确认"我们"的共同身份；另一方面，又要通过自我的设限，把"我们"同"他们"区别开来，划清二者之间的界限，即"排他"。只有"我"，没有"我们"，就不存在认同问题了；只有"我们"，没有"他们"，认同也失去了应有的意义。这两

---

① 塞缪尔·亨廷顿. 我们是谁：美国国家特性面临的挑战 [M]. 程克雄，译. 北京：新华出版社，2005：21-22.
② 郑晓云. 文化认同与文化变迁 [M]. 北京：中国社会科学出版社，1992：2.

个方面是不可分割的。[①]身份认同是有情景性衍生的可能的，只有置身于多元文化或异文化情境中，我们才能领悟到"我是谁"，体味"我族"与"他族"的文化背景的差异，体会自己身份的特殊性。[②]在对虚拟世界的身份问题讨论时，我们得出过一个关键结论：玩家选择游戏角色时，自发性和培养性共同塑造出了身份的第一个特性，即一个将我与你或将我们与他们分隔开来的边界，并且在虚拟世界中，身份的选择本质上是一种自我身份认同。那么按照基本的认同理论，既然在虚拟世界中以自我身份认同形成"我者"和"他者"，是否就意味着以身份为基础的认同也能够在虚拟世界形成？

在《魔兽世界》中，分为"联盟"和"部落"两个阵营，我们在游戏中随机向5名"联盟"阵营玩家和5名"部落"阵营玩家以"你认为自己是'联盟'/'部落'的一员吗"为提问，得到以下回答：

"联盟"阵营

弑君刘不灭：我就是跟着朋友一起选的阵营，他们都玩联盟，我就一起玩了。

小君不在家：因为联盟这边的种族好看。

风暴狮子：我在联盟和部落都有号，两边的情节我都想体验下，你这问题我也回答不了，算双面间谍吧！哈哈。

不灭的龙：玩联盟当然算联盟的呀！

混世者的刀：当然是了，我肯定是联盟的一员。

"部落"阵营

血影：我们服务器全是部落，联盟就没几个人，只能玩部落了。

---

① 崔新建. 文化认同及其根源 [J]. 北京：北京师范大学学报（社会科学版），2004（04）：103.
② 祁进玉. 群体身份与多元认同：基于三个土族社区的人类学对比研究 [M]. 北京：社会科学文献出版社，2008：275.

　　埃及的企鹅：没有吧，就是个游戏而已。

　　天下有贼：为了部落！这个回答怎么样？

　　刀马旦：玩血精灵的时候我是部落，玩人类的时候我又是联盟，我很随意的，不是很纠结这个。

　　太阳再次落下：额……从来没注意这个问题。

　　从以上的回答中似乎很难确定在"联盟"和"部落"两个阵营的认同中身份是否有决定性因素，因为不同于在现实世界中出生即有身份，作为"中途介入者"，很难从种族、民族等身份出发讨论认同问题，我们只能得到"自我认同"这一个体认同的答案，却难以得到"民族认同"这样的答案。

　　从这里开始，我们就很容易陷入一个误区，就是我们在讨论认同问题时，容易从游戏内所设计（或者说虚构）的种族、民族等群体出发来讨论族群认同。我们在之前就已强调过，只有人才能产生文化，一切关于文化的讨论必须回归人本身，所以以游戏内所设计（或者说虚构）的种族、民族为基础来讨论文化认同问题往往会得到错误的答案，至少没有人会承认"我就是兽人"或者"我就是巨魔"。所以，让我们回归人本身来讨论文化认同问题。在《想象共同体》一书中，安德森提出了一个关于民族的有趣概念：

　　民族是一种想象的政治共同体——并且，它是被想象为本质上有限的，同时也享有主权的共同体。它是想象的，因为即使是最小的民族的成员，也不可能认识他们大多数的同胞，和他们相遇，或者甚至听说过他们，然而，他们相互联结的意象却活在每一位成员的心中。[①]

---

① 本尼迪克特·安德森. 想象的共同体：民族主义的起源与散布（增订版）[M]. 吴叡人，译. 上海：上海人民出版社，2016：6.

在这里，安德森找到联结共同体的关键是"意象"，作为想象共同体，它又须依赖本民族的文化传承，确保其文化统一。这包括每一个民族独有的民间故事、神话传说、文学叙事、文化象征、宗教仪式等，[①] 也就是说，这个"意象"并非是一个单一的元素，而是多个文化元素的集合。在之前的讨论中，我们已经对虚拟世界的仪式和各种文化表征做了很多探讨，再结合关于文化认同的理论就会发现：游戏本身的内容本身不会产生文化认同，但其作为"意象"的载体，成了文化认同的联结点。

在这一点上，游戏中所产生的文化认同和"粉丝"群体中的认同有着极为相似的一面。粉丝的一切行动都是基于认同展开的。首先，在这个过程中，粉丝能够编码人际关系。当人们感到自己被爱、被保护、被支持，他们就会产生归属感和被接纳的感觉，从而产生自我连续性；其次，持续性认同让粉丝形成个性化的生活方式，这也有助于形成统一的自我；最后，长期偶像崇拜形成连贯、稳定的身份叙事。[②] 也就是说，粉丝群体所产生的认同并不是完全基于偶像作为一个"个体的人"，而是偶像成为情感载体的"意象"，粉丝们的认同并不是"个人崇拜"，而是一种基于情感载体的"情感认同"。[③] 作为互联网时代的产物，粉丝群体也可以作为一种探讨虚拟世界认同问题的案例来和《魔兽世界》这样的游戏所产生的认同问题来进行对比。通过和粉丝群体案例的对比发现，《魔兽世界》玩家的认同感并非来自游戏中的某个 NPC 或者种族、阵营等，而是《魔兽世界》作为一个平台提供了一个情感载体，然后作为一个整体的"意象"使得玩家产生了"情感认同"。

《魔兽世界》的玩家群体自称为 WOWer（WOW 是《魔兽世界》英文

---

① 陶家俊.身份认同导论 [J].外国文学，2004（02）：40.

② 晏青，宋宝儿.起伏不定的情感：生命历程视域下的粉丝持续性认同研究 [J].现代出版，2024（01）：77.

③ 颜彬.粉丝文化视域下出版直播的内容生产、情感认同与符号建构 [J].编辑之友，2022（08）：50-54+61.

World of Warcraft 的缩写，er 则代表人）。实际上，完全可以将 WOWer 群体视为《魔兽世界》的粉丝群体。通过之前的讨论可以看出，玩家们在游戏中建构身份、组建团体、举行仪式、创造传说等行为，实际上都是将情感寄托于游戏之中，并且在游戏的过程中获得情感回应，完全符合粉丝群体的种种特质。所以在讨论虚拟世界的文化认同时，不应该讨论民族认同、种族认同等问题，因为虚拟世界并不产生民族边界或者种族边界，恰恰相反，虚拟世界反而打破了这些边界，虚拟世界文化认同的形成，完全是一种基于情感认同而形成的认同体系。

　　让我们回到之前的几个讨论中来证明这个答案。在关于组织问题的调查中，我们听到最多的回答就是"和朋友们一起玩才有意思"，因为在和朋友一起玩同一款游戏时，情感能得到有效的回应，能让人感到"我属于他们"；在关于历史的问题上，当玩家对一款游戏的背景十分熟悉时，才能在其中获得情感的寄托；在语言上，想要了解语言的隐喻就必须要有知识的积累，那么以隐喻为牵引就会形成一个知识经验积累的文化圈。简单来说，就像刚才提到的《魔兽世界》和《原神》中的两部分对话，如果一个玩过《魔兽世界》但没玩过《原神》的玩家就不会理解《原神》中的那些对话的隐喻，但能很轻松地明白《魔兽世界》中那段对话的意思，那么这位玩家就会被纳入《魔兽世界》文化圈，归属感由此产生；在一场仪式中，玩家们在游戏中共同举行仪式时，人们感到自己被爱、被保护、被支持、被接纳的感觉就此形成；在一个个神话传说中，形成了连贯、稳定的身份叙事。这些讨论都在说明一个事实：虚拟世界中群体认同的基础并不是民族或者种族，而是情感。在哪款游戏中能够产生情感认同，人们就会成为哪款游戏的粉丝，进而形成群体。也就是说，在虚拟世界中群体的划分并不是以民族、种族或者国家来分类，而是以情感来划分。简单来说，我是WOWer，你是旅行者（对《原神》玩家群体的一个称呼），这就是"我者"和"他者"之间的区别。

　　社会心理学家亚伯拉罕·马斯洛用通俗的语言解释了情感认同："事实

上，人是善良的，一旦给予人们爱和安全感，他们就会给予爱，并在他们的感情和行为上感到安全。"[1] 情感认同的构建可以描述为对一个组织的情感依恋，表现为个人对该组织的认同和参与。[2] 在关于组织问题的讨论中我们已经提到，虚拟世界能够将不同地方的人，不分性别、年龄、民族、种族地组织在一起，而将他们凝聚在一起的并不是某种信仰或者目标，而是虚拟世界中的某款游戏或者某个平台，随着游戏进程，组织、语言、仪式、传说等文化表征的强化，虚拟世界中的某款游戏成为情感认同的载体，"和朋友一起玩""无兄弟不魔兽"等情感认同的表象一度超越了游戏本身。

这种以情感划分出来的群体界限是相当明确的，当在一款游戏中获得情感认同之后，会具有一定的稳定性。通过我们的观察，在《魔兽世界》公会组织中占据主力队员的玩家游戏上线时间和忠诚度明显高于游戏中的无公会玩家，他们也有着较为明确的群体认同感。这一点不仅仅在《魔兽世界》中有所体现，虚拟世界的出现催生出许多新兴群体，其中 Cosplay 群体就是互联化传播背景下出现的新兴群体。以下是一位参加游戏动漫展的 Cosplay 玩家"木鱼"（CN 名，即 Cosplayer's name 的简称，意为 Cosplay 圈内的名字）为我们讲述的故事：

我玩 Cosplay 是从高中开始的吧！初中之前我没什么朋友，小学倒是有几个，但后来我搬家了，所以到初中就没什么朋友了，最多只有几个走得近的同学吧，但要说朋友肯定远远算不上。高一的时候我还是在这个中学读的，当时我喜欢看漫画，你可能想不到，我喜欢看的是的《海贼王》（一款日本漫画），可能男生喜欢这个的多一点吧，我一个女生看这个是不是有点奇怪（笑）？但我确实喜欢，我买了好多漫画书，还好我父母虽然有点意见，但我学习也没下降，也就没有干涉太多。

① Lowry R.J., Maslow A.H.An intellectual portrait[M]. Monterey, CA: Brooks/Cole, 1973:18.

② Mathieu J.E., Zajac D.M.A review and meta-analysis of the antecedents, correlates,and consequences of organizational commitment[M]. Psychological Bulletin, 1990:108,171-194.

那时候高一分完班嘛，大家都不太熟，我就坐在座位上看漫画，然后我们班一个女生很激动地跑过来问我是不是也喜欢《海贼王》。说实话，我性格很内向，不敢主动和人说话，但是她挺开朗的，这么一跑过来把我吓一跳。她说她超级喜欢《海贼王》，除了这个，她拉着我说了好多漫画，什么《火影忍者》啊，《死神》啊，还有好多国漫《斗罗大陆》《秦时明月》什么。我们聊了一中午，后来自然就熟悉起来，毕竟有了共同爱好。她好像初中就喜欢 Cos（Cosplay 简称）了吧，周末就老拉着我去参加各种活动，去看漫展。我第一次看漫展就是她带我去的，怎么说呢，就像打开了新世界的大门吧，然后还认识了新的朋友。

我第一个 Cos 的人物是《火影忍者》里的小樱。当时我都没有衣服，还是我朋友给我找来的。我当时还不好意思穿，感觉和演戏似的，换好之后她们一片惊呼，说太像了，然后拉着我去参展。说实话，从小到大也不是说没受到过表扬，我还是得过两次三好学生的，但是我觉得表扬和关注是两个概念吧，这是我第一次得到关注，然后我就入坑了。我爸妈觉得我老是奇装异服不好，一开始还不能接受，但是看着我慢慢开朗起来，而且这也不是什么不良嗜好，也就慢慢接受了。说实话，Cos 那个角色不重要，重要的是和大家在一起搭配服装、设计款式、一起参展什么的才是目的。我们 Coser（玩 Cosplay 的人，一般被称为 Coser 或 Cosplayer）并不仅仅是装扮，还有拍片、装备交易，我还参演过舞台剧。不过后来高三了，周末有时候忙着补课，群里有时候经常约着试妆也没时间了。这不，现在放寒假了才有时间出来一起玩。

在"木鱼"的讲述中我们可以发现，她产生认同的根源是因为在群体中得到了关注，因此她认为自己属于"C 圈"（指由 Coser 爱好者组成的一个圈子，叫做 Cos 圈或者 C 圈群体）的一员，这就是典型的由情感认同而形成的群体边缘。这样的情感认同在虚拟世界来自关注，得到的关注越多，情感体验就越强烈，与其他文化圈的边界就越清晰。在《魔兽世界》或类似的游戏中，会形成这样一个循环：玩家想要得到关注，就需要获取更多更好的装备，并且不断提高游戏的操作水平，然后成为"强力"玩家，由此就能在团队中占据主力位置，从而获得关注，进而获得情感体验，强化情感认同。所以，想要强化情感认同，就必须具备两个关键：组织和装备。关于组织问题在之前我们已经做了较为具体的讨论，这里的"装备"指的是提升虚拟世界"化身"所需要的一切虚拟的或者现实的道具，组织是获得情感认同的基础，装备是获得情感认同的条件。简单来说，如果只有组织没有装备，那么就很难获得团队中的主力位置，自然也就不会获得关注，情感认同度就会降低；有了装备而没有组织，就会失去获得关注的基础，即无人关注，就会成为一名"孤独的玩家"，也会对游戏失去耐心，最终降低情感认同度。因此，作为一种营销策略，游戏开发商和运营商为了稳定的游戏"粉丝"群体，在装备获取上会找到一个平衡，因为过于难获取或者过于容易获取都会导致玩家情感认同度降低。就像"木鱼"在讲完自己的经历后，也提出了想要"退圈"的想法：

现在 C 圈的门槛越来越高了，尤其是服装，哪怕可以刀（讲价），对于我一个学生来说也是压力很大的。我零花钱就那么多，大多数服装都是租的或者借的，偶尔买一套要攒很长时间钱，再好一点的就上千上万了，那不是攒钱就能解决的问题，自己制作又耗时耗力，现在又是高三，根本就没时间安静下来好好地做。有时候看着圈里其他人的衣服，虽然美慕，但是自己又得不到。其实，我们几个早就发现了，这些服装道具已经慢慢变成一种负担，就是那种想要又得不到的那种心理负担，好像我们到头了，所以我们想下学期还是好好准备高考吧，先暂时退出去一段时间，等读了大学看看能不能去打打工。听说圈里好多大学生都在外面打工，等读了大学有钱了又有时间再玩也不迟。

一名《王者荣耀》玩家"抢你 C 位"也表达了类似的感觉：

　　我最厉害的时候应该就是前三四年吧！当时大家才开始玩，技术水平都不咋的，可能是我有天赋吧，很快就冲到星耀（游戏中一个较高的段位）。我那个时候就是宿舍的老大，大家都求着我带。后来有段时间冲上了王者（相对星耀更高级的段位），简直就是宿舍传奇了。那个时候真的是没日没夜地打"王者"。但后来我就发现不太对劲，游戏版本几次更新之后似乎变得简单了，周围好多人都冲上了王者，我就想冲荣耀（相对王者更高级的段位），但怎么都上不去，甚至有几次连输好几把，掉到了钻石（比星耀等级较低的段位），那种挫败感啊，太难受了！我就又打，课都不上了，可能是我技术也就这样吧，怎么都打不到荣耀，慢慢地玩得也少了，可能是没耐心了吧，再加上大四了，忙着找工作。毕了业之后就不怎么玩了，现在就基本不玩了。

　　"木鱼"和"抢你C位"所面对的情况本质上是一样的，即遇到了提升的"瓶颈"，难以得到更多更好的装备，这种求而不得的感觉导致情感认同度降低，从而逐渐退出群体。这似乎是虚拟世界的又一规律，即没有人会在虚拟世界持续获得关注，也不会持续地获得越来越好的装备。尽管游戏开发商在努力更新游戏版本以提供更好的装备吸引玩家，但并不是每位玩家都能获得最好的装备，于是一部分对好装备求而不得的玩家情感认同度就会逐渐降低。而另外一个矛盾就是游戏版本限于成本或者技术难以做到快速更新，也就是说，游戏版本更新速度会比玩家获取当前版本中提供的装备速度慢，于是当"强力"玩家已经获取到当前版本中提供的最好装备而版本又迟迟得不到更新，情感认同度同样会降低。因此，游戏开发商只能通过不断推出新的游戏内容来维护玩家情感认同度，但到目前为止，包括《魔兽世界》在内，长期维护玩家的情感认同度仍然是一件非常困难的事情。

　　但也正是这种情感认同度的变化，使得虚拟世界中出现了复杂的群体流动。如同在现实世界中一样，我们所认同的不会仅仅是一个单一甚至是唯一的事物，每个人都会认同很多东西，并以不同的认同为核心加入不同的群体之中，这就是多元主义所强调的一点，伊罗生在《群氓之族：群体认同与政治变迁》一书中揭示了多元主义认同的要义：

不离其宗，但并非静止。基本群体认同并不像一个人急就章讨论它时那样一成不变。相反的，它是动态的，永远处于蜕变的状态。我在界定并描述基本群体认同时，曾经试着把它分开来对待，一方面检视它的基本要素，弄清楚它们的强度与韧度是怎么来的，并看看每个要素如何在整个丛集中运作，尤其是在政治与社会变迁冲击之下各自扮演的角色。我曾经详细说明过，这些要素彼此绵密地混合成一个整体，是不可分割的。把它们像机器那样拆解开来，像零件那样一件一件地摆在工作台上后，抓出其中一样，说它就是基本群体认同的本质，那是根本不可能的。基本上，基本群体认同的各个要素以多种方式进行融合，而且变化多端，没有固定的模式。它们不是机器压制出来的东西，而是艺术品。把它们放在一起，尽管看起来十分神似，但实际上却没有两个是完全一样的，各自的生灭也没有一定的规则可循。观察每个要素时，不仅要看它过去发生的原因、它的来源，而且要看它演变的过程，看它今天在此时此地、在这些人、在这个环境中发生作用的原因。基本群体认同不像一块岩石，自太古时期因某种运动形成以来就一成不变地躺在那儿。它是一个活的东西，会生长、改变、茁壮或枯萎，视其本身的生命力以及所属的环境而定。它也会死亡，或者变成化石。它会消失在其他族群机体里面，但也可能与原来的某个要素重新结合而再生。观察族群认同的现象时，它不像石头那样表面是静止的，而像是一条溪流，它的表面是变动的。更重要的是，我们都是通过棱镜在观察它，而每个观察者的棱镜不仅位置不同，而且从不静止，始终在变动。①

---

① 哈罗德·伊罗生．群氓之族：群体认同与政治变迁 [M]．邓伯宸，译．桂林：广西师范大学出版社，2015：338-339．

只不过与现实世界不同的是，虚拟世界群体认同的变化无关种族和信仰等问题，而是一种基于情感认同的变化。正如之前我们在实验中证实的游戏情感体验会影响玩家行为的结果一样，情感认同将会成为虚拟世界群体形成的核心。在这之前，传统的人类学在研究认同问题时都纷纷关注民族、种族或者国家问题，并且努力呼吁消除种族歧视、打破民族隔阂，尽管这些努力卓有成效，但也困难重重。虚拟世界的出现似乎一扫种族歧视的阴霾，因为在虚拟世界中每个人都是以"化身"游走其间，也都是"中途介入者"，没有民族、种族、国家之分，人们以情感认同在虚拟世界形成一个个群体，又由于情感认同的变化而使群体流动变得复杂。虚拟世界似乎天然地消除了现实世界的种种隔阂，因此，一些乐观的学者提议利用虚拟世界的这种天然优势来解决现实世界的族群问题，事实证明也没那么简单，虚拟世界和现实世界千丝万缕的联系导致的群体认同和流动更加复杂。尽管认识到情感认同是研究虚拟世界群体认同的突破口，但想要真正理清虚拟世界的群体认同和流动机制还有更多的研究需要进行。

二、虚拟与现实之间

在找到了虚拟世界群体认同的突破口之后，就需要把目光拉回到现实世界。在虚拟世界中，以情感认同为核心能够形成各类群体，那么这些群体会迁移到现实世界吗？

答案似乎是肯定的。正如前文关于 Cosplay 群体的案例就说明了这一点，Cosplay 群体所 Cos 的对象都是存在于虚拟世界，并且他们也是基于对某一动漫或者游戏的情感认同汇集到一起，形成"C 圈"，Cosplay 作为一种在现实世界的行为，可以认为他们将虚拟世界的群体迁移到了现实世界，并在现实世界中进行展演。之前提到的游戏玩家线下聚会、举行游戏嘉年华、游戏动漫展等现象其实都是讲虚拟世界的群体在现实世界中进行聚会。但相对于其他类型的群体，当虚拟世界中的群体一旦进入现实世界似乎就会变得十分松散易变。

韩炳哲在《在群中》一书中揭示了这种易变性：

　　显然，如今的我们又一次身陷危机。我们正处于一个关键的过渡时期。这一过渡的始作俑者似乎是另一次变革，即数字革命。群体的结构再一次取代了现有的权力关系和统治关系。这个群体就叫作"数字群"。它所表现出的特点与群体的经典结构，即我们所说的大众是截然不同的。数字群之所以不能成为大众，是因为它没有灵魂，没有思想。灵魂是有聚合性和凝聚力的。而数字群由单独的个人组成，其群体结构与"大众"完全不同。它所表现出来的特点无法回溯到个人。在这个由个人汇集成的新的群体里，个人却失去了属于自己的特征。人与人的偶然聚集尚不能构成大众，只有当一个灵魂、一种思想将他们联系在一起，才能组成一个团结的、内在同质的群体单位。数字群完全没有群体性的灵魂或者群体性的思想。组成数字群的个人不会发展成"我们"，因为他们无法协调一致，无法将一群人团结在一起，形成一个有行动力的群体。与大众不同，数字群不是内聚的，它无法形成一种声音。[①]

　　现实世界关于族群的研究表明，族群的特性体现在以下五个方面：族群是一个居住共同体，共同体内的人们分享共同的风俗习惯，具有共同的名称、共同祖先的神话和共享的历史记忆；是一个人口较多的群体中的一部分；其文化认同可以是后天形成的；是一个文化携带单位，有历史家园的联系；具有族群认同——对自己族群归属的认知和情感依附，族群认同的要素包括文化认同、共同的历史记忆和遭遇、语言、宗教、地域、习俗等，同时也包括被别人认同。[②] 这些复杂的认同因素便是韩炳哲所说的"灵

---

① 韩炳哲.在群中：数字媒体时代的大众心理学[M].程巍，译.北京：中信出版社，2019：16-17.

② 冯波.文化人类学[M].北京：中国传媒大学出版社，2022：59.

魂"。在虚拟世界中，群体的认同因素显得太过单一，因此"缺乏灵魂"导致虚拟世界的群体难以形成像现实世界的族群一样稳固且有行动力的群体。

虽然虚拟世界的群体松散不堪，但我们又不能忽略虚拟世界群体的力量。一次次的网络暴力事件证明，这种极为松散的群体也能在短时间产生巨大的影响力（甚至是破坏力），这就是虚拟世界群体的"极化"现象。早在二十年前，就已经有学者发现网络群体开始出现"极端的偏向"。[①]为此，学者们投入巨大精力来分析"极化"现象产生的逻辑以及治理策略。一项最新研究表明，舆情对群体极化风险的影响最大，由于网络舆情产生并发展于复杂且不断变换的时空场域内，不同时空的信息壁垒被打破，随着舆情传播和扩散的范围越来越大，引发群体极化风险的概率也随之增强。其次是公众议程多元程度，在所有风险要素中，公众情感极化程度的权值最小。[②]所以，如何处理网络舆情以及对群体的治理成为研究的重点。[③]那么虚拟世界中的个体为什么会跟随着"极化"的大众走向偏执？勒庞在其颇具影响力的著作《乌合之众：大众心理研究》中解释了其中一个原因：

一个被群体感情和行为传染的人，他的举止容易听凭群体力量的主宰，这时候他的内心会油然升起一种悲怆的感情，而这种感情会让他与往常的自己截然不同。

但是，并不是每个人都必然会被群体的感情和行为所传染——如果他没有感受到群体的感情和行为，那么他就可能会沦为群体感情和行为的敌人。

---

① 郭光华.论网络舆论主体的"群体极化"倾向[J].湖南师范大学社会科学学报，2004（06）：110-113.

② 贾若男，王晰巍，王楠阿雪.突发事件网络舆情群体极化风险评估研究[J].图书情报工作，2024（06）：83-92.

③ 王雄，刘康.意识形态安全视域下网络群体极化的正负效应及其治理路径[J].山东社会科学，2023（04）：153-160.

而被传染了的个人则会听凭群体的意志而竭心尽力，直到他们所属的群体不断分化直至完全解散，这种被传染的感情和行为才会停止或消失。①

勒庞承认，这种情感传染是一种"常见却又难以解释清楚的现象"②，但如果带入情感认同的视角，就会发现虚拟世界群体出现"极化"还是情感认同的作用。2024年4月，一名网名为"胖猫"的21岁游戏代练刘某在重庆长江大桥跳江身亡。根据"胖猫"姐姐公开的信息，"胖猫"与其女友谭某交往期间疑似为女方花费了大量资金。随着事件的发酵，网络上出现对谭某的人肉搜索、造谣、谩骂等行为，一场规模庞大的网络暴力事件就此发生。随着重庆警方对该事件进行深入调查，并于5月19日发布了警情通报。确认谭某和"胖猫"存在真实恋爱关系，经济上互有往来，共同攒钱谋划未来生活。谭某未实施虚构事实或隐瞒真相的行为，不构成诈骗犯罪。同时，警方也对"胖猫"姐姐刘某因曝光谭某个人隐私导致谭某被网民攻击的行为进行了调查。对于此事件，我们访谈了一位微博名叫"伤感米藕"的参与者：

访谈者：你还记得你当时做了什么吗？

伤感米藕：就是在微博底下评论，发微博，声援"胖猫"。

访谈者：你为什么一来就支持"胖猫"呢？

伤感米藕：我觉得他的遭遇容易引起我的同情吧，或者说我站在男性角度更容易产生一些共鸣。

访谈者：能具体说说吗？

伤感米藕：具体说不清楚，就是觉得现代社会给男性的压力太大了，

---

① 古斯塔夫·勒庞.乌合之众：大众心理研究（最新升级版）[M].刘君狄，译.北京：中国法制出版社，2017：14.

② 古斯塔夫·勒庞.乌合之众：大众心理研究（最新升级版）[M].刘君狄，译.北京：中国法制出版社，2017：13.

包括谈恋爱的压力。我一开始得到的信息是"胖猫"在恋爱过程中各种付出最后遭遇不公，甚至付出生命。他似乎就是一个男性被高压环境逼迫得走投无路的写照，所以真相似乎没那么重要，关键是这些信息太容易引起我的共鸣了。

访谈者：在整个参与过程中，你就没想过调查一下真相吗？

伤感米藕：就像我刚才说的，真相没那么重要，重要的是共情吧，所以没想过，就跟着大家一起骂谭某了。

访谈者：后来警方公布真相后，你有没有后悔参加了这次网络暴力事件呢？

伤感米藕：那肯定有，骂错人了嘛，事实确实是我们冤枉了谭某，我也删了我之前的评论和微博，还特意发了一条微博道歉。

访谈者：冷静下来之后，有没有反思当时自己是怎么了？

伤感米藕：就是过于共情了，加上当时微博、微信群都在讨论这个事，大家似乎一下子找到一个巨大的共同话题。我的好几个微信群一下子热闹起来，几个豆瓣社群也活跃起来，那种气氛就像生日聚会似的热闹，你一嘴我一嘴地聊天、发评论。说实话，我平时其实很少发微博的，但是那几天我但凡发几条和这个事情相关的微博，一下子留言就好几十条，一种盲目的自信就起来了，就热血沸腾了，开始积极参与这个事情。现在我是理解了那些网红为什么喜欢蹭热点了，因为突然好多人加关注，好多人评论，那一瞬间简直就是正义的化身。不过，这也是个教训，以后还是要冷静看待吧！

通过对"伤感米藕"的访谈我们发现，他之所以积极参与这个事件，本质上就是在该事件中得到了情感认同，大家对他的关注不断提升他的情感认同度，由此他被群体的感情和行为所传染，成为"乌合之众"的一员。而如何防止虚拟世界的群体走向"极化"，这个问题没有最终的答案。虚拟世界群体的易变性使得处理问题的方式也要随之发生变化，以做到实时应对，只有在不断的经验积累中才能有效处理各类虚拟世界的突发事件。

但虚拟世界群体的"极化"并不完全是负面的，在很多方面对推动社会进步有着积极的作用，一些网络舆论推动着法律条款的完善，推动着社区治理的进步，甚至在惩奸除恶、反腐斗争中都发挥过积极的作用。同样的，情感认同只是探寻虚拟世界群体的"极化"逻辑的一个突破口，其复杂的机制还有待进一步的研究。通过这一部分的讨论，我们想证明的是虚拟世界的群体能够迁移到现实世界并产生影响，随着虚拟世界的发展，这种影响将变得越来越复杂，影响力也会越来越大。虚拟世界的群体已经不是一个"小孩们在一起打游戏而已"的边缘群体，这种看似松散随意的群体，虽然没有团结的行动力，却有短暂聚集的爆发力，已经成为我们社会发展中一股无法忽视的力量，因为我们从打开电子设备的那一刻起，就已经成为某个虚拟世界群体的一员了。

第六章　披星戴月：从生计到生活

在具体的、现实的交换过程中，各种不同的劳动产品在本质上彼此等同，即都具有使用价值，从而转化为商品。随着商品交换的不断扩大和发展，商品的使用价值和价值的对立进一步加强。为了交易，这一对立必须在外部表现出来，这就要求商品的价值有独立的表现形式。在此情况下，货币应运而生。

由此可见，货币作为商品的价值形式，是从商品中分离出来固定充当一般等价物的商品，是商品交换发展到一定阶段的产物，是商品内在矛盾发展的结果。[①]

马克思在《资本论》中关于劳动、商品和货币的讨论可谓经典，人类社会复杂的经济体系在不断推动着社会的进步，并且和每个人息息相关甚至习以为常。随着虚拟世界的到来，人类社会的经济活动逐渐进入虚拟世界，时至今日，虚拟世界也形成了一个复杂庞大的经济体系。经济学家纷纷涌入这个全新的领域，开始探寻虚拟世界的经济运行规律，并建立起了一系列宏伟的虚拟世界经济理论。

但是，这些举世瞩目的成就和普通人有什么的关系呢？2019年，我们在云南一个乡村进行田野调查，在了解关于生计的问题时，一位张姓大叔和我们讲了他对经济的理解令人记忆犹新：

我们农村人最关心钱，不是我们小气，一分一毫都要算清爽（清楚），

[①]　卡尔·马克思. 资本论 [M]. 郭大力，王亚南，译. 哈尔滨：读书出版社，1948：3.

我家呢（的）钱主要是卖玉麦（玉米），有时候儿子和姑娘（女儿）会拿点，但他们也都是在外地打工，还要养孙子，也难，所以还是要靠卖玉麦。我家旁边还有点地，就种点烤烟（烟草种植），政府还会有补贴，退耕还林补贴、农药种子补贴、养老补贴还有分红，一年下来还是有点，我们家主要收入就是这点了。我家老婆娘（张大叔妻子）有心脏病，哈哈（经常）吃药，有是有医保，但自己还是要出点钱，吃菜倒是没多少钱，菜地里面自己种着点，肉么儿子过年回来买了很多，冰箱里都还有点，还有村子里面哪家结婚啊、搬家啊都会吃杀猪饭，还会拿点肉回来，也不愁，就是买点米、买点油。有时候油都不消（用）买，村里面哈哈（经常）叫去领，其他的么就是电费水费了。我们收入没有你们城里面的人多，一年下来就五六万差不多了，玉麦和烤烟都是人家统一来收，价格都差不多，主要就是冒（不要）生病，不然儿子姑娘都还要拿点，如果还有其他的么就是哪家结婚或者人不在了（丧礼）要包点钱，还有些零零碎碎的也记不得那么多，一年下来还是攒得一两万，过个日子没问题，就是种地还是累。这两年收玉麦的时候还是要请人了（雇人收割玉米），不然我也整不动，一般么就是乡里面农机所派机器来收，自己出一两百，也不多，有两回他们是搞哪样（什么）活动，也不收我们钱，这些玉麦烤烟还可以种几年，等过几年种不动了就包给村里面种了，我就拿点钱去城里面了。

张大叔并不懂得均衡价格理论、消费者行为理论和生产者行为理论这些深奥晦涩的经济学理论，更不会利用总生产函数、人均产出或者价格需求弹性来计算自己的收支情况并预测来年的玉米价格。对张大叔来说，加法和减法就是他的经济学计算公式，每年能攒多少钱就是他的经济学原理，玉米的价格就是他的经济学实践。列举张大叔的例子是想说明，在我们的社会中，大多数人的经济生活就是柴米油盐酱醋茶，加减乘除就足够应对经济的计算。作为人类学的研究，重点就是在一个普通人每天的衣食住行上，我们不需要去研究深奥的经济运行规律，也不需要复杂的公式去计算各项经济指标，我们从普通人的经济生活中看到他们的生计情况，也看到他们对美好生活的向往是怎样的。在这里，他们只关心自己的收入并精打细算如何应对难以避免的支出，这就是普通人的经济学。

作为一本人类学田野调查的书，我们不去讨论虚拟世界的宏观经济运行规律是怎样的，也不用一系列复杂的计算去验证这些原理在虚拟世界会发挥怎样的作用，更不能总结出一个公式来总结虚拟世界的经济规律。我们只关心一个普通的"化身"会在虚拟世界进行哪些经济活动，要知道，无论虚拟世界的经济运行规律如何复杂，这也是由万亿个"化身"组成的。当学者们自上而下地俯视虚拟世界时，我们就去观察一个个普通的"化身"是如何书写自己的《经济学原理》的。

第一节　生　计

一、为了美好的生活

现今几乎每款游戏都有自己的货币系统，金币是最常见的一种虚拟货币。在《魔兽世界》中，金币实际上是金币、银币和铜币的统称，泛指货币。金币可以用来购买虚拟道具，如武器装备、魔力药水、制作材料等。可以说，金币是推进游戏进程、获得更多游戏体验的必需品。单就游戏内而言，获取金币的主要方式有两种：一是通过完成任务获取金币奖励；二是向 NPC 出售物品获取金币。可见，想要获取金币就必须进行"劳动"。在《资本论》中将劳动定义为"人类的目的活动"。[①] 在马克思看来，劳动过程包括劳动本身、劳动对象和劳动手段。首先来看在虚拟世界是如何通过"劳动"来获取收入的。玩家"水墨鱼"向我们讲述了自己在游戏中的生计方式：

---

① 卡尔·马克思. 资本论 [M]. 郭大力，王亚南，译. 哈尔滨：读书出版社，1948：128.

我的专业是采矿和采药（在《魔兽世界》中，玩家可以从剥皮、制皮、采矿、锻造、采药、炼金、工程、附魔、裁缝、珠宝加工、考古、烹饪、急救中选择两个专业，通过提升专业技能点数制作出更多物品，并且建立一套专业互通体系，即某一专业需要提升，就要用到其他专业制造出的物品，例如，想要提升急救专业，就必须用到裁缝专业制作出的各类布匹，而裁缝专业要想提升点数，就要用到制皮或者工程制造出来的物品），就是大家说的"双采"专业。当时选择这两个就是为了赚钱，所以我的日常就是去采矿、采药，然后扔拍卖行（游戏中一个物品交易平台）。赚了金币，要么练小号，要么买其他的药水啊、材料啊什么的。我有段时间几乎是全职采矿，也不打副本，一上线就采矿，你还别说，确实挺赚的。你想想，在70年代（《魔兽世界》"燃烧的远征"版本，由于角色最高等级为70级，因此被玩家称为"70年代"）的时候，我就能有几万金（金币），但是太累了，一直跑来跑去地挖矿，还要和别人抢，后来就慢慢变得休闲了，只在等着打副本或者组队的空闲时间来挖矿，很少专门拿出一段时间挖矿，当然金币也没那么多了，不过也够用。版本升级之后，金币获取也容易了，更不执着天天挖矿了，现在每个号手里都有几千上万金，用来修修装备、买药水什么都足够了。

如果用关于劳动过程的理论来分析"水墨鱼"的行为，可以先拆分出劳动过程的三个要素：劳动本身就是"水墨鱼"为了获取金币而进行的一系列采集行为，是一个有目的的劳动；劳动对象就是游戏中的"矿石"和"草药"；劳动手段就是通过专业等级提升而掌握的采集方法和技术。通过这一劳动过程，"水墨鱼"可以获取金币，从而在虚拟世界获得更为优质的体验。这么一分析的话，就会发现完全符合马克思所提出的劳动过程，也符合社会发展的基本规律，并且这种现象在虚拟世界已经十分普遍，很多游戏都需要玩家操作"化身"进行一系列的劳动，从而在虚拟世界中更好地生存下去。一些非游戏（如虚拟博物馆）也要求游览者完成一定的任务

211

或者收集一定的物品才能进行下一步的体验。

在进一步讨论这个问题之前，我们先回到本节的主题，也就是生计问题。生计，是指谋生的办法或生活的状况和谋划，也可以用来指维持生活的办法，或者生活用度、谋划。此外，生计还可以指家庭的经济状况。例如，一个家庭的生计如果很好，就意味着他们有稳定的收入来源和良好的经济状况；如果生计不好，就意味着经济状况较为困难。在现代社会中，"生计"这个词依然被广泛使用，通常用来描述个人或家庭的经济状况和生活方式。在现实世界中，人类学家之所以对研究对象的生计问题进行深描是因为它是一个村落或者一个社区一切社会关系、社会制度的起点，经济基础决定上层建筑的基本规律在任何一个层级的社会中都会发挥作用，所以在大多数的民族志的描写中，关于生计的章节往往会放在前面，因为只有描写清楚了生计情况，关于社会的其他内容才能一一展开。而我们却把关于生计的描写放到书的后面，是因为我们考虑到一个有趣的问题："化身"需要生计吗？

生计的基本要素是维持生活，再简单一点来说，就是满足温饱。作为一个现实中的人，如果温饱问题得不到解决，那么就会面临生存问题。但是一个很简单的事实放在我们面前，"化身"并不需要温饱，因为它们只是一堆数据而已。尽管在虚拟世界中，"化身"可能需要"食物"，但"食物"也是虚拟的。一些游戏为了增加体验度，会让"化身"在得不到"食物"或者其他补给物的时候"死亡"，但是通过数据的重新设定又能"复活"。在虚拟世界不可能出现物理或者生理意义上的"死亡"，哪怕抹除一切相关数据，也仅仅是"0"和"1"的删除，并且依照现在的技术，只要通过一些重建手段，依然可以实现数据"复活"。[①]我们都体验过这样的情况，当从游戏中下线时，"化身"会暂离虚拟世界，再等一段时间上线，"化身"

---

① 在《魔兽世界》中，当角色"死亡"，只要操纵"死亡"后的"灵魂"跑回"死亡"地点就能"复活"。其他类型的游戏也有"复活"的方式，如回到"记录点"就能"复活"，或者重新开始关卡就能"复活"等。

毫无变化，并不会被"饿死"或者"渴死"（要注意的是，1996 年日本万代公司推出了电子宠物玩具。这种玩具通过一款电子设备模拟了真实环境中的宠物养护，包括喂食、陪玩、洗澡和睡觉等，如果玩家忘记其中的任何一个步骤，宠物就会"死亡"，但可以选择复活宠物重新开始，这种养成类游戏中的"死亡"依然不是真正意义上的"死亡"）。[①]但人类在一段时间不吃不喝后，就会有性命之忧。因此，"化身"既然不需要温饱，那么就不用面临生计问题，进而也就不存在"劳动"及其相关问题。如此一来，我们要怎么解释"水墨鱼"的行为？

随着人类的进化和社会的进步，人类想要生存下去已经不只是出于温饱的满足，现代医学早已证明，除了生理需要，心理需要也是人类生存下去的必要条件。因此，生计这个问题早已被扩大化，不再仅仅指满足温饱的生理需要而进行的活动，而是泛指为了生存而有目的、有计划的一切活动。如果从这个泛化的生计概念来看"水墨鱼"的行为就会发现，需要生存下去的并不是"水墨鱼"所操作的"化身"，而是现实生活中作为一个人的"水墨鱼"。

现实世界的"水墨鱼"在游戏中努力采集矿石和草药，本质上来说是为了满足他/她的心理需要，正如他/她在访谈中提到的那样，通过采集矿石和草药可以获得金币，从而能够在游戏内购买道具并进而获得更好的游戏体验。如果在这个维度下再来分析"水墨鱼"的劳动过程，就会得到这样一个逻辑：劳动是本身其实是现实世界中作为人的"水墨鱼"；劳动对象是这款游戏；劳动过程就是操作电脑以控制"化身"获得更加优质的游戏体验。在整个劳动过程中，"水墨鱼"产出的和享受到的"商品"并不是实实在在的，而是一种"服务"，即为了满足玩家心理需求而提供或者自我生产出的"服务"。在马克思看来，这种服务本身就是一种商品。如果说前一种商品是以实物形式存在的商品，即实物商品，那么，服务就是以过程形

---

① 王德胜.电子宠物："示爱"的游戏 [J]. 中国青年研究，1998（04）：38-39.

式存在的商品，即"过程商品"。① 如此一来，就符合了马克思在《资本论》中所描述的劳动问题。因此，在分析虚拟世界的劳动问题时，依然不能脱离唯物主义的基本框架，否则又会掉入虚无主义的陷阱中。②

"水墨鱼"的案例说明一个问题：虚拟世界服务于人类生计中的精神需要。按照经典的需求理论，需求的五个层次分别是生理（食物和衣服）、安全（工作保障）、社交需要（友谊）、尊重和自我实现。③ 在之前的讨论中我们已经证明虚拟世界能够满足社交需要并且获得承认（尊重），像"水墨鱼"这样的玩家在游戏中努力提升"化身"的能力本质上来说就是在追求自我实现，这一点我们也在"化身"的自我认同问题上有过很多讨论，而这三种需求都属于精神层面，"水墨鱼"在虚拟世界的劳动过程就是为了获取这三种需求的过程，自然也是为了生存下去而寻求的必要条件。

人民对美好生活的向往并不仅仅是吃饱穿暖就可以，马克思、恩格斯在强调经济基础决定上层建筑、社会存在决定社会意识的同时，也肯定了上层建筑和社会意识的相对独立性及其对经济基础和社会存在的反作用。作为人们精神生活食粮的政治、法律、哲学、宗教、道德、艺术、科学等思想观念和理论体系，在一定程度上能够对物质生产和物质生活产生重要的影响。④ 可见，精神生活在人们的生活空间中占据着重要的地位，对于物质生产和物质生活具有重要的推动作用，因而在满足人民物质生活需求的基础上应更加关注人民的精神生活需求、满足人民的精神生活需求。⑤ 虚拟

---

① 王峰明. 数字经济条件下的劳动、商品与资本：基于马克思《资本论》及其手稿的辨析 [J]. 马克思主义研究，2023（12）：93-94.

② 最近几年，许多关于虚拟世界经济问题的研究往往陷入虚无主义的陷阱，如《数字资本主义》一书中将虚拟世界和现实世界割裂开来讨论虚拟世界的经济问题就带有极大的虚无主义倾向。详见此本臣吾. 数字资本主义 [M]. 日本野村综研（大连）科技有限公司，译. 上海：复旦大学出版社，2020；王峰明. 数字经济条件下的劳动、商品与资本：基于马克思《资本论》及其手稿的辨析 [J]. 马克思主义研究，2023（12）：90-106+154.

③ Maslow A.H., A theory of human motivation[J]. Psychological Review, 1943,50(4).

④ 马克思，恩格斯. 马克思恩格斯选集（第3卷）[M]. 北京：人民出版社，2012：1002.

⑤ 高奇，邹晓宇. 习近平美好生活观的三维透视 [J]. 理论学刊，2024，（01）：19-20.

世界无法直接生产物质商品，它提供的是一个让人们精神世界得到满足的空间，并且在这个空间中努力挖掘精神食粮以让自己得到更好的生活。

这或许就是虚拟世界在未来的意义。在工业革命之前，人们的精神世界主要通过实在的物质获得，书籍、音乐、艺术都必须要承载于纸张、乐器等器物之上。第二次工业革命之后，信息传递发生了革命性的变化，电子媒体开始出现，在灯光和设备的配合下，人们在光影之中有了新的精神食粮。随着虚拟世界的到来，一切精神食粮都可以通过数字化的转化进入虚拟世界，并且可以在虚拟世界创造更多。人们畅游于虚拟世界，是因为这里面有着极其丰富且易得的精神食粮，想要获得精神上的满足，虚拟世界相较于现实世界则更具优势，尤其是在需求的最高层次"自我实现"这一点上，虚拟世界提供了一个便捷且高效的通道。

二、迷失的"网吧大神"

一些学者把这种自我实现称为"短暂的快感"，认为这种状态并不是真正意义上的自我实现，真正意义上的自我实现本质上是人性的实现，在人性现实化的过程中，自为个体还有可能使人性得到超常的开发，使开发的人格得到超常的发挥。如果我们把人性视为自我，那么在人性现实化的过程中，人不仅能够实现自我，而且能够在一定程度上超越自我。或者说，人能够在实现自我的过程中超越自我。[①] 但我们为什么要去苛求每一个像"水墨鱼"这样的普通玩家去深挖人性并且超越自我呢？在现实世界中想到达到自我实现的层次是非常困难的，很多人终其一生仍被困于距离梦想遥远的藩篱，真正在现实世界达到自我实现的毕竟只是群体中的少数。因此，马斯洛将其放到需求理论的最顶端，强调"因需而发展"，即他是以个人本能的自我实现为角度来论证需要层次理论。一方面，个人本能的自我

---

① 江畅.人的自我实现：人性、人格与人生 [J].求索，2019（04）：21.

实现体现为旧需要的满足和更高层次的新需要不断生成的过程；另一方面，马斯洛的论证又从心理学的角度分析说明了个体自我实现的过程。[①] 在现实世界中，这个过程充满种种阻碍，但也正是这些阻碍将自我实现与自我发展捆绑在一起，因为人们为了实现自我而去克服种种困难，并且在克服困难的过程中实现自我发展。但自我发展并不等于自我实现，当二者之间的差距越来越大时，矛盾性也随之增加，于是挫败感油然而生，抑郁、焦虑、求而不得等负面情绪随之而来。虚拟世界则将这种差距拉到最小，虽然也有困难，但相较于现实世界，在虚拟世界克服困难并且实现自我变得更加容易。80 余年前，马斯洛所畅想的自我实现在虚拟世界得到了很好的满足，那么从一个极为普通的玩家对美好生活的向往上来说，在虚拟世界获得自我实现并非坏事，反而能够提高生活质量。

但对于这一点的担忧始终没有停止，在虚拟世界中所获得的短暂且愉快的自我实现恰恰也是人们沉溺于虚拟世界的核心因素。在底层的生理和安全需求得到基本满足之后，由于虚拟世界在高层需求的易得性，会使人们放弃在现实世界中追求社交、尊重以及自我实现的需求。"网吧大神"这一群体就是这种状态的写照。我们在昆明的一家网吧里找到一位"网吧大神"强哥，他已经在网吧里连续生活了十二天，这还并不是他最长的纪录。当我们找到他并答应为他的机位续费 24 小时之后，他才愿意为我们讲述他的故事：

强哥来自边境上的一个小村，说是读完了初中，其实也没算读完，因为只有一个中心小学，老师就三个，学生有五十多个，所以他也不怎么去上课，老师也不太管，只要学籍还在就行。初三结束后，他也没考上高中，在村书记的劝说下，去到楚雄的一个技师学院学了汽修，也就学了两年多，

---

① 王海萍 . 合理性的乌托邦与个人的自我实现：赫勒与马斯洛需要理论的比较 [J]. 学术交流，2017（04）：12.

就跟着几个同学去广州打工了。在广州的郊外找到一个二手汽车交易场，一开始当学徒，实际上什么也学不到。基本就是搬东西的苦力，每天不是搬轮胎就是搬配件，住的也不好，是一个小区房改造的，一个房间里放了7架上下床，一个三室一厅的房子居然住了十七八个人。后来他又去了郑州，进了富士康，条件比广州好点，也在那里谈了一个女朋友，后来有一年过年女朋友回老家就再也没来，和他发微信说在村里找了个人结婚了，叫强哥不要联系她了。强哥心灰意冷回到云南，但是作为一个在广州和郑州这种大城市待过的人，感觉回村里太丢人了。强哥最喜欢说的一句话就是"我是见过世面的"，于是选择留在昆明，和家里人说在昆明打工。实际上，强哥在昆明也没有稳定的工作，他选择在人才市场旁边的一个网吧安身，没钱的时候就下楼去人才市场找临时工，什么都干过：搬运工、服务员、外卖员什么的，基本都是日结工资，偶尔也会去干一些周结工资的活儿。日结工资一般最少都能挣到一两百块，周结工资会多点儿，最多的一次拿到一千元。找的工作大部分都包吃住，一旦结束这一阶段的工作，强哥就会回到网吧。他所在的网吧一般一小时是4元，通宵是15元，如果包24小时是60元。强哥是老客户，网吧老板只收他50元一天，所以一旦赚到几百块钱，他就会拿出至少三分之二的钱包天，剩下的钱就是吃饭。强哥的食物主要是泡面和炒饭，有钱的话就买可乐、矿泉水，没钱的话就在网吧的饮水机上接水喝；玩累了就在电脑前的沙发上睡。网吧里有卫生间和水池，基本的生活需要都能满足，至于洗澡则是在楼下的浴室10元一次，他大概一个月会洗两次。

　　相比于生活的窘迫，强哥在《英雄联盟》的世界里可谓大杀四方，等级已经是"璀璨钻石"。他说这两天事情有点多，不然上个月都已经到"超凡大师"了。只要强哥一上线，聊天框里就是一片求带的声音。强哥的微信群随时在跳动，基本都是各种游戏群。强哥自豪地炫耀求他带的人已经排到下周，好多人还会发红包给他，让他带两局，他一开始以为是个生意，后来发现那些人的技术实在太差，带他们一块儿打反而输得更多，也就慢慢不带了。强哥说他追求的是"荣誉"，不是钱，只要有他的局，就象征胜利。他现在打的都是高端局，所有队友都是他精心挑选过的，他也作为队长和指挥来统领全局。当新的一局游戏开始，强哥镇定自若，在倒计时的时候，他布置每个人的装备选择、开局策略。战斗开始后，强哥除了控制自身的角色，还要随时切换视角观察其他地区和其他角色的状况。此时的强哥手指在键盘上精确地飞舞，已经熟练到不需要看键盘就知道自己按的是哪一个按键，双眼直直盯着屏幕，语言逻辑十分清晰地指挥着战斗。那一刻的他仿佛是战场上的将军，挥斥方遒地指挥一场酣畅淋漓的战斗。一局终了，强哥又赢了，他和队友兴奋聊着自己刚才的完美发挥，炫耀着自己的极限操作是如何挽救了战局，然后点上一根烟，催促着另外一个队友上线，准备再开下一局。

凌晨一点，队友们陆续下线，激烈的战斗让强哥错过了晚饭时间。他点击电脑呼叫系统，让网吧服务员送来一桶泡面，同时打开一个电影网站，开始边吃泡面边看电影。到了凌晨两点，强哥终于有些困倦，电影还在播放，他把耳机一摘，身体往沙发里一蜷，盖上一件衣服就开始睡觉。第二天早上十点，他睡醒了，上了个厕所后直奔彩票点。强哥说只要给他一个机会，他就能创造奇迹，而这个机会就是彩票。强哥每次不多买，只买五注，并说十元钱是他的原则。他说他见过好几个中彩票的，都是只买十元，所以买十元中的概率最大。买完彩票，他会去人才市场转转，看了半个多小时没什么满意的，看看身上还有两百块钱，又返回了网吧。

强哥说，这样的生活也好过村里的生活，在村里只能种苹果。他不喜欢种苹果，也看不起种苹果的人，有时候接到家里打来的电话，都说在昆明打工。他说他就是城里人，但城里的工作"都没意思"，现在去打工只是临时的，以后一定会当老板的，只是现在还没机会。他说自己在游戏里带的那些人都是老板，有好几个老板都在游戏里邀请他去当经理或者店长。强哥说这是寄人篱下，那些人打游戏又菜，又喜欢吹牛。不过当强哥说起那些老板邀请他的时候，语气明显带着自豪，尤其说到他拒绝大老板的邀请时，总是不忘带上对大老板的鄙夷。强哥的午饭是一碗蛋炒饭，吃过午饭后，他新一轮的战斗就要开始了。

一周后再次联系到强哥，他又在一个快递站当搬运工。这几天是"双十一"的旺季，所以一些快递站点会临时召集一些搬运工来处理成堆的快递，并且给出了一天五百的"高薪"。强哥一共干了三天，拿到了1500元，他花30块买了一件长袖，走的时候顺带穿走了快递站给的工作服。他说现在天冷了，要多穿点衣服。他打开微信余额，现在有两千多了，他明天不打算再来快递站了，原因是搬东西搬得手抖得不行，影响打游戏的操作，歇几天再来。他又走向网吧，网吧服务员告诉我这次强哥大方了不少，买了一包好烟，还要了可乐，看来是赚到钱了。我们望向不远处坐在电脑前的强哥，他已经进入状态。这时候网吧人不多，我们站在门口都能听到他指挥时的吼叫声，激动时还会骂上两句。一局终了，我给强哥递上一包烟，问他今后有什么打算？他回答："打算？下个月看看能不能进全区前200，拿到最强王者。"

如果去到深圳的三和人力市场或者郑州的富士康做一次较为深入的调查，就会发现像强哥这样的青年并不是少数。"三和青年""富士康奴隶""网吧大神"等虽然不算一个体系完善的群体，但已经成为一类人群的代称。强哥的生活重心已经不在现实世界，在虚拟世界中，他有了朋友，获得了尊重，亦完成了自我实现。前面说过，作为人类学的观察，我们不对强哥的生活方式进行评判，只想讨论他所获得的自我实现到底有没有意义？虚拟世界的自我实现和现实世界的自我实现有什么不同？这似乎又是一个哲学的命题，至少当年马斯洛没有给出答案，因为他的时代还没有虚拟世界。尽管很多研究者已经从多个角度探讨了这些问题，至少到现在还没有一个较为清晰的答案，所以我也无法回答这个问题。但就强哥的逻辑而言，在《英雄联盟》的世界里达到"最强王者"是有很有意义的。强哥的例子其实并不极端，如果去到富士康生活区的网吧里，就会发现这样的"网吧大神"无处不在。在关于"三和青年"的调查中，著者发现了这样一个现象：

"三和青年"中"90后"非常多，甚至一些"00后"也逐渐加入其中。他们成长于社会转型期，多元文化的产生和新奇事物的出现改变了他们的思维方式、学习方式和生活方式。网络的兴起和普及是农村青年成长过程中面临的新奇事物，网络在带来虚拟空间种种享受的同时，也使他们沉迷其中，影响他们的学业和个人发展。"业务青少年"就是出于好奇才去网吧玩游戏，自此一发不可收。当逃课和放学不归家成为一种常态，他们原本不错的学业成绩直线下降，最终自我放弃，无奈之下选择闯荡社会，虽没沦落为"挂逼青年"。调研中发现，"三和青年"大多来自偏远农村，当地经济落后、资源匮乏、信息闭塞，他们难以享受优质教育资源，学习成绩显然达不到知识改变命运的要求。"三和青年"就是由于家庭条件较差，学习成绩落后而辍学进入工厂，这也是很多"三和青年"的共同经历。①

根据第53次《中国互联网络发展状况统计报告》，截至2023年12月，我国网民规模达10.92亿人。20—29岁、30—39岁、40—49岁的网民占比分别为13.7%、19.2%和16.0%；②20—39岁的青年群体仍旧是互联网的主流群体，而与此相对应的是，在第七人口普查数据中，每十万人拥有的各种受教育程度人口中，小学和初中受教育程度的占比依然很高。③从数据上可以看出，像强哥这样的人并不是少数，他们和"三和青年"一样，来自偏远农村，难以享受优质教育资源，以至于最后在虚拟世界中寻找自我。解决之道其实很简单，就是提升教育水平以及技能水平，让他们在现实世界中也能获得尊重并且实现自我，但这一简单的思路实现起来并不容易。尽管我们在教育事业上的投入已经排在世界前列，但面对14亿人口以及发展不平衡的现状，目前还很难让每个人享受到优质的教育资源。强哥只是一

---

① 田丰，林凯玄.岂不怀归[M].北京：海豚出版社，2020：280.

② 中国互联网络信息中心.第53次中国互联网络发展状况统计报告[R]，2024（03）：27.

③ 国务院第七次全国人口普查领导小组办公室编.2020年第七次全国人口普查主要数据[R].北京：中国统计出版社，2021：724.

个缩影，当面对现实世界的重重困难时，强哥的选择似乎是对的。虚拟世界给了他们一条疏导的出路，虽然违背主流，却又是一条不违背法律和道德的出路，他们借用虚拟世界来完成自己的生计历程，这或许也是一种生存之道。换言之，他们的出路不在于别人给他们画定什么路线，而在于他们改变人生轨迹的意志和能力。倘若每个人都有意愿且有能力改变自己的生活，又会有多少人在花样年华里去虚拟世界"混吃等死"？[①]

　　虚拟世界为我们创造着美好生活，也包容着迷失的人们。和现实世界一样，虚拟世界同样熙熙攘攘，并不是每个人都能从中撷取大量财富，也并不是每个人都能在这里功成名就，大家遨游于虚拟世界，都想从中得到些什么来满足自己的需求，哪怕技术再先进、理论再复杂，普通的"化身"最关心的依然是排名上升了多少、金币积攒了多少、评论量达到所少、直播间有多少观众。当我们高谈阔论数字化问题和虚拟世界的未来时，或者当我们鸿篇大论技术的进步时，似乎已经忘了虚拟世界正是由千万个"水墨鱼"这样的"化身"组成的，强哥们也并不是被社会所遗弃的"边角料"。他们在现实中似乎偏离主流，却是虚拟世界的主流，只是我们的研究似乎还没有触及他们，更不关心他们真正想要什么，所以我们的研究还是要聚焦到张大叔最关心的问题：今年的玉米价格是多少？

第二节　数字劳动

一、工作室

　　前文"水墨鱼"的经历实际上就是一个劳动过程，只不过他／她是在游戏内为了自己的精神需求而进行的劳动，也就是说，他的劳动限定在了自

---

① 田丰，林凯玄.岂不怀归 [M].北京：海豚出版社，2020：276.

我的范围，并且除了自身获得精神满足外，并不产生现实的价值。但在虚拟世界中，随着"货币"的出现以及人们对其的追逐，远超于自身限定的劳动就开始出现了。

在现实世界中，收入是每个人最关心的问题，因为这决定着我们的生活水平和生活质量，更决定着未来的发展，虚拟世界将这一最基本的规律进行了复刻。但是这两种方式获取金币的速度太过缓慢，一个任务所奖励的金币大多是个位数，少数困难任务会奖励数十金币，很多物品所换取的金币数量同样很少，所以单独依靠游戏内的金币获取方式很难在短时间内推进游戏进度，也很难获得更多更好的游戏体验。之后金币交易的情况就出现了，现实货币开始介入虚拟世界，从这一刻开始，虚拟世界和现实世界的经济体系融为一体，甚至无限趋近相似。①

在《魔兽世界》中，最开始并不提供官方的金币交易渠道，玩家可以用点卡（游戏时间充值卡）点数来向他人购买金币。2007—2009 年，一张点卡的价格是 30 元人民币，可以换取 2000—2200 金币，当时很多人通过销售金币获取点卡点数，这样就可以实现"免费"进行游戏。由于团队副本中团长掌握着装备奖励的分配权，一种名为"金团"的营利性质团队开始出现。在"金团"中，会组建 20 人左右装备较好的玩家，这些人被称为"打工"，然后会携带 5 名左右的"老板"，在副本进行时，由"打工"玩家负责推进副本进度，"老板"只需要跟随前进即可，当击杀 BOSS 掉落装备奖励时，团长则开始以金币为单位向"老板"们竞价拍卖装备，最后价高者得。在整个副本结束之后，团长会根据每个"打工"玩家的贡献合理分配所得金币。另外在游戏中出现了带小号打副本帮助其升级从而获取金币报酬的行为，以及专业采集玩家的出现。这些专业采集玩家只训练自己的采集类专业（如采矿、采药等），并不进行副本和任务，将采集到的资源

① Castronova E., Williams D., Shen C.H., Ratan R., Xiong L., Huang Y., Keegan B.As real as real？Macroeconomic behavior in a large-scale virtual world[J]. New Media & Society, 2009(05):685-707.

大量抛售到拍卖行以换取金币。从 2009 年开始，大量的"金团""代打""专业采矿"等以赚取金币为目的的行为在游戏中出现，之后这些赚取金币的行为被组织起来，"工作室"渐成规模。

　　游戏工作室最开始是指为了开发制作游戏而组建的工作室，2003 年一款名为《传奇》的游戏上线，很多玩家雇人帮忙刷经验以获得快速的升级，一些有着敏感商业嗅觉的玩家就组织起来，系统性地提供"代练"服务。这些"代练"也以游戏工作室的名义建立，开始出现职业化倾向。当时网络支付还较为复杂，大部分人的报酬的支付方式是去银行汇款，因此"代练"服务还被控制在有限范围内。《魔兽世界》提供了点卡充值模式，人民币—点卡—金币的换取通路被建立起来，各类职业"代练"、职业"刷金币"的工作室开始大量涌现。2009 年，这些工作室开始整合，一些规模较大的工作室有着清晰的部门分工，主要包括三大部门：客服部、业务部和兑换部。客服部负责找"老板"，即有金币或者装备消费需求的玩家通过在游戏内聊天框发送广告或者上线淘宝店铺等方式获取客源，并且负责解答消费者的疑问或者提供报价等；业务部负责具体的游戏内容，如"金团"部负责建立打工团队去打副本以为"老板"获取装备，挖矿部负责采集各种资源以投放拍卖行换取金币，小号部负责带等级低的小号打副本升级以换取金币报酬。当玩家和客服部门对接之后，就会根据玩家的具体消费需要分配给业务部的不同部门，由相应的部门为玩家提供服务以赚取金币；当业务部门赚取金币之后就交由兑换部门将金币进行售卖，最终兑换成人民币。这就是一个工作室基本的运营流程。

　　2010 年后，工作室业务范围已经不再局限于《魔兽世界》，几乎扩展到所有游戏领域，业务内容也不再局限于"金团"等，而是帮上号代练，即玩家将游戏账号和密码提供给工作室，交由工作室提升角色等级和装备，一段时间后玩家再来"收货"，然后支付报酬。当时，甚至棋牌类游戏也开始有工作室介入，如《QQ 麻将》《欢乐斗地主》(一款麻将类和纸牌类游戏)都出现了代打欢乐豆(《QQ 麻将》和《欢乐斗地主》中的一种货币)。2014

年，微信红包和转账功能上线，支付宝转账系统也更加便捷，工作室的兑换部门省去了点卡兑换这一中间环节，直接进行金币和人民币的交易，游戏工作室迎来发展的高峰。2015 年游戏《王者荣耀》发布，一股代练代打之风盛行，玩家为了快速提升段位等级纷纷通过工作室提供的服务以获得较高的等级，工作室也开始赚取大量利润。由于缺乏监管，一些工作室开始采用不正当手段牟利，例如，"黑金"行为时有发生，[①]通过脚本进行代刷代练或者采集资源也已经普遍存在。[②]这些行为极大的干扰了玩家的游戏体验，再加上聊天中工作室的刷屏广告，使得很多玩家对这些工作室产生厌恶情绪，甚至有工作室通过计算机病毒的植入盗取玩家账号，以偷取玩家角色中的金币，这样的行为已经触犯法律。尽管游戏运营商和相关部门采取了很多行动打击工作室的这些非法行为，但由于规模的扩大和法律条文的解释力问题，直到现在都很难规范这些工作室的行为。

市场上流行这样一句俗语：有需要的地方，就会有服务。游戏工作室为就是了满足玩家快速升级、快速获取金币和装备等需要而产生的。如果回到本质上来考虑，就会发现在虚拟世界同样需要各种服务。就像在现实世界中一样，当我们需要买房、租房时可能就需要房产中介的服务；当我们需要外出住宿的时候就需要酒店服务；当我们在餐厅就餐时就需要餐饮服务等，这就是现代服务业的兴起的原因。现代服务业与信息技术和其他高新技术密不可分，是与"现代农业"和"现代工业"相提并论的一个概念，现代服务业是伴随着工业化的高度发展产生的，是第三产业中最具有"现代"特征的一个子集。[③]现代服务业的发展是劳动分工发展的结果，分

---

① 即金团在结束后团长不分配利润，直接携款下线。

② 脚本是一种程序，通常以文本形式保存，可在被调用时进行解释或编译执行。它使用特定的描述性语言，依据一定的格式编写，可以是可执行文件，也可以被称为宏或批处理文件。在设定好脚本后，脚本程序会控制角色机械的执行动作，以在无人操作的情况下完成任务或者采集资源。

③ 蒋三庚.现代服务业研究 [M]. 北京：中国经济出版社，2007：28.

工的细化使生产更加专业化，生产的专业化需要更加专业的人员从事这些职业，以便能够提供专业化的服务。同时，经济服务化的趋势日益显著，因其对人力资本密集、知识密集的现代服务业的市场需求越来越大，在需求导向型的社会中，需求的增长导致了现代服务业的发展。[1]

游戏工作室的兴起，实际上就代表了虚拟世界中现代服务业的兴起。在传统的观念中，一般认为在虚拟世界提供的主要是技术服务，包括硬件的提供和技术的解决。但随着技术发展，一个普通玩家对硬件和技术服务的需求并不高，因为并不是所有人都是硬件发烧友或者解决 BUG 的工程师，毕竟现在一台手机就能进入虚拟世界，人们并不需要知道这台手机的 CPU 和 GPU 的型号，不需要知道采用了什么平台构架，更不需要知道这些硬件的工作原理是什么。所以，技术支持只针对技术发烧友们或者"极客玩家"[2]，并不针对大多数群体。正如在现实世界中服务业存在的最大意义就是提升人们的生活水平和质量，进而创造美好生活，虚拟世界中的服务业同样是让人们在虚拟世界中获得更好的体验。如果再回到关于劳动的讨论上，那么逻辑就是让人们在虚拟世界的劳动过程中更加便捷地获取精神需求以提升自己的生活品质。

一个值得展望的未来是服务业将会在虚拟世界产生革命性的变化，除了提供线上服务，线上线下的双结合服务将会彻底颠覆服务业的传统架构。现代服务业新业态已经在虚拟世界初现端倪，更多的职业和就业岗位随之而来，或许这将会成为弥补现实世界各种经济问题的新渠道。但是，服务业在虚拟世界的发展速度太快了，快到现行的法律和政策难以追上它们的脚步，于是监管的缺失和管理的不足开始凸显。正如刚才所提到的一些游戏工作室扰乱游戏体验的行为一样，那么规范服务业在虚拟世界的发展将

---

[1] 孙海鸣，孙海刚. 现代服务业产业组织研究 [M]. 上海：上海财经大学出版社，2007：22.
[2] "极客"这一概念源自美国俚语 geek 的音译，最初指性格古怪的人，或是狂欢节中的小丑。互联网文化兴起后，极客的含义发生了变化，现在主要指对计算机和网络技术有狂热兴趣并投入大量时间钻研的人。

会是一个长期需要思考的问题。

二、数字劳工

游戏工作室的出现和发展诞生了一种全新的职业：游戏代练。尽管游戏代练的工作不仅限于代练（还包括前文所说的客服等工作），但正如其他职业一样，游戏代练成为一个多技能的综合职业，工作室以公司化的体制进行运营，游戏代练则作为员工通过为公司提供劳动来获取报酬。这些游戏代练不同于职业玩家，游戏职业玩家也被称为电竞选手（eSports player），指的是那些将电子游戏竞技作为职业的人。他们经过长时间的训练和准备，参加由游戏开发商或赞助商举办的专业电竞比赛，通过高超的游戏技巧和策略来争夺胜利，在这一点上与职业运动员非常类似。游戏代练虽然也将全部精力投入游戏中，但本质上是一种雇佣关系，其中普通玩家与代练签订合同，明确要求代练团体在某个时限内将特定的网络游戏账号升级到一个特定阶段，完成后付给费用，是一种工作类职业。

不同于之前所提到"水墨鱼"这样的自我精神满足式的劳动，游戏代练的劳动过程是为了获取实际利益而非满足精神需求。当然，这同样没有打破劳动过程的规律，只不过是劳动目的不同。另外，游戏代练的劳动过程是在虚拟世界完成的，他们开始被一个新的名词所涵盖——数字劳工。

和所有忙碌的城市一样，昆明的早高峰同样拥堵。小伟骑着电单车加入了拥挤的早高峰大军之中，他的目的地是位于北京路北端的一座写字楼。小伟今年 26 岁，在昆明念完大学之后就留了下来，直接进了一家文化传媒有限公司，但实际上这家文化传媒公司就是一家游戏代练工作室，只不过取一个文化传媒公司的名字既显得专业，也好走一些手续。小伟在这家公司已经工作四年了，从最早的底层代练，现在已经是业务部经理了，月薪也从最开始的三千多元涨到六千多元。小伟所在的公司规模不大，老板加员工一共就三十来个人，在一座写字楼内租了四间办公室。小伟负责的部门算是核心部门，一共有十二名员工供他指挥，算是规模最大的部门了。8：15小伟达到公司，但拥挤的电梯让他显得很心慌，因为公司规定超过9点没有打卡就算迟到，要扣50元钱。为了规范管理，老板安装了人脸识别打卡机，所以没法让同事帮忙打卡，幸好还差3分钟的时候小伟成功打了卡。

一天的工作是从信息汇总早会开始的。9：10，小伟召集部门所有员工汇报前一天的进度，情况似乎很不乐观，本应该当天完成的三个《王者荣耀》的代练账号由于部门有两个同事生病请假没有完成，还有四个《逆水寒》的角色升级任务没有完成，以及《魔兽世界》的两个"金团"都没组到强力玩家而导致金币收益没有达到预期。小伟很着急，因为没有完成KPI可能会影响自己的工资，于是早会上的他显得有些愤怒。小伟的部门年纪最小的只有20岁，年纪最大的也才28岁。小伟说这个行业很少有干到30岁的，主要原因是"不稳定吧"。由于大家都是年轻人，和小伟的岁数相仿，对于小伟的愤怒大家显得不以为意，甚至还会有些许反驳。小伟显得有些无奈，然后开始分配任务，根据前台（客服部分）发来的订单来确定今天的工作量。会议大约持续了半个小时，大家就各自回到工位开始一天的工作。

小伟和他们团队的办公室是一个大约20平方米的隔间，里面放置着15台电脑。如果不是门口悬挂着公司的招牌，他们的办公室像极了一个小型网吧。不同于一般的办公室在桌面上堆满了各类文件，他们的桌面上除了电脑就是零食、可乐，还有香烟。小伟虽然是部门经理，也是一个代练员，今天他接到的第一个任务是要带一个《王者荣耀》的账号从黄金升到星耀，还好时间根据客户的上线时间来定。十点半的时候，客户上线了，小伟和其他两名同事组成"车队"（游戏中代打团队的称呼），加上客户玩家，再组上一名随机玩家，游戏就开始了。小伟和其他两名同事技术高超，并且就坐在一起，所以配合起来无懈可击，基本上五六分钟就完成一局，一早上只输了一局。小伟还是习惯在手机上打，其他两名同事则在电脑上用模拟器操作。到 12 点的时候，客户下线，这项工作暂告一段落，但下一个订单随之而来，是一个代打（客户提供账号密码由工作室代打）。小伟登录账号之后就开始进行下一阶段的工作，其间他打开 App 快速点了一份外卖，其他同事有的选择吃泡面，有的也像小伟一样抽空儿点外卖，他们很多人都把常吃的外卖商家设为收藏，基本上实现了"一键点外卖"。小伟并不纠结吃什么，"吃饱就行"是他们常说的话。在等待外卖的这段时间，小伟他们已经连胜 6 场。中午 1 点，他们起身前去公司前台拿外卖，开始午餐。但午餐并不轻松，小伟甚至都不能坐下来好好吃一顿，他捧着午餐盒游走于办公室，观察各个小组的进度，有时候还会指挥一下，更多的只是催促。负责《英雄联盟》的这个小组这一局已经进行了 15 分钟，小伟很生气，踢着同事的椅子脚叫他别磨蹭赶快推水晶。《魔兽世界》的那个小组负责人的泡面已经泡了快 20 分钟了，但现在正是打最终 BOSS 的时候，他是这个"金团"的负责人，已经完全顾不上快泡烂的面条了。只有三个同事选择去楼下吃炒饭，其他人都没时间好好吃一顿午饭。小伟也是，他很快吃完自己的午饭回到工位，继续完成订单。

下午 6 点，前台的同事拿着表格来统计今天的订单完成量，但这并不意味着今天工作的结束，就像小伟所负责的订单已经打到星耀，距离王者段位只需要再打 20 场左右，但就算平均 10 分钟一场，也需要 3 小时左右，这就意味着小伟要么选择今晚加班，要么就明天继续，但如果明天继续的话又会导致明天的订单挤压，大概率明晚还要加班，所以小伟要求车队的另外两个同事今晚陪他一起加班完成这一单。当然，前台部门也不是统计完就下班，他们实施的是 24 小时在线客服制度，实行轮班制，保证随时有人接单。小伟公司另外一个核心部门就是行政部，主要负责财务和排班，客户的所有款项都会打到财务部的账号上，严禁私人收款，一旦被发现基本就是开除甚至还要罚款。直到下午 7 点，行政部的同事还在核算当天的收益，并且还要统计今晚加班的人数。小伟的公司在这一点上好一些，超过 6 点就算加班，每加班 1 小时就会获得 100 元的补贴。今天晚上除了小伟他们组，《魔兽世界》和《逆水寒》小组也选择加班。

晚上 9 点，小伟说扛不住了，虽然还差三颗星就能到王者，但身体已经发出警报。他说明天再打吧，半小时就能搞定，赶得上交单时间。然后他收拾了下个人物品，准备吃晚饭。说是晚饭，其实都可以算作宵夜了。晚上的北京路依旧热闹，小伟骑着电单车带我到了一个宵夜摊儿，点了一份炒米线和几串烧烤，和我聊了起来。

访谈者：你觉得这种工作累不累？

小伟：当然累了，你去我们那个楼里面看看，谁不累！

访谈者：你是真心喜欢打游戏，还是就把它当成一份工作？

小伟：刚毕业那会儿找工作难，我就是个三本毕业的，上大学的时候就天天打游戏。说实话当时还真是想着把游戏当成职业，所以看到这个岗位的时候就来应聘了，那个时候算是喜欢吧！有句话说得好，把爱好当成职业也是一件幸福的事情。但干了两年就麻木了，你知道那种感觉吗？每一把游戏就是一套固定的程序，什么时候该去哪条线，什么时候该出什么装备，什么情况该怎么处理，都是固定的。别说我了，我让你连着打十把你都能恶心，我一天可是要打几百把的，你说，我怎么真心喜欢？

访谈者：那你没想过干别的？

小伟：这是一种技能，你知道吧，就是我现在打王者的技术不输职业玩家了，我也算是靠手艺吃饭的，我换个工作也没什么想换的。

访谈者：那你有没有想过，万一有一天这些游戏不流行了，或者有一天没人玩《王者荣耀》了，你是不是就失业了？

小伟：这你就不懂了，这个游戏不流行了，下一个游戏又会流行。

访谈者：可是下一个流行的游戏你不会玩怎么办？

小伟：学啊，所有游戏都有套路的。就今天你看到打"魔兽"的那个小伙子，才来的时候他连玩都没玩过，培训了一个星期就已经是职业金团长了。我们都有培训流程的，就这么说，但凡会操作电脑的，不傻的，就学一个星期，什么都会了。

访谈者：所以这还是一个长期产业了？

小伟：可不是！只要老板不瞎搞，像我现在的这个公司已经开了七八年了，运营状况都还不错。老板其实挺有眼光的，什么游戏突然流行起来，他马上就开始招人，一两天就建立起来一个小组开始运营了。

访谈者：你有这技术，有没有想过单干？

小伟：想过啊，尤其是和老板吵架的时候，真想掀桌子不干了！这不是公司给交保险嘛，哈哈，并且有个公司在也算是正当职业。不过我们这一行确实也有很多单干的，他们是每单拿提成，时间自由，地点自由，在自己家就可以干，不过提成不太高，有时候一局也就15—20块钱提成。我们有时候爆单了忙不过来就会叫这些"打手"来帮忙，只要有单子，群里很快就有人接。我们公司也老有辞职单干的，昨天才走了一个。要说单干吧，我也想过自己开个工作室，毕竟这几年怎么运作的都摸清了，但就是没本钱啊，房租、设备这些都是钱，没个几十万也开不起来。再说我和老板处得还不错，大小我也是个领导，所以先干着吧。

访谈者：你觉得现在工资怎么样？

小伟：还行吧，至少符合工薪阶层的一般工资了，公司还给交保险。

吃完烧烤，已是晚上十点，小伟回到住处还要十多分钟，回去洗漱收拾之后，第二天早上八点就要起床，九点还要打卡。一天的生活就此告一段落。小伟每周有一天时间休息，他往往选择在出租屋里睡觉，很少约朋友出去玩。他总说自己没什么朋友，但一周却会有一两次邀约三五好友吃火锅或者烧烤。让他最焦虑的还是每天下班的时候前台发在工作群里的订单进度统计，这往往会影响他吃火锅或者烧烤时的心情。好几次月底总结的时候订单完成率都没有达到要求，最多的一次被扣了两千块钱，那次也是小伟最想辞职的时候。但是一顿烧烤加啤酒后，第二天还是按时上班打卡，他说现在大环境不好，好多工作室都扛不下去倒闭了。昆明不像广州那边工作室多，这里是倒闭一家少一家，所以还是不要轻易辞职的好。老板答应他年底如果绩效不错就让他当这个工作室的负责人，到时候工资肯定能过万。

在小伟工作的写字楼第16层有一个专门做直播的公司，在小伟的引荐下，我们得以了解一位叫"奚落"（化名）的女主播的工作状况。

奚落所在的公司主营业务主要有两个：一是直播；二是直播带货。直播主要是通过直播间中的"礼物"来获取利润，"礼物"需要观众用人民币充值购买，当在直播间以"火箭""飞船"等动画形式送给主播后，主播则可以提取收益。直播带货则是和供货商签订提成合同，从销售额当中提取收益，顺带也从"礼物"中获取收益。

奚落的上班时间是下午三点到凌晨两点，因为早上和中午收看直播的观众不多，收益不大，所以也没有必要付出成本。奚落一般是上午十点或者十一点起床，她住的地方距离公司不远，走路十五分钟左右就到，虽然房租相对贵一些，但因为奚落不会骑电单车也还没有买车，只能选择走路。她和另外两个人合租，也算分摊了大部分房租。奚落今年25岁，贵州人，在昆明读完大专，学的是护理专业，但她说实习之后就不愿意待在医院了，又累又脏，于是自主择业，面试了很多公司，选择当主播。四年的时间里，奚落已经换了三家公司，第一家公司因为经营不善，她被迫离职，连补偿金都拿不着；第二家公司由于受到上司骚扰，她愤怒之下选择离职，这家公司是第三家了。

简单地收拾之后，奚落在一家面馆吃了午饭。她几乎不吃早餐，因为特殊的工作时间让她已经习惯起床直接吃午饭的生活。吃完午饭将近一点，公司旁有个商场，距离上班还有时间，她进去逛了一圈，但什么也没买。她说今天算是起得比较早，有时候一睡就睡到中午一两点，上班还会迟到，所以今天有时间来逛一下。快两点了，奚落什么也没买，便往公司赶。说是三点上班，还需要化妆，公司提供化妆间和部分化妆品。因为是直播，妆容必须精致，所以耗时比较长，一旦没能按时开播就要被扣钱。奚落说妆画得好不好决定今天能收到多少"礼物"，所以这是工作的一部分，不能懈怠。

奚落的工作间是一个大约四平方米的隔间，里面配置齐全，包括补光灯、打光板等光影设备，还有话筒、耳麦等各种类型的声音输入设备，其中最引人注目的是前面由手机支架固定的手机数量，一共有七部，再加上底部充电线的连接，仿佛一个复杂的操控系统。手机都已经很破旧，型号也比较落后。我后来得知这些手机大多是二手手机回收来的，不需要很高的配置，只需要能够运行直播软件就行。

大概两点四十左右，奚落化妆结束，精致的妆容仿佛让她变了一个人。她来到工作间，依次打开七部手机，说要同时在五个平台直播，剩下两个手机是备用的，万一死机或者掉线就要赶快换手机。五个平台中有三个是第三方平台，两个是公司自己的平台，所有账号都是公司注册的。直播结束后公司的技术员会统一从这些账号中提取收益，所以自己不能私自提取，一旦被发现会有很重的处罚。奚落熟练地操作着七部手机，打开各种直播软件，同时还要利用手机中的各类美颜软件让自己呈现出更好的状态。她的手指在手机之间来回切换，仿佛操控着一个复杂的控制台。三点差五分的时候，设备调试基本完成，为了不影响奚落的工作，我只能离开工作间，打开其中的一个直播平台进入奚落的直播间，从平台中继续观察奚落的工作。

奚落的直播内容主要就是聊天，观众可以以打字的方式在对话框中和她对话，奚落则根据每个观众的发言依次回应。有时候直播间观众太多，聊天框众说纷纭，但奚落都能照顾到，实在难以照顾到的她则会主动表示歉意。使不同平台的观众都能得到回应还能让人感觉自然不生硬，这是专业主播必备的技能之一。在直播间里一名叫"浩哥"的观众发言最为积极，送的"火箭"（虚拟礼物）也最多，很快排到礼物榜第一名，奚落称他为"榜一大哥"，也积极和"浩哥"互动。下午六点的时候，奚落选择在工作间吃晚饭，公司为员工免费提供晚饭，基本就是一荤三素的盒饭。主播们可以选择在直播间吃饭或者出来吃，对于一些主播来说，直播吃饭也是直播内容的一部分，公司员工会根据主播们的需要依次送进工作间，奚落边吃晚饭边继续和直播间的观众们聊天。一直到晚上将近八点，奚落结束了直播，本来平时都要持续到凌晨两点，但今天晚上公司为她安排了培训任务，指导公司新招聘的几个主播如何进行直播。奚落退出直播间后，会有技术人员来到她的工作间回收账号、检查并一一关闭设备电源，所以她不用管这些设备，匆匆走向会议室。

这次公司新招聘了四名主播，年纪最小的刚满十七岁，最大的也才二十岁，只有一人在读大专，其他都是初高中学历。奚落说干这行唯一的要求就是长得好看，其他没要求，所以公司都会招年轻漂亮的女孩，哪怕不是太漂亮也行，毕竟还要学化妆，化妆之后谁都漂亮。这次奚落给她们培训的主要内容是话术，也就是如何与观众对话，并通过一些固定的对话内容获取观众的信任并获得"礼物"，公司甚至为她们提供了"教材"，里面汇总了各种话术，奚落主要教她们的就是哪种场合该用哪句话术。除了奚落的课程，这些女孩还有化妆课、舞蹈课、形体课等一系列课程，培训期大概两周，两周后就上播，然后视收益情况决定哪些人留下、哪些人淘汰。这两周的培训期虽然免费，但也不签合同，要等上播之后看效果，能够符合公司要求留下的才签订劳动合同，留下的比例也很不确定，经常是培训结束之后一个都不能留下。奚落说老板的要求很高，长得好看只是面相，能不能为公司带来收益才是关键。

培训持续到晚上十点，奚落决定再回到工作间。虽然晚上的培训任务是单独计算奖金的，但奚落的工资主要还是看直播收益。每个月底公司都会统计出各个主播的收益情况，工资则从收益情况中按比例分配，收益情况最高的几个主播月薪会达到三万左右，最低的只有五千左右，大部分主播的月薪都在一万上下，连续两三个月都垫底的主播可能就会面临被辞退。奚落上个月到手的工资是九千多，她说大部分时候都能拿到这种水平的工资。有的主播为了提高收益并吸引观众会在穿着上暴露一些，但现在很多平台的审核很严格，如果被封号，可能会面临公司的处罚，尤其是一些关注人数较高的号如果由于主播违反规则而导致封号，会面临高额的罚款，所以很多主播都在"擦边儿"（即在不违反法律和平台规则的前提下通过穿着、行为和语言吸引观众）。奚落也很大方地承认自己在收益不太好的情况下会有"擦边儿"行为，但是"只要不犯法就行，没办法，竞争太激烈了"。

凌晨一点，奚落结束直播。公司对上播时间管理很严格，但对下播时间管理就松散一些，只要准时在下午三点开始直播，什么时候下播就由主播自己决定，反正月底会统计出收益量，为此，有些主播会选择通宵直播以提高收益。奚落觉得今天的收益已经达到预期，所以提前收工。她说大部分时候都会工作到凌晨两三点，直到直播间观众数量明显下降之后才会下播。

奚落从第二个公司辞职之后也自己单干过，从网上买了各种设备后在自己的卧室搭建了一个工作间，但效果不是很好。直播间里的观众长期稳定的只有几百个，其他都是进来看一眼就走，也不会刷礼物，所以自己单干的那段时间，一个月只能挣到三四千，有时候只有两千多块钱。除去房租和基本的生活开销，几乎是攒不下钱。为了直播除了设备以外还有大量的化妆品需要购买，这些也是一笔成本开销，奚落的家庭经济情况不是很好，在昆明这些年几乎没得到家里的任何支持，"最惨的时候是靠花呗（支付宝借贷平台）度日的"。但是在公司就不同，奚落的公司员工主要由三部分人组成：最主要的就是主播群体，其次是技术人员，然后就是行政人员。公司现有员工六十余人，其中主播三十多人，占据一半的比例，技术人员十余人，他们的主要工作就是提供"技术支持"，这里的"技术支持"并不仅仅是维护设备，还包括两个重要的工作：引流和提现。引流就是通过各种技术手段将观众吸引到直播间来，提现就是将直播收益变现，汇入公司账户。行政人员只有四五人，负责公司的日常管理事务。奚落说这就是单干和在公司最大的不同，单干就只能干直播，引流和变现单靠一个人的力量根本做不到，所以自己单干的时候直播间就那么几百人，但是在公司一个直播间就能有两三千观众，五个直播间加起来观众量就能破万。"你以为那些关注度上百万的主播真的是自己有本事？背后都是有团队的，那些单干的主播都是'小主播'，和'签约主播'根本就没法比。当然，'签约主播'的门槛会更高，今天你也看见了，所以'小主播'想要逆境突围，要么就搞怪制造噱头，要么就直接搞色情直播，只要胆子够大就行，我肯定不会去干这些事，所以单干是没有出路的。凡是稍微有点流量的主播最后都会被公司收编，所以我还是在公司好好待着。"

奚落说完这些，东西也收拾得差不多了，此时公司的好多直播工作间依然灯火通明，奚落对这种情况早已习以为常。问起未来，奚落说下个月公司要开辟短视频业务了，老板决定让她负责这一板块，所以素材选择、剧本、演员这都是问题，目前一片混乱，还要慢慢理清。再问更远的未来，奚落摇摇头，说走一步看一步吧。

关于数字劳工的定义，以福克斯（Christian Fuchs）的较为经典，他认为数字劳工包括将数字技术和ICTs（information and communications technology，ICTs，信息与通信技术）作为生产资料的脑力劳动者与体力劳动者。[①] 当然，这一定义还存在很多争论（如有学者认为当前的情况，首先是由于网络技术的发展，导致知识劳工概念本身的模糊与外延庞大，知识劳工既包含了传统行业的白领精英，又囊括了信息产业中的新型知识劳动者。这一论述的着力点与福克斯完全相反，在理论上形成了"数字劳工"与"知识劳工"到底是谁包含谁的僵局。其次，经验研究中的混乱。大量实证研究关注了不同行业中受数字技术深远影响的劳动者，但在概念选择

---

① Fuchs C.Smythe Today-The Audience Commodity,the Digital Labor Debate[J],Marxist Political and Critical Theory, Triple C, 2012(2):692-740. 中译文参见克里斯蒂安·福克斯. 受众商品、数字劳动之争、马克思主义政治经济学与批判理论 [J]. 汪金汉，潘璟玲，译. 国外社会科学前沿, 2021（04）.

上却未经讨论地使用某一种既定理论）。①小伟和奚落虽然工作内容不一样，但都是利用数字技术和ICTs作为劳动资料来完成整个劳动过程。游戏代练和视频主播就是两种典型的数字劳工，但他们毕竟有较为稳定的收入和公司的依靠，还有大量"单干"的游戏代练和主播完全自食其力，没有固定的收入，处于数字劳工的底层。

根据《2021游戏安全白皮书》报告，2020年至2021年腾讯游戏安全检测中心检测到代练以及由代练组成的工作室账号规模达4980万，游戏打金工作室账号量超过6680万个。②《中国网络视听发展研究报告（2024）》显示，截至2023年12月，全网短视频账号总数达15.5亿个，职业主播数量已达1508万人。③当然，数字劳工的范围不止包括游戏代练和视频主播，根据数字劳工的表现，可以将其分为显性与隐性两类。显性的数字劳工是在当下易被人察觉到劳动"异化"的劳工，主要是指社会资本竞争逻辑下被资本控制住的"弹性雇员"和"加班劳工"。反之，隐性的数字劳工则是不易被人察觉到劳动"异化"的劳工，主要是个人文化动力导向驱使下的数字劳动者，其本身可能不认为自己在劳动，但实际上确实在完成无偿的劳动工作，比如，不断被娱乐本能控制的"廉价劳工"和"情感劳工"。④可见，虚拟世界中存在着数量庞大的数字劳工群体。表面上看，他们工作时间自由、地点自由，但像小伟和奚落一样又被困于虚拟世界中努力完成KPI，实际上并没有过多的自由时间。当数字劳工被像小伟和奚落所在的公司整合，形成一套完整的运营体系时，制度的规约将这种困境更加具象化地体现出来，然而这才仅仅是开始，算法逐渐成为一个新的枷锁。

---

① 比如，胡绮珍将字幕组的劳动理解为"非物质劳动"与"无酬劳动"等，详见姚建华.数字劳动：理论前沿与在地经验[M].南京：江苏人民出版社，2021：21.
② 腾讯数字生态大会.2021游戏安全白皮书[R].2021（11）.
③ 第十一届中国网络视听大会.中国网络视听发展研究报告（2024）[R].2024（03）.
④ 陈梦亭.加速的"数字劳工"：新媒体中的捆绑、异化与突破[J].浙江工商大学学报，2023（04）：158.

　　越来越多的新媒介技术使用和算法的引入让人逐渐脱离简单化的劳动，但不得不依赖平台工作，从而造成劳资新的不平衡。虽然下层的劳工阶级被裹挟在无所不在的信息社会中，并被视为"数字劳工"，但他们却与"数字"无关。比如，富士康生产线上的工人，抑或网约车司机和外卖骑手。他们的工作虽由系统或平台计件安排完成，被深度绑定在"数字订单"中，但其劳动过程却不涉及"数字"，仍然表现为高强度体力劳动。[①] 我们已经生活在算法社会，而且很多人认为这是一件好事。从经济的角度来看，机器学习的算法可以刺激创新并促使生产增长。有研究表明，用于机器学习算法的大数据能够为很多行业带来增长点，诸如广告业、医疗卫生、基础设施、物流、交通运输等。就日常生活而言，算法可以帮助我们节省时间和精力，比如网上搜索工具、网上银行以及智能手机的程序等。最近，人们在期待的数字个人助手在几年后可能比手机更为抢手，因为数字个人助手可以整合各种适合我们的信息，并且预料我们会有什么样的需要。[②]

　　但这些优点恰巧就成为算法带来的缺点。随着算法在日常生活中的广泛应用，人们可能越来越依赖它们来做决策，从而削弱了自身的批判性思维和自主决策能力。当消费者过度依赖购物推荐算法时，他们可能会失去自主选择和比较产品的能力。另外，算法在处理信息时可能带有偏见，导致误导用户。搜索引擎的算法可能会根据用户的搜索历史推荐相关内容，如果这些内容带有偏见，那么用户获取的信息也将受到影响。一些新闻推荐算法也可能只推送符合用户现有观点的新闻，社交媒体上的推荐算法可能根据用户的兴趣推送特定类型的内容，导致用户只接触到符合自己观点的信息，从而加剧信息茧房效应。简单来说，就是"让你看到你想看的"。算法时代，人机关系领域的伦理冲突也开始凸显。随着算法应用的递进普及，具体表现为算法个性推荐下的"信息茧房"、自主化决策下的"算法权

① 周骏. 数字劳工研究热点及趋势分析：基于 Cite Space 的分析 [J]. 传媒，2023（18）：92.
② 汪雄. 算法社会中的法律沉思 [M]. 北京：中国政法大学出版社，2020：3.

力"、算法技术门槛下的"数字鸿沟"、算法类人化思维追求下的"主体性消解"等。人工智能算法基于其思维与秩序的同构性，使得计算机伦理赖以存在的原有业态场景乃至社会性结构，都发生着颠覆传统社会认知的变化。传统计算机伦理旨在解决的伦理风险与冲突，也在技术迭代的洪流中被算法时代的伦理风险所吸收、覆盖，以新的样态演化，致使传统的计算机伦理在应对算法伦理风险问题时捉襟见肘。①

如果从算法的视角来看待数字劳工问题就会发现，数字劳工被困于算法的原因恰恰就是算法最大的优势——公平。算法过于公平地分配了在单位时间内的工作量，并不考虑个人的实际情况，从小伟每天要完成的订单量，到奚落直播间人数的变化以及收益的关联度，再到为小伟、奚落送外卖的配送员，无不被这种极为公平的算法所操控。从哲学的意义来看，这种"剥削合理"本质上是一种幻象，是由于数字资本在话语逻辑和认知逻辑的双重叠加中完成"剥削合理"的认知建构，使主体陷入"信息茧房"和"娱乐至死"的漩涡，致使其反思力、思考力逐步消解，以实现资本无限制的剥削。②

或许对于小伟和奚落而言，他们并不自知被困于这种幻象之中，但如果从人类学所倡导的最朴素的情感出发，他们并不需要反思自己为何会被困于"茧房"，因为他们所考虑的核心问题只有一个，那就是生活。学者们的研究让我们知道了让数字劳工身心俱疲的本质原因，也让我们知道算法社会运行的基本逻辑，但真正让小伟和奚落所困扰的并不是"茧房"的禁锢和算法的捆绑，而是房租水电、一日三餐，这才是他们面临的实实在在的困境。虚拟世界为他们提供了一个新的劳动空间，在这个新的空间中，小伟和奚落得以完成劳动过程从而获取报酬，进而转化为普通生活中的一

---

① 蔡琳.算法科技伦理法制化的逻辑证成与建构进路 [J/OL].法律科学（西北政法大学学报），2024（04）：95.

② 刘伟杰，王倩.论数字资本"剥削合理"幻象的生成与破解 [J].马克思主义理论学科研究，2023，9（07）：57.

日三餐。对他们来说，不论是游戏代练、视频主播、外卖小哥，就是一份职业而已。当学者们在对如何优化算法高谈阔论时，往往忘了他们是作为一个普通人的存在，合理配置算法并减轻工作量固然是好事，但对小伟而言也就意味着收入降低。普通人最期望的是朴素而美好的生活，虚拟世界为普通人实现朴素而美好的生活提供了一种可能。就研究而言，与其说数字劳工是一个社会群体，不如说他们是一个时代变迁的人群具象。在虚拟世界快速发展的过程中，虚拟世界以极低的入门条件为青年提供了一个新的出路，无论是在直播间提供情绪价值的主播，还是技术高超的游戏代练，都是现代青年找出路的一种工作和生活方式。

从某种意义上说，在虚拟世界里，工作和生活方式并不是由自己决定的，而是由产业发展的特点决定的。经过一系列发展，上一辈人按部就班的办公室工作已经开始离场，这个时代产生了不愿意坐办公室喝茶看报的青年一代打工者，也产生了不愿意融入工厂流水线又没有足够知识和技能赚取更高收入的青年。往大处说，数字劳工的出现是虚拟世界发展过程中产业链底端的需要；往小处说，是经济的快速增长与个人多元发展之间的契合在青年人身上的显现。随着社会的包容度越来越大，人们对职业的选择也越发多元化，虚拟世界将这种选择范围几乎扩展到无限大，大量在现实世界中难以就业或者想要逃离传统职业桎梏的青年纷纷涌向虚拟世界。中国的现实恰恰是开始逐步摒弃低端产业的"人头经济"，追求高质量的经济增长模式，在现实世界中，廉价的劳动力不再是经济增长的必需品，生产线上的工人成了可随时替换的"零部件"，机械采集和冶炼使得廉价矿业工人不再被需要。当做主播的收益大于流水线时，或者外卖的收益大于工地的工人时，虚拟世界反而成了廉价劳动力的聚集地。之所以出现这种情况，是因为虚拟世界将工作的准入门槛拉到最低，只需要一部可以接入网络的手机，就可以开始工作，无关学历、年龄、性别、地域甚至能力，如果非要说有门槛的话，那就是需要花钱购买一部手机。

所以，无限大的选择范围和极低门槛的准入条件契合了大部分人的需要，主播、外卖员数量的快速增长证明了虚拟世界在为他们提供着一条新的出路。我们对虚拟世界中数字劳工的研究似乎有些偏颇，大家都在思考如何通过法律和政策规范虚拟世界的劳动制度，如何通过经济运行规律来改善数字劳工的工作环境，这些看似积极的行为却不断在抬高准入门槛。越来越严格的监管机制和原来越高的技术要求只会让高技术人员获得良好的工作环境，而对于像小伟和奚落以及他们所说无公司可依靠而"单干"的数字劳工，越来越难从虚拟世界中获取酬劳。当然，这并不是说放弃对虚拟世界的监管任其自由发展，引导建立秩序稳定、可持续发展的虚拟世界依然是主要任务，只不过在完成这项主要任务时，不能忽略广大位于底层的数字劳工而建立一个只有"精英数字劳工"的理想体系。作为现实世界的扩展空间，虚拟世界在经济领域极大扩展了现实世界，我们应该做的是在保障所有数字劳工作为人的权益时，提供更多的可能和更多的选择，让更多的人能够通过虚拟世界获得美好的生活。在中国，不少网络平台已经与第三方商业保险公司展开合作，根据零工工作的岗位需求，引入雇主责任险、账户安全险等个性定制、按时供需、零活方便的保险产品，用来解决劳动者在用工过程中的工伤意外、账户安全等风险问题。此外，第三方的征信机构正在为网络平台的每一位雇主和劳动者建立诚信档案，这些信息对于地方乃至国家征信大数据平台和系统的建设与完善将发挥至关重要的作用。上述实践将在多大程度上有益于零工经济中的数字劳工摆脱困境，有待进一步的考察和研究。[①]

① 姚建华.数字劳动：理论前沿与在地经验 [M].南京：江苏人民出版社，2021：79—80.

第七章　回到现实：难以割舍的虚拟世界

从身份与组织、历史与文化再到种种经济行为，我们从多个侧面阐释了在虚拟世界中生活将会面临的问题，当然，作为一个和现实世界同样复杂的空间，还有更多方面难以完全展开。但不管在虚拟世界中生活好或是坏、提供的可能再多，我们都无法将自己彻底置入这个世界，原因很简单：我们始终是现实意义的人。

尽管很多科幻小说或者电影描绘了将人的意识上传到虚拟世界，然后就可以实现在虚拟世界的"永生"（如科幻电影《流浪地球2》），我们且不说技术上未来是否能够实现，就仅仅从最基本的哲学上出发，也已经违背了唯物主义的基本立场。我们每个人之所以能够以数字形态的"化身"存在于虚拟世界，是基于我们在现实世界的客观存在以及主观能动性，倘若我们在现实世界消亡，仅留下主观意识留存于虚拟世界，就已经失去了客观存在性。如果我们把这个逻辑再往前走一步，就会发现另外一个事实：存在于虚拟世界的自我主观意识不但不具有客观性，甚至都不具有主观性。因为只要对程序稍加操作，就可以改变虚拟世界中任何一种意识的运行程序，让虚拟世界的意识按照操作者的意图来进行思考。当然，这个哲学问题不止这么简单。总之，我们只要坚持唯物主义，就会发现虚拟时间是不可能脱离现实世界单独存在的，并且虚拟世界的变化都是基于现实世界而改变的。

电影《头号玩家》的最后，主人公决定在每周二和周四关闭"绿洲"，希望大家把更多精力投入现实世界中，电影的最后一句台词是："现实才是唯一真实的东西。"所以不管对虚拟世界的研究再多、挖掘得再深，都必须回到现实中来，就像本书绪论部分所说，虚拟世界的一切研究都必须以解决现实问题为导向，否则就会变得空泛与虚无。和前面的所有调查案例一样，我们在这里并不致力于讨论虚拟世界与现实世界的哲学关联，也不热衷于号召人们回到现实。我们同样从人类学的视角出发，看待一个个普通的玩家是如何处理虚拟与现实的关系，他们的所作所为又会带给我们哪些启示。

第一节　离开与逃离

一、AFK

AFK 是英文 Away from keyboard 的意思，直译过来就是"让手离开键盘"，最初源于游戏《无尽的任务》中形容玩家暂时停止操作，后来在《魔兽世界》中成为一个指令，当在对话框中输入 /AFK 时，角色状态会被标记为"暂离"，在此期间不能与该玩家进行交谈。2009 年，由于行业纠纷，《魔兽世界》中的"巫妖王之怒"版本迟迟得不到更新，并因代理商的更换出现了数月的停服期，于是厌倦于旧版本的玩家便以 AFK 表示长期或者永久离开游戏，从此，AFK 就代表离开。

在调查中，我们找到曾任《魔兽世界》著名公会"第七天堂"的其中一位主力团长"兜兜"。"第七天堂"公会是《魔兽世界》最早的公会，成立于 2005 年，在游戏的早期几个版本中，该公会最先通关了数个大型副本，尤其是在"燃烧的远征"版本中最先击败最终 BOSS"基尔加丹"而成为全球排名第十的大型公会。"兜兜"于 2007—2008 年全程参与了公会的各个关键时刻。当我们见到"兜兜"时，他正在小学门口等待孩子放学。"兜兜"喜欢别人叫他华哥，三十多岁的他略微发福，现在是一名中学老师，这天下午没课，所以轮到他来接孩子。华哥是 2006 年在一所师范院校上的大学，学的是汉语言文学。作为最早接触《魔兽世界》的一批玩家，华哥几乎将大学生活的大部分时间投入游戏。2007 年，华哥加入了"第七天堂"公会，被培养为主力 DPS（伤害输出职业），后来被提升为团长、副会长。2010 年，华哥大学毕业，进入家乡县城的一所中学工作，担任语文老师。2012 年，华哥组建了家庭，并于 2013 年初迎来了女儿。2015 年，华哥贷款在县城买下一套 120 平方米的房子，开始背上长达三十年的房贷。由于妻子的工作不太稳定，华哥不得不冒着违纪的风险在各类培训机构兼职辅导老师以赚取额外的课时费。2018 年，妻子被当地某政府部门录用，成为一名公务员，开始有了稳定的收入，华哥也升任学校学生科主任，工资有了提高。考虑到接送女儿方便，小两口全款买了一辆二十多万元的轿车，生活慢慢变得稳定且幸福。谈起曾经的辉煌时，华哥还是很激动。

访谈者：你还记得当年你们首杀伊利丹和基尔加丹的时候吗？

华哥：太记得了。那是 2007 年 10 月，我们完成国服伊利丹首杀，我当时全程参与了，连着两个通宵啊，48 小时不休息。不愧是年轻，要放现在，熬个夜得一个星期才缓得过来。第二年，我们就首杀基尔加丹。当时好多新闻都报道了这件事，我还被记者采访过。别说在游戏里了，当时在学校我可出名了，一说起我是"第七天堂"的主力，多少人来我们宿舍围观我打游戏。记得首杀基尔加丹那天晚上，我"偷电"（私接宿舍电源）通宵，宿舍站满了人，都来围观打"太阳井"（副本），宿管都被惊动了。可能平时和宿管处得还不错，对我们也好，了解情况后看到那么多学生渴望的眼神也就心软了，还帮我们送来蜡烛什么的，可好了。那天晚上，基尔加丹倒下的那一刻，欢呼声可以说震动校园。我那一瞬间简直就是英雄。

访谈者：当时你同学和你一起玩的多吗？

华哥：挺多的。我们宿舍都在玩，我最强力嘛，所以基本都是我在带他们，玩得好的都被我拉进公会。他们也会去别的公会，我们经常一起做任务打副本，当然也一起逃课一起违纪，关系也越来越好。现在想想要是我的学生知道我读大学的时候那么疯狂，肯定颜面扫地，不过年轻嘛，这才叫青春（笑）。

访谈者：后来呢，玩得还多吗？

华哥：你听说过"蛋刀门"事件吗？① 那事之后公会就不行了，但是我也没有退会，瘦死的骆驼比马大嘛。"第七天堂"虽然大部分主力出走，但还是很强，所以和之前玩得一样多。直到2009年，我们师范生要实习半年，当时我们去到一个镇中学实习，那里宽带简直是糟糕，要么经常掉线，要么网速很慢，要去网吧就得去县城，坐车都要一个小时左右，那时候玩得就少了，不过正好那年换代理，游戏停服了，也就没什么念想。那个暑假出去旅游了一次，后来九月份开学游戏都没有开服，也就继续安心实习，好多当老师的经验就是那时候实习学的，要是那个时候游戏没有停服，说不定我还当不上老师。

访谈者：那重新开服以后呢，就继续玩吗？

华哥：没怎么玩了。那时候大四了，我当时想考研来着，没考上，反正大学四年啥也没学嘛，没考上是必然的。然后又要参加各种招聘考试，公务员招聘、事业单位招聘什么的，那时候总算拿起书看了，也是第一次进学校图书馆，还有各种面试要参加，玩得明显少了，并且当时新版本迟迟不上线。公会转战台服，我也没去，因为网速太差了嘛。也是报应吧，大学啥也没学，所有考试几乎都没考上，当时挺焦虑的，我不想毕业就失业，一开始还想往大城市冲一下，再后来标准降低到能留在大学的这个城市就行，再后来就降低到只要有个工作就行。正巧我们县当时是贫困县，有那种师范大学的教师特招岗位，我就报了，然后就被录用了，就这样回来建设家乡了。

访谈者：工作以后呢？还玩吗？

---

① 2008年末，在热门网络游戏《魔兽世界》中，当时著名公会"第七天堂"下属的副本团队被爆出在掉落当时的极品装备埃辛诺斯战刃后，不顾以前与一位团员事先做好的约定，直接把装备给了另外一人而引发的游戏里和网络上的一系列事件。由于埃辛诺斯战刃俗称"蛋刀"，因此该事件也被称为"蛋刀门"。

华哥：玩？你是不知道我们基层老师有多苦！我们学校又不是重点学校，我刚来的时候整个学校五百多学生，全职老师只有三十多个，我当时教高一，五个班就两个语文老师，另外一个还是快退休的老教师，他只上一个班的课，我上四个班，一个星期我要上四十多节课，每天从早到晚地上，晚自习还多，还要备课、改作业、开会、教研，晚上回到家我连说话的力气都没有。只有周末的时候会玩会儿。我记得2010年的时候"巫妖王"（《魔兽世界》"巫妖王之怒"版本）上线，我居然半年多了都还没有满级。要是放在大学，一个号我从1级到70级最多两个星期就能搞定，现在就升10级我到年底都没升上去，再加上那个时候公会早都解散了，我加了一个休闲公会，没怎么打活动，加上我升级慢，就没跟上进度。后来过年放寒假才有时间好好玩，过完年了我才打完"奥杜尔"（副本）。

访谈者：当时和你一起玩的同学朋友呢？

华哥：我们宿舍六个人，当时有五个一起玩的，也是关系最好的。一个考上公务员了，我记得他当时是我们班第一个考上公务员的，毕业典礼上还作为优秀毕业生发言了。一开始还见他上线，后来也不记得从什么时候开始就慢慢不上线了，联系也少了，可能也忙吧。另外三个都回老家当老师了，其中一个去的是镇上，没什么学生，就他最闲了。我们刚工作的时候都忙，就他天天在群里（QQ群）叫我们上线打副本，我们哪有时间，就骂他两句让他自己去玩了，他反而是我们中玩得最久的，好像到现在都还玩。

访谈者：你是怎么认识你老婆的？

华哥：相亲认识的，我妈朋友介绍的。我俩都挺直接的，第一次见面就确定关系，第二年就结婚，第三年生娃。我是我们宿舍第一个结婚也是第一个生娃的。结婚的时候倒是都给他们发了请帖，但工作都忙嘛，只有两个来了。当时他们两个来的第一天我们就去网吧了，你敢信么，我第二天结婚，前一天中午去车站接他们，然后吃了个盖饭就直奔网吧打副本，这就是男生的兄弟情。你知道吧，其实并不是图打游戏，是好久没见面了，都想重温下一起打游戏的那种气氛，你懂的，哈哈！主要是大家都很熟了，没那么多弯弯绕。大家好久不见，婚礼也准备得差不多了，没啥事了，大家闲着也是闲着，不约而同地就奔网吧了。那应该是最后一次大家聚在一起打游戏了吧，虽然人没来齐。

访谈者：你老婆没意见？

华哥：她当时不知道，我说我去车站接朋友了，晚上我们才回去。她事情多，什么试妆啊塞红包啊，我也帮不上什么忙，去了反而还添乱，也就没管了。后来结婚好几年了才和她说了这事，她也没生气，挺理解我们这种感情的吧。

访谈者：孩子出生以后呢？还打游戏吗？

华哥：彻底 AFK 了，不可能打了，你知道养娃多辛苦吗？别说打游戏了，电脑都多久没开机了，只用笔记本做做课件，好像生了女儿之后就没玩了。对了，最后一次上线是"争霸艾泽拉斯"这个版本，但是我上线之后发现我不会玩了，天赋系统技能什么的都变了，也没有心情研究，随便逛了一下就下线了，还有好多游戏时间没用完。

访谈者：其他游戏你也不玩了？

华哥：失去兴趣了吧，有时候只玩玩手机上的小游戏，现在小孩玩的都不会玩了。我们班那些学生天天打王者（《王者荣耀》），我当时为了深入学生，也下载了玩了一会儿，觉得没啥意思。不过我们宿舍那个游戏爱好者，听说他们镇中学合并之后他被调去教育局了，一个县城上的教育局嘛，可闲了，他一直玩着"魔兽"，看他的朋友圈除了电脑游戏，什么 PS 啊 Xbox 啊，什么都有，他到现在都还没结婚，一人吃饱全家不饿，下了班周末就是打各种游戏。有时候挺羡慕他的，自由自在的。女儿上了小学之后，其实比小时候带她轻松多了，但现在一有时间要么在家看看电视，要么周末去她爷爷家或者姥爷家，要么就是去哪里逛逛，也可能是读书的时候玩够了吧，现在提不起多大兴趣了。

访谈者：你和当年的舍友们还联系吗？

华哥：各忙各的了。后来有几次旅游去过两个朋友那里，待的时间也不长，一起吃了两顿饭。有两个毕业到现在十多年都没见过，只是朋友圈点个赞吧。

此时小学放学，学生们在老师的带领下按照年级依次出校门，家长们翘首以盼。华哥紧张地盯着校门口，生怕女儿没有出来。三年级的队伍出来时，华哥一眼就看到女儿，大声喊着她的小名。女儿看见爸爸很是激动，但老师半天没有发出解散的命令，女儿只能着急地跳着脚跟着队伍往前走。当老师确认华哥的家长卡之后叫了华哥女儿的名字，小姑娘一下子冲过来抱住华哥。华哥顺势抱起女儿亲了一口，然后听着女儿喋喋不休讲着今天发生的趣事。和华哥道别后，我看见他把女儿放下来，牵着女儿的手向停车场走去。女儿一蹦一跳地说着今天班里的男生怎么被老师批评的，华哥也愉快地回应着女儿。不知道华哥以后会不会和女儿讲起，他当年是参加了国服第一公会首杀基尔加丹的主力队员。

曾经对于游戏的研究一度集中于游戏沉迷，很多悲观的声音认为网络游戏将会让"80后"的道路逐渐迷失。对于虚拟世界的未来，哲学家也在表达着担忧：

未来，数字社会中的信息猎人们将戴着谷歌眼镜（Google Glass）上路。这种数据处理眼镜代替了旧石器时代猎人们的矛、弓和箭。它将人眼直接与互联网联通。佩戴者仿佛能洞穿一切。它将引领全信息时代的到来。谷歌眼镜不是工具，不是海德格尔所说的"用具"或者"手边之物"，因为人们不会将它拿在手里。手机还是一种工具，但谷歌眼镜如此贴近我们的肉体，以至于被感知为身体的一部分。它让信息社会更加圆满，因为它让存在与信息完全同步。

信息以外的东西是不存在的。托数据眼镜的福，人类的感知实现了彻底的高效率。现在，人们不仅仅是每点击一下都有猎物入囊，而且是每看一眼都会有所收获。看世界和理解世界同步完成。谷歌眼镜使猎人的视觉绝对化：不是猎物的东西，即不在信息范畴内的事物全都被隐没。然而，感知的深层快乐却在于这些行为的无效率之中。它源自徜徉于事物却不对其加以利用和榨取的长久的目光。①

事实却证明，直到今天所呈现的情况并没有那么可怕，今天的"80后"已经成为社会的中坚力量，曾经在宿舍里、网吧里嘶吼着冲锋陷阵的年轻人，现在已经在各个岗位上发挥着重要的作用，他们并不为当年对游戏的挚爱而后悔，反而为青春的记忆添上一抹亮色。当然，并不只是游戏，QQ空间、泡泡堂、跑跑卡丁车……每个人都能从虚拟世界中找到青春的回忆，然后将回忆放在过去，重新回到现实世界，创造者属于现实世界的未来。

同华哥一样，大多数人返回现实世界的主要原因无非在于家庭和工作，这也是华哥现在最关注的两点。如果从学理上来看华哥的选择，心理学喜欢从情绪价值和心理满足来解释华哥的转变，社会学则会从责任赋予或者社会结构的改变来分析。正如罗萨在《新异化的诞生》一书中认为的那样，正是不断强化的增长逻辑造成了科技进步、社会变迁、生活节奏的不断加速。尽管智能手机、互联网、人工智能等高科技产品不断推陈出新，极大地方便了我们的生活和工作，但是我们也越来越紧密地被捆绑到不断加速的社会化大生产中，无法自拔，以至于人们与过往的空间、物、行动、时间、自我和社会不断地疏离与异化。②似乎不断加速的现代化让我们疲于奔命，已经顾不得在虚拟世界中继续创造奇迹，所以不得不离开虚拟世界回到现实。除了这两个学科，教育学、文学、哲学等学科都加入了对这个问题的探讨中，就人们为什么会回到现实给出了越来越复杂的解释。但是当

① 韩炳哲.在群中：数字媒体时代的大众心理学[M].程巍，译.北京：中信出版社，2019：63-64.
② 哈特穆特·罗萨.新异化的诞生[M].郑作彧，译.上海：上海人民出版社，2018：扉页.

我看到华哥牵着女儿的手迎着夕阳走向回家的路时，我认为原因似乎并没有那么复杂，人类学批判论一直反对"过度的解读"，甚至走上形而上学的歧途。①但不可避免的是，新理论和新的分析工具不断涌现，不管是定性研究还是定量研究，人类学家也开始把研究对象当成"个体"甚至就是统计中的一个数字，毫不关心他们作为一个充满着意义的生活中的人。当年，马凌诺夫斯基所反对的"书斋里的人类学家"如今又坐上了"摇椅"，开始机械地分析着人类的行为并得出一条又一条深奥的结论，但如果问华哥为什么要离开虚拟世界，为什么要放弃自己曾经挚爱的游戏，当他抱起女儿亲一口的时候，答案已经不言而喻了。

二、逃离虚拟世界

与华哥较为缓和地主动抽离虚拟世界不同，有这么一群人，他们带着强烈的憎恶感和恐惧感努力地逃离虚拟世界想要回到现实世界，却又无法挣脱虚拟世界的锁链。外卖员就是一个极为典型的群体，很多人类学家已经深描了外卖员如何挣扎于虚拟与现实之间。②但除了外卖员，还有很多人被困囿于虚拟世界而难以逃离。

姜江（化名）是一家教育培训机构的教务专员，她的公司主要进行的是研究生考试培训。姜江的主要任务是协调安排学员的课程，并负责对学员的学习过程做全过程管理。这是姜江入职的第二年，她已经对工作内容非常熟悉，但由于每天都可能会有新的学员来报名或者新的老师来授课，所以她随时都可能面对新的情况，致使她的工作难以按部就班地进行。公司目前有全职员工两百余人，还有外聘兼职教师五十余人，目前在校学生

---

① 郑召利，杨建伟.从内在批判到哲学人类学：哈贝马斯实证主义批判中研究方法的转变 [J]. 求是学刊，2024（02）：35.

② 杨丽萍.中国外卖：外卖小哥生存现状调查报告 [M].杭州：浙江人民出版社，2022：07.

八百余人。姜江所在的教务岗位有十名同事，他们要负责管理这八百名学员的课程安排，所以工作压力很大，稍一出错就牵一发而动全身。所以为了便于协调各种工作，公司建立了各种不同的微信群来下发通知并联络各方，这就是姜江"噩梦"的开始。

工作一年多，姜江与工作相关的微信群多达三十二个。为了不被频繁打扰，她把手机设置成静音。访谈的时候为了展示这些微信群的"力量"，姜江打开了手机外放声音，可以说是一瞬间"叮叮当当"的消息提示音扑面而来，就两分钟的时间，微信的未读消息累积到五十多条，并且还在不停累积。姜江说这都是日常，等到十一二月份的时候就是考研旺季，那时候学生是最多的，工作通知也是最多的，稍微不看手机，就是几百条未读消息，所以只能设置成静音，否则要被烦死。访谈时，姜江一直忙着回复各种群里的消息，回复最多的就是"收到"二字。她很抱歉地说一直在玩手机不是不礼貌，是真的没办法，稍微回复慢一点可能部门主管就会打电话来责问。姜江他们部门实行排班制，每周一到周五会有一天时间休息，因为周六周天上课最多，所以周末一定会在上班。即便是休息，和上班唯一的区别就是办公地点是在家而已，因为就算轮到姜江休息，各种微信群依然不停发来通知，很多事情还是要她处理，她又不得不继续通过微信联络各方，有时候还必须回到公司来处理。虽然姜江嘴上说着习以为常，但从她逐渐失去耐心的表情中还是可以看出厌烦的情绪在不断增长。随着"消息洪水"逐渐汹涌，为了让她全力应对，访谈不得不终止。

趁着姜江休息，我们约她在一个景区咖啡馆继续接受访谈。这里风景秀丽，是个放松身心的好地方，客人大多在悠闲地品尝着咖啡，和三五好友相谈甚欢。咖啡馆外面是一个露天营地，有人在外面搭上了烧烤架，或者席地而坐开始野营。本想这样一个地方能够让姜江享受一下难得的休息日，没想到她抿了一口咖啡后又开始回复各种消息。更为夸张的是，在喝完半杯咖啡之后，她突然从包里掏出笔记本电脑，说有几个学生报名了，现在要录入系统，否则没法给他们排课。这一瞬间，咖啡馆闲适的氛围突然被她打破，几名游客用复杂的眼神扫了她一眼，但姜江毫不在意这一切，此刻咖啡馆就是她的战场，她只能全神贯注地去应对。

姜江说其实很多群都是无效的，主要是人员重复率太高，比如，他们教务部有五个群，分别是排课群、教务愉快工作群、班主任协调群、教师联络群、排课系统技术群。教务部的十个人其实都在这些群里，也就是说，要想通知到姜江，这五个群都能通知到她，关键就是如果她要发通知给别人，就要在不同的群里发。比如，要协调学生的排课，就要在排课群里发消息；要安排老师上课，就要去教师联络群才能找到老师，因为这些老师不会在排课群里；当排课系统出现BUG时，又要在排课系统技术群里询问技术人员，因为技术人员不会加入其他几个群。于是，以姜江为起点的话，一个复杂的微信群网络就此铺开。姜江提到公司曾经试图简化流程提高效率，于是组建了几个大群，把所有人进行了整合，结果由于群里人实在太多，消息也太多，一个通知发出去一下就被新的消息刷没了，导致很多人没有看到通知，反而错误百出，后来还是建了一个又一个小群。除了各部门之间有很多群外，领导也很喜欢拉群，有时候一项临时性的工作，领导就要拉上一个群，关键是这项工作结束后，领导就似乎喜欢在这个临时群里面发通知，完全没有按照各个群的功能来进行对应的通知发送。姜江向我们展示了某领导要求明天组建一个冲刺班的通知，本来这个通知应该在"排课群"或者"教务愉快工作群"里发，因为这位领导和要通知的对象都在这些群里，并且这两个群的主要功能就是协调排课，但不知为何这位领导却把通知发在"年终总结报告群"里。这个群本来是去年年末为了协调撰写年终报告而组建的临时群，并且和组建冲刺班这样的工作毫无关系，可这个通知就是出现在了这个群里，并且大家很自然地也在这群里回复"收到"。姜江说群本来就多，这些领导似乎根本不关心群名称，只要能通知到对象，就随意地在哪个群里发通知。很多员工向上反映过这个问题，但毫无改善，因为几个大领导也喜欢这么干，感觉他们就是随便翻出一个群就开始发通知，所以本就混乱的群再加上随意的通知，导致消息更加混乱。

之前公司花钱引入了一套 OA 系统，^① 本来各种通知应该在 OA 系统对应发送，但大家似乎已经习惯在微信群里发通知，OA 系统就此成为摆设。

当说起对这些群的感受时，姜江用一个"累"字总结了一切。她说她的工作一半是在回消息，一半才是在真正处理具体的工作内容，有时候实在累极了，真想关了手机让自己安静一下，但是又不敢，谁知道哪个通知就突然 @ 一下自己，要是不回复领导就来兴师问罪了。如果再不接领导的电话，上班的时候就等着挨骂扣钱吧，所以不但不敢关手机，就连晚上睡觉手机都要开着，因为领导真的会半夜打电话来，所以自己要 24 小时待命。公司表面上是早九晚五的工作，下午五点确实也可以下班回家，但实际上就是 24 小时工作制。

此时，姜江喝了一口咖啡，终于把手机放到桌上。看着外面草地上几个大学生在自助烧烤，小孩子们在追逐打闹，姜江发出一句感慨："我现在到底是在工作还是休假？"

值得一提的是，姜江的微信昵称叫"自由的江"，头像是一条在山谷间奔流的溪水，她所在的微信群网络同样可以视为虚拟世界中的一个空间，她"化身"为"自由的江"进入这一虚拟空间之中，并且从各个微观角度来看，她所在的这个虚拟空间有着社会关系、历史文化等各种元素。虚拟空间并不一定表现为游戏或者虚拟博物馆，"化身"也并不是一个完整的游戏人物形象，微信头像和昵称就已经可以作为一个"化身"来看待，但很明显，她并没有得到理想中的自由。在关于身份问题的讨论中我们提到"自我认同"这一关键概念，人们之所以愿意在虚拟世界付出努力是因为能够得到自我认同，姜江并没有得到这一切，因此她难以在这个虚拟空间中获

---

① Office Automation System，全称为办公自动化系统，是一种将计算机、通信等现代化技术应用于传统办公方式的新型办公方式。它利用现代化设备和信息化技术，旨在代替办公人员传统的部分手动或重复性业务活动，高效地处理办公事务和业务信息，实现对信息资源的高效利用，进而提高生产率、辅助决策，最大限度地提高工作效率和质量、改善工作环境。

得自我认同，所以产生了"逃离"的心态。

姜江这样的群体可以视为虚拟世界的"边缘人"，其特征就是处于虚拟世界与现实世界的交界地，也就是说，既在虚拟世界的边缘也在现实世界的边缘。以虚拟世界而言，他们难于获得自我认同，并且受到虚拟世界各种因素的掌控，难以掌握自身的主动权，所以无法进入虚拟世界的中心；在现实世界中，他们同样得不到自我认同，也同样难以掌握主动权，所以只能游走于现实世界的边缘；更为重要的是，他们都无法逃离两个世界，所以也不能彻底撇开其中一个世界完全进入另外一个世界。

虚拟世界的出现将"边缘人"的群体扩大了数倍。在现实世界中本身就存在着很多边缘群体，如艾滋病携带者、同性恋以及农民工群体已经不再占据大多数，[①]外卖员、快递员、滴滴司机等纷纷被纳入"边缘人"的范畴，他们最大的矛盾就在于想逃离却又不能逃离，就像姜江一样，她需要这份工作为自己带来收入从而能够养活自己。外卖员也一样，他们很想逃离算法，但又期望算法给他们分配更多的订单从而能够获取更多的报酬。所以，并不能以简单的"剥削"来解释这些群体的想法。一些学者强调重视劳动者体验对社会研究的重要性，[②]对于旨在促进工人阶级权力的研究来说，这一点尤其重要，因为每场斗争都是从参与斗争的劳动者发起的。穆尔等人通过对外卖员的研究结果表明，算法管理或许不是决定劳动者体验的首要因素。虽然算法使劳动者处于从属地位，但劳动者自己可能不这么想。这表明批评算法未必是最成功的方法。获得工人阶级权力的基础是人们的经验和活动，所以应该重视劳动者存在的"自由的错觉"。这要求我们从劳动者对工作的认知本身出发，而不是肯定"虚假意识"。实际上，人们

① 陈琦.边缘与回归：艾滋病患者的社会排斥研究 [M].北京：社会科学文献出版社，2009：08；云南省社会性别小组.边缘的突破：云南社会性别探索与实践 [M].昆明：云南大学出版社，2007：05；刘开明.边缘人 [M].北京：新华出版社，2003：01.

② Moore P.The Quantified Self in Precarity: Work, Technology and What Counts[M]. London and New York: Routledge, 2018.

需要"摆脱"算法化工作场所。[①]

　　所以姜江想摆脱的并不是微信，而是公司对微信群混乱的管理情况。在访谈中，她不止一次地提到自己真正讨厌的是领导们随意且混乱地通知而不是微信本身。在她看来只要能够建立起有序高效的消息传达体系，那么这份工作就不会变得让人讨厌，微信也不会是她想逃离的世界。所以，成为虚拟世界的"边缘人"并不是他们的意愿更不是他们的错，他们只是被推到边缘地带，真正想逃离的是"算法化工作场所"并非"算法本身"。

　　再以此为基础回到"自我认同"这一概念上来，就会发现让边缘群体难以得到自我认同的本质原因是劳动者体验感太差以及工作场所的异质化，所以解决之道并不是让姜江删掉没用的微信群或者让外卖员少接几个订单以获得更多的休息时间，而是应该集中于建构一个更好的虚拟世界。

第二节　虚拟与现实之间

一、难以割舍的虚拟世界

　　从本质上来说，姜江、华哥与"网吧大神"强哥是一样的，他们都在寻找自我，唯一不同的是，姜江还没能寻找到自我，华哥在现实世界中找到自我，强哥则在虚拟世界中找到自我，所以，姜江仍在边缘游弋，华哥回到现实世界，强哥则选择暂时留在虚拟世界。从主流意义上来说，人们可能会一边倒地批评姜江和强哥而赞扬华哥，认为华哥的选择才是"正确的"道路，但正如前面提到的，人类学不会置喙"他者的世界"，他们的选择都是基于自己的社会文化情境所决定的，但这样的话我们就会陷入一个

---

① 菲比·V.穆尔，杰米·伍德科克.逃离算法[M].蒋楠，译.北京：中国科学技术出版社，2023：66.

逻辑悖论：我们是否要对"他者的世界"进行干涉？对于姜江，我们是否要让她换个更加轻松的工作或者鸡汤式地让她不断学习不断提高，再找个更好的工作？对于强哥，我们是否要想办法让他明白虚拟世界的自我是一种虚妄的存在，是唯心主义和虚无主义的陷阱，要回到现实寻找真正的自我？对于华哥，是否要让他在忙碌的生活中放松一下，打开电脑重温在虚拟世界战斗的激情？

　　这个问题实际上是人类学最早面临的问题。当 19 世纪欧洲的人类学家登上非洲大陆和太平洋诸岛时，以先进文明自居，认为他们所调查的土著人是野蛮而落后的，并为如何"改造"他们提出了诸多建议，维护着欧洲侵略者到处殖民的"合法性"，这就是"文化进化论"遭到批判的原因，因为他们一旦认为文化的发展不符合欧洲的"主流价值"，就要加以干涉，并打着"传播文明"的旗号肆意掠夺。但在进化论遭到批判之后，斯图尔德则从多线进化论的角度来发展进化论思想，他认为相似的环境下会产生相似的文化形态并沿着相似的轨迹进化，不同的环境则会造就与之相对应的文化形态，并且决定了文化发展的方向。由于世界环境的多样性，因而出现了文化的多样性。他特别强调，在这个世界上很难找出两个完全相似的环境，因此也就很难找到两种完全一样的文化，但如果扩大视野，可以找出一些环境相似的地区，例如，秘鲁、中美洲、埃及、美索不达米亚地区、中国，这五个地区都处于干燥和半干燥地带，虽然地理位置不同，但由于环境大体相同，所以这五个地区的进化方向也大致相似，文化可以在不同地区沿着大致相似的方向进化，这就是多线进化论。[①] 新考古学否定了单线进化论和传播论，以宾福德为代表的考古学家致力于解释环境和文化的关系，由于深受新进化论的影响，他们认为技术存在革新的可能，是因为只有技术不断的革新，才能去适应环境的变化，所谓的文化只有在适应环

---

① 夏建中 . 文化人类学理论学派：文化研究的历史 [M]. 北京：中国人民大学出版社，1997：227-228.

境时才有意义，如果一种文化不适应环境的变迁，就会慢慢失去活力，最终消亡。① 所以，文化是为了适应环境而自主发展的。如果从新进化论的视角出发，文化的选择是由于环境决定的，因此有着自适应能力，无需干涉，文化会做出适应环境的最好决策。具体到华哥和强哥，他们必须为了适应环境而做出相应的选择，所以我们无需干涉也无力干涉，应该"尊重他人命运""一切选择都是合理的"。两种理论分别代表了两个极端，即需要干涉和不需要干涉，但两种理论都遭到批判，对于进化论的批判是由于他们带有强烈的主观意愿，完全不尊重客观事实，而对于新进化论的批判则集中于他们忽视人的能动性，认为一切都是被动的适应。所以，我们讨论的焦点其实并不应该集中于该不该干涉的问题，而是虚拟世界何以可能的问题。

绪论部分提到，我们在虚拟世界的一切努力是为了让人们在现实世界生活得更加美好，而并非强制性地去改变他者的抉择。这个逻辑同样可以理解为在他者已经做出抉择的前提下，通过虚拟世界的建构去帮助他者追求在现实世界更加美好的生活。

文化是生命情感的表现形式，② 美好生活是人有需要并能得到满足的生活，是一种自由的生活，③ 更是人们最朴素的追求。虚拟世界的出现为文化的演绎提供了新的空间，为人们追求美好生活提供新的条件，也以更加自由的选择成为可能，这种最朴素的追求在虚拟世界中特到了非常充分的体验，却时常被忽略，被忽略的并不是技术，而是人。正是因为虚拟世界可以提供的东西太多，哪怕已经滑入边缘，人们也不会割舍虚拟世界，尤其是在现代化快速发展的今天，虚拟世界和现实世界的融合度不断提高，二者之间的界限也越来越模糊，所以不管是主动还是被动，我们无法离开虚拟世界。华哥作为主动想要离开虚拟世界的代表，其实只是离开了《魔兽

① 田雪青，王毓川. 物归其境：考古人类学的观念与方法 [M]. 北京：新华出版社，2022：44.
② 夏建中. 文化人类学理论学派：文化研究的历史 [M]. 中国人民大学出版社，1997：341.
③ 张三元. 论美好生活的价值逻辑与实践指引 [J]. 马克思主义研究，2018（05）：85.

世界》这个游戏，通过手机，他依然和虚拟世界保持着千丝万缕的联系，更别说像姜江这样的被迫留在了虚拟世界的人。所以，不管是看待问题的视角还是研究的方向，应该转向建构与创造。

我们可以把人们对待虚拟世界的态度划分为四个阶段：新奇与期待、发展与恐慌、创新与进步、建构与创造。首先是新奇与期待阶段。这一阶段主要是在 20 世纪 90 年代互联网刚刚在中国兴起时，人们对互联网以及虚拟世界充满好奇，认为这是高科技的代表，并且乐观地认为互联网将会改变世界，此时也是最早一批互联网创业者投身市场，开始用互联网创造了中国经济腾飞的奇迹；之后进入发展与恐慌阶段。21 世纪伊始，互联网在中国迅速发展，尤其是互联网的下沉速度极快，网吧雨后春笋般地在县乡出现，虚拟世界开始从高科技走向大众化。就是在这样快速发展的背景下，对互联网的恐惧开始蔓延，非法信息、诈骗赌博、网络成瘾叩击着家长的神经，人们以"洪水猛兽""电子毒品"等词语形容互联网，甚至"电击法治疗网瘾"这样离谱的事情在当时都被一些家长奉为圭臬。此时发展与阻碍并存，成为虚拟世界发展过程中不可避免的阵痛。现在，我们对互联网的态度处于创新与进步阶段。随着互联网的发展，人们已经开始正视虚拟世界带来的改变，并且发现虚拟世界为创新提供着怎样的可能，穿戴设备和生成式人工智能的技术突破为虚拟世界带来巨大的进步。人们对虚拟世界的态度发生了重要的转向，开始拥抱这个新世界的到来，但这并不是人们的最终态度，建构与创造将会是人们对待虚拟世界的下一次转向，人们已经意识到虚拟世界能为我们的生活带来怎样的改变，于是开始优化算法、开发新的 GPT 模型、提高虚拟世界的有机体验等，本质上都在建构一个全新的虚拟世界，让人们能够利用虚拟世界实现自由的发展，为创造美好生活提供有力的支持。这就是人们对待虚拟世界下一阶段看法，即将虚拟世界视为个人发展的必要且有利条件。

要让人们形成这样的态度还有很长的路要走，但至少可以证明，虚拟世界是难以被割舍的，与其抗争逃离，不如去建构与优化，真正让虚拟世界助力每个人实现美好生活。

二、回到现实

在调查走向尾声时，我们回访了几位调查对象。"灭世的羊"有了一个新的角色——父亲，再问他血精灵好看还是牛头人好看时，他说自家媳妇最好看，肩负着家庭责任的他去年升任某国企业务部经理，已经有两年多没有再玩《魔兽世界》了。Sim 刚刚在 Xbox 通关了新游戏，他还和以前一样和我们兴奋地讲述着他计划购买的新游戏，但因为要出差，所以没能当面交流，他说他现在负责公司的一项好几百万的大任务，可能要有一段时间不能打游戏了。"小 Z"刚刚失业，说他现在也快成为《大多数》这款游戏的写照了，因为他上个月刚刚结束短暂的婚姻，公司也因为经营不善而倒闭，准备回老家看看有什么机会。"阿凡提"依然还是不善交际，在大学依然没有什么"真正的"朋友，"小红书"所营造的虚拟世界成了她最喜欢待的地方。"小胖"的物业公司业务有所扩展，至今未婚，他离开《魔兽世界》已经五年了，现在忙着到处跑业务，偶尔会玩一下《英雄联盟》。当我们再次和他通话时，他刚刚结束酒局，醉醺醺地和我们说着工作的不易，全然忘记曾经作为团长指挥时的叱咤风云。"能力越小责任越小"现在正值大一下学期的期末，忙于考试，也无暇顾及去《无畏契约》中大杀四方。至于"网吧大神"强哥，我们再去网吧寻找他的时候，他已不见踪影，网吧老板说三四个月都没来了，我们试图拨打强哥的手机，在连续的忙音提醒后我们不得不宣告和强哥失联了，或许他已经找到现实中的自我。

虚拟世界的迭代周期正在快速缩短，所引发的产业革命悄然到来。正是这种极其迅速的变革，把人们的目光牵引到虚拟世界，使整个社会过于聚焦元宇宙，甚至学术界也开始过度分析虚拟世界而忽略了虚拟世界产生的根源，即现实世界。不管虚拟世界如何波涛汹涌，不过是 0 和 1 的不断跳跃，以人类学的视角来看，现实世界的人永远是虚拟世界不变的中心，虚拟世界中所发生的一切最终都将折射回现实世界，干涉大众未来的社会行为。不管对虚拟世界做多少研究，其本质应该是解决现实中的问题而不是处理无休止的虚拟纷争。虚拟世界进化的意义在于扩展更大更新的空间来支持个人价值的实现，为每个人赋予更多可能。"以人为本"是虚拟世界的基本原则，人类学始终坚持认为，一切技术革命都是为人赋能，并强化人的主体地位。不管是研究者还是参与者，面对虚拟世界的到来，必须坚持以是否能在现实世界中实现人的价值、是否能使现实世界得以健康可持续的发展作为唯一的价值尺度，我们所关心的一切问题，要从虚拟世界回到现实世界，用"以人为本"的基本理念参与到虚拟世界的共同建构之中。①

---

① 王毓川.回归现实：人类学视域下的"元宇宙"[J].中国图书评论，2022（04）：16.

第八章 结语：虚拟世界的未来

阿道斯·赫胥黎（Aldous Huxley）在科幻小说《美丽新世界》中刻画了一个 600 年后的未来世界，那时候的世界物质生活十分丰富，科学技术高度发达，人们接受着各种安于现状的制约和教育，所有的一切都被标准统一化，人的欲望可以随时随地得到完全满足，享受着衣食无忧的日子，不必担心生老病死带来的痛苦，然而在机械文明的社会中却无所谓家庭、个性、情绪、自由和道德，人与人之间根本不存在真实的情感，人性在机器的碾磨下灰飞烟灭。[①] 尼尔·波兹曼在《娱乐至死》中表达了同样的担忧：

赫胥黎告诉我们的是，在一个科技发达的时代里，造成精神毁灭的敌人更可能是一个满面笑容的人，而不是那种一眼看上去就让人心生怀疑和仇恨的人。如果一个民族分心于繁杂琐事，如果文化生活被重新定义为娱乐的周而复始，如果严肃的公众对话变成了幼稚的婴儿语言，总而言之，如果人民蜕化为被动的受众，而一切公共事务形同杂耍，那么这个民族就会发现自己危在旦夕，文化灭亡的命运就在劫难逃。

在美国，奥威尔的预言似乎和我们无关，而赫胥黎的预言却正在实现。美国正进行一个世界上最大规模的实验，其目的是让人们投身于电源插头带来的各种娱乐消遣中。这个实验在 19 世纪中期进行得缓慢而谨慎，到了现在，20 世纪的下半叶，已经通过美国和电视之间产生的亲密关系进入了成熟阶段。在这个世界上，恐怕只有美国人已经明确地为缓慢发展的铅字时代画上了句号，并且赋予电视在各个领域的统治权力。通过引入"电视

---

① 阿道斯·赫胥黎.美丽新世界 [M].孙法理，译.南京：译林出版社，2023：04.

时代"，美国让世界看见了赫胥黎预见的那个未来。

那些谈论这个问题的人必须常常提高他们的嗓门才能引起注意，甚至达到声嘶力竭的程度，因此他们被人斥为"懦夫""社会公害"或"悲观主义者"。他们之所以遭人误解，是因为他们想要别人关注的东西看上去是丝毫无害的。奥威尔预言的世界比赫胥黎预言的世界更容易辨认，也更有理由去反对。我们的生活经历已经能够让我们认识监狱，并且知道在监狱大门即将关上的时候要奋力反抗。在弥尔顿、培根、伏尔泰、歌德和杰弗逊这些前辈的精神的激励下，我们一定会拿起武器保卫和平。但是，如果我们没有听到痛苦的哭声呢？谁会拿起武器去反对娱乐？当严肃的话语变成了玩笑，我们该向谁抱怨，该用什么样的语气抱怨？对于一个因为大笑过度而体力衰竭的文化，我们能有什么救命良方？ [1]

虽然《娱乐至死》初版于虚拟世界兴起前的 1985 年，但赫胥黎和波兹曼的观点现在依然能够得到很多的认同。就在本书即将成稿的时候，2024 年 3 月 19 日，英伟达公司不但发布了生成式 AI 的 NVIDIA Blackwell 架构，意味着 AI 芯片时代的到来，并且发布了"Earth-2 Cloud Platform（地球 2 号云平台）"，该平台利用人工智能超级计算机进行模拟，可以预测整个地球的气候变化。5 月 13 日，OpenAI 发布了 GPT4o（"o" for "omni"，意思是更全能）版本，大模型可以接收文本、音频和图像的任意组合作为输入，并实现了实时生成文本、音频和图像的任意组合输出。科幻小说中的描述真的一步步变为现实，因此很多人开始担心人类的未来是否会被 AI 和机器所控制。在结束了虚拟世界的调查之后，我们否定了这些可能。

---

① 尼尔·波兹曼. 娱乐至死 [M]. 章艳，译. 北京：中信出版社，2015：186-187.

第一节　人所创造的世界

虚拟世界是由人所创造的世界，这一点毋庸置疑。如果将虚拟世界一一拆解，就会发现虚拟世界是由无数的电子信息物组成的。作为新型形态的虚物，电子信息物最主要的特征就是呈现出能动性、感性化。能动性是电子信息物作为虚物与实物最主要的区别。电子的瞬时反馈性和动态性为其能动性提供了物质基础，而精神的智能化又为其能动性提供了根本的动力和保证。这种能动性表现在虚拟世界中人与人的互动及人与物、物与物的"互动"中。这些互动正是凭借电子信息物才得以出场的。[①]赫胥黎和波兹曼的担心源于倒置了人和虚拟世界的关系，认为有一天人会被虚拟世界所操控，他们太过于忽略人的能动性力量。能动性作为马克思主义哲学的重要概念，指的是人类通过意识活动和实践活动对外部世界进行能动的改造和创造的能力。它体现了人类作为社会存在物的主观能动性和创造性。能动性是人类主观意识的表现，它源于人的意识活动，是人类对外部世界的能动反映和创造。这不仅仅是被动地适应外部世界，而是具有创造性，能够创造出新的物质世界和精神世界，同时通过实践活动实现的，实践活动是人类能动性的具体表现，也是人类改造世界的根本途径。所以能动性是在社会历史条件下形成和发展的，它受到社会历史条件的制约，同时又是推动社会历史发展的重要力量。

拉图尔（Bruno Latour）的行动者网络理论（ANT）认为，所谓科学活动中的行动者，应该既包括人，也包括参与到科学活动过程中的一切非人，[②]

---

① 徐世甫. 虚拟世界的本体论探析 [J]. 科学技术与辩证法，2005（01）：25.
② 非人（nonhumans）指的是科学活动中除人以外的所有元素，包括自然（nature）、物体（object）、程序（precedure）、仪器（instrument）、实验室（laboratory），甚至意识形态层面的东西等。

虚拟世界同样包含着大量非人元素（如 NPC、程序、算法、平台等），非人行动者到底有没有能动性，或者"非人行动者"这个称谓是否能够成立？面临这些问题时，拉图尔的态度确实很微妙。一方面他明确建构了非人行动者的能动性观念，另一方面又含混地暗示这种能动性观念的灵感来自文学作品的表达策略，因此，在行动者网络理论自身框架中看不到对有关非人行动者的能动性问题的合理解决，从行动者网络理论的结构主义符号学渊源来看，非人行动者的能动性观念存在先天性的不足之处。[①]电子游戏是一种关于行动的艺术，其形态的一个极端是高度被控制的、近乎蜕化为行为的行动，另一个极端则是包含"自在自为的能动性"的、以强烈的否定性和偶然性为内核的行动。正如诗歌是语言的艺术、电影是影像的艺术那样，从我们对能动性的完整诠释来看，电子游戏就是一种行动的艺术。[②]

所以，从哲学上完全能够论证是人在能动的操控虚拟世界以及"化身"，而不是虚拟世界在操控现实的人。哪怕对于虚拟世界的"边缘人"也是如此，操控他们的并不是算法，更不是虚拟世界，因为就算再不合理的算法同样也是在人的能动性力量之下编写出来的。算法的本质是对人行为偏好的最大公约数的捕捉。算法的基础是"数字"，准确地说是"数字化"，或者说是对人的行为进行某种赋值。只有赋值之后，才能进行数据意义上的统计，而对人的行为偏好进行统计之后，在大数据的加持之下，这些赋值也就不只具有数学上的意义，而且具有统计学和经济学上的意义——商业也好、资本也罢——才能从中找到赢利的空间与增长点。更进一步，现在形形色色的 App 之所以会给我们推送各种同质类型的内容、商品或者资讯，本质上就是因为它们在不断依据所捕捉到的这些数据进行统计，进而计算出大多数人对某一类型内容和商品的偏好，算法也会依据这些统计学意义上的数据进行内容的定点投放，进而实现经济学上的收益。这又有什么问

① 贺建芹. 非人行动者的能动性质疑：反思拉图尔的行动者能动性观念 [J]. 自然辩证法通信，2012，34（03）：78–82+127.
② 傅善超. 否定与偶然：论电子游戏中的能动性 [J]. 文艺研究，2022（09）：160.

题吗？在我看来，有这样一个核心问题需要讨论：对一个人的行为偏好赋值，就能代表一个人内心的状况吗？比如，一个人在某个短视频内容上做了较长时间的停留，就一定意味着他非常喜欢这个内容吗？如果从更底层的逻辑来看，简单地说，一个人的行为一定可以反映他的内心吗？[①]

所以并不是算法在控制人，依然是人在控制算法，我们仍然可以有意识地选择在虚拟世界中的喜好或偏向，进而形成独属于自己的一套算法。但我们总会忽略这一点，认为自己被算法所裹挟，被动地接受算法所带来的一切，这种忽略能动性的想法实际上也是一种错觉。因此在调查的最后，我们必须要再强调虚拟世界的本质，如果忘记了这一本质，就会退回到"发展与恐慌"阶段，让我们不敢直面未来。同样，忽略本质的研究如同空中楼阁，不但摇摇欲坠，甚至都无法堆砌成楼，从而走向虚无主义的陷阱中，但如果能记住这一点，对虚拟世界的建构和改造才有可能继续下去。

第二节　人所组成的世界

从技术或者形式上看，虚拟世界是由"0"和"1"组成的一个世界，当我们进入虚拟世界后，也将以"0"和"1"的形式游走其间，但如果从人的角度去看，虚拟世界充满着情感。

"灭世的羊""Sim"、"天下第一刀小刀"、"小Z"、"联盟的大杂兵""永恒星辰""鱼尾巴摆摆""阿凡提""徐拉拉""水墨鱼"……这些"化身"的背后，是一个个充满生机活力、现实意义的人。他们不是技术大拿，也不是行业精英，有的还只是学生或者普通的职员。他们进入虚拟世界，只想追寻最本真的自我并找寻最朴素而美好的生活。他们在虚拟世界建立社交网络，友情、爱情、亲情开始在虚拟世界绽放，他们在这里创造者历史，

---

① 孟庆延. 谁的问题：现代社会的非标准答案 [M]. 北京：中信出版社，2023：40—41.

感受着盛大的虚拟仪式，书写着一个又一个传说，也在这里辛苦耕耘，为自己的美好生活添砖加瓦。一个生机勃勃的虚拟世界已经出现在我们面前，其组成者就是这些平凡又普通的"化身"。

"历史活动是群众的活动。"《神圣家族》中的这句话是马克思和恩格斯对群众观的最早表述。[①] 群众观是指马克思主义对待群众的立场和态度，强调人民群众是历史的创造者，不仅是物质财富和精神财富的创造者，而且是社会变革的决定性力量，它不仅具有深厚的理论价值，而且在实践中发挥着不可替代的作用。[②] 在现实世界，历史已经见证了群众的力量，人民群众是社会历史的推动者、创造者，在社会发展中起着决定性作用，这一理论大家已耳熟能详，但虚拟世界的悄然而至让人们很容易就忘了普通人的存在。

由于虚拟世界自带高科技属性，对更高科技的渴求让人们把目光放到微软、苹果、华为、腾讯、阿里巴巴等这些"大厂"身上，马克·扎克伯格、比尔·盖茨、史蒂夫·乔布斯、马云、马化腾这些行业精英成了被崇拜的对象。不可否认，他们为虚拟世界的发展贡献了巨大的力量，对于虚拟世界来说，他们的贡献会被历史所铭记，是虚拟世界真正的"英雄"。他们反映了历史潮流，敢于克服超出通常程度的困难，主动承担比通常情况下更大的责任。英雄主义是人类社会不断由野蛮向文明演进的过程中逐渐形成的一种具有集体意识的精神价值观，体现了某一时期社会群体整体思维的最高形式，是时代精神的人格体现。[③] 但他们不是虚拟世界的全部，甚至不是虚拟世界的主体，他们可以是引领者或者开拓者，但绝不是组成者和创造者。

普通人及其日常生活是人类社会的基本单位，他们的行为和思想反映

---

① 任帅军.《神圣家族》对"群众"历史地位的逻辑论证 [J]. 华侨大学学报（哲学社会科学版），2019（06）：18.

② 蒋怡. 马克思主义群众观的当代价值体现 [J]. 人民论坛，2017（35）：96-97.

③ 潘天强. 论英雄主义：历史观中的光环和阴影 [J]. 人文杂志，2007（03）：20.

了文化的多样性和人类行为的普遍性，他们的习惯、习俗、语言使用、社交礼仪等不仅展示了文化的独特面貌，也揭示了文化的深层结构和价值观，他们不仅是文化传统的传承者，也是社会变迁的参与者。通过对普通人和常识的深入研究，人类学家可以构建和验证理论，从而解释和预测人类行为和社会现象，也可以洞察社会变迁的动力、过程和结果，从而更好地理解社会发展的规律和趋势。这种实证研究方法是人类学学科的基石，也是推动学科发展的重要动力，同时也是对虚拟世界人性化理解的基石。

因此，转换视角有助于我们发现虚拟世界种种现象背后的本质，从一个个平凡普通的"化身"出发，去听他们在说什么，看他们在干什么，了解他们在想什么，然后明白他们因何而为。从这样的"底层"逻辑出发，从一桩桩普通而平凡的"小事"开始，就能够发现虚拟世界得以发展的底层逻辑是什么，也才能找到"真的"问题在哪里，力求在最大程度上避免空中楼阁式的泛泛空谈。

第三节　人所生活的世界

在理解虚拟世界是由千万个人组成的基础上，就必须要清楚对虚拟世界进行研究的目的到底是什么。通过虚拟世界的学习、社交和娱乐，人们可以获得更多的知识、拓展社交圈子、释放压力，从而提高他们的生活质量。但仅此而已还远远不够，怎样在虚拟世界获得信任、尊重以达到自我认同，怎样通过社会关系和组织的帮助实现个人的发展，怎样在虚拟世界传递文明，怎样在虚拟世界获得文化认同，怎样在虚拟世界中更好地生存下去……这一系列的问题都在虚拟世界中亟待解决，但解决的目的却又不在虚拟世界，而在现实世界。

我们优化虚拟世界算法，是为了让人们有尊严地劳动；在虚拟世界建立组织，是为了让人们利用团队的力量；建构虚拟的社交系统，是为了让人们的关系越来越紧密；建立数字博物馆，是为了让人们铭记历史传承记忆。必须明白的是，虚拟世界只是一个介质，表面上是在解决虚拟世界的种种问题，实际上是通过虚拟世界解决现实中的问题。在考古学界有一句名言，叫"透物见人"，意思是要透过考古发掘出来的器物看到背后的人的文化以发现社会文化发展的规律。历史学界也有一句名言，叫"鉴古知今"，意思是通过古籍资料的研究以历史的经验解决现实的问题。不管是"透物见人"还是"鉴古知今"，本意都是想表达研究不应该浮于表面，更不应该停留于现象研究中，如果放在虚拟世界，应该可以叫做"透虚务实"，即透过虚拟世界务实的解决现实世界的问题。

很多人已经在为之努力，从科学家和技术人员到行业精英，都在努力通过打造一个更加美好的虚拟世界来提升人们的生活质量，但方向似乎朝着"精英化的虚拟世界"走去，手机和电脑的芯片越来越先进，屏幕也越来越清晰，但操作方式也越来越复杂，对操作系统极为熟悉的用户来说意味着生产力的提高，但对众多老年人或者对系统不熟悉的人来说，他们只能成为被时代抛弃的"边角料"吗？可穿戴设备也在不断实现着拟真体验，新的"绿洲"被勾勒出来，那对于残疾人来说难道就意味着无法进入虚拟世界吗？越来越昂贵的硬件设备和频繁的软件收费将低收入群体拒之门外，技术垄断和服务器独占形成一个个"数字寡头"，似乎只有精英人士才能更好地享受虚拟世界或者利用虚拟世界发展自身，大量的普通用户只能游弋于边缘地带。由于现实世界复杂的运作机制和发展逻辑不可避免地出现分层问题，虚拟世界先天的优势可以将这种分层问题降到最低，也完全可以成为解决现实世界社会分层所导致的问题，但作为现实世界的延伸和复刻，虚拟世界也开始走上分层的道路。幸而为时未晚，虚拟世界的易变性让任何事情都成为可能，当真正做到"Innovation for everyone"时，虚拟世界才能真正成为一个"人所生活的世界"。

参考文献

中文文献

（按第一作者首字母音序排列，含外文汉译文献）

一、论　文

[1] 包国光，原黎黎.元宇宙中的伦理关系和伦理问题探析 [J].自然辩证法通信，2024（05）.

[2] 边燕杰.城市居民社会资本的来源及作用：网络观点与调查发现 [J].中国社会科学，2004（03）.

[3] 蔡骐，赵嘉悦.作为标签与规训的隐喻：对网络流行语"社恐"的批判性话语分析 [J].现代传播（中国传媒大学学报），2022，44（09）.

[4] 蔡琳.算法科技伦理法制化的逻辑证成与建构进路 [J/OL].法律科学（西北政法大学学报），2024（04）.

[5] 陈梦亭.加速的"数字劳工"：新媒体中的捆绑、异化与突破 [J].浙江工商大学学报，2023（04）.

[6] 董晨宇，丁依然，王乐宾.一起"开黑"：游戏社交中的关系破冰、情感仪式与媒介转移 [J].福建师范大学学报（哲学社会科学版），2022（02）.

[7] 段俊吉.理解"社恐"：青年交往方式的文化阐释 [J].中国青年研究，2023（05）.

[8] 方凌智，翁智澄，吴笑悦.元宇宙研究：虚拟世界的再升级 [J].未来传播，

2022，29（01）.

[9] 冯鹏志.网络行动的规定与特征：网络社会学的分析起点 [J].学术界，2001（02）.

[10] 封帅.数字空间的政治秩序建构：数字权力、主体累加与多位面互动进程 [J].国际观察，2024（02）.

[11] 费中正，郭林.线上的关键在线下：社会变迁视野下网络殡葬发展研究 [J].甘肃社会科学，2014（01）.

[12] 傅善超.否定与偶然：论电子游戏中的能动性 [J].文艺研究，2022（09）.

[13] 郭建斌，张薇."民族志"与"网络民族志"：变与不变 [J].南京社会科学，2017（05）.

[14] 郭云娇，陈斐，罗秋菊.网络聚合与集体欢腾：国庆阅兵仪式如何影响人们集体记忆建构 [J].旅游学刊，2021，36（08）.

[15] 郭光华.论网络舆论主体的"群体极化"倾向 [J].湖南师范大学社会科学学报，2004（06）.

[16] 韩雪春.体知与感受：田野调查的身体实践论 [J].云南师范大学学报（哲学社会科学版），2023，55（04）.

[17] 胡键.快餐时代及其他 [J].社会观察，2008（10）.

[18] 蒋建国.网络族群：自我认同、身份区隔与亚文化传播 [J].南京社会科学，2013（02）.

[19] 姜方炳.空间分化、风险共振与"网络暴力"的生成：以转型中国的网络化为分析背景 [J].浙江社会科学，2015（08）.

[20] 贾若男，王晰巍，王楠阿雪.突发事件网络舆情群体极化风险评估研究 [J].图书情报工作，2024（06）.

[21] 柯达.元宇宙金融的跨界融合治理：以多元货币融合为重点 [J].财经法学，2024（02）.

[22] 敖成兵."伪精致"青年的视觉包装、伪饰缘由及隐形焦虑 [J].中国青年研究，2020（06）.

[23] 黎杨全. 现实的虚拟化与现实主义的转向 [J]. 中国文艺评论, 2024（04）.

[24] 刘华芹. 网络人类学：网络空间与人类学的互动 [J]. 广西民族学院学报（哲学社会科学版）, 2004（02）.

[25] 刘清堂, 雷诗捷, 章光琼等. 基于虚拟博物馆的土家器乐文化数字化保护与传承 [J]. 湖北民族学院学报（哲学社会科学版）, 2017, 35（05）.

[26] 刘伟杰, 王倩. 论数字资本"剥削合理"幻象的生成与破解 [J]. 马克思主义理论学科研究, 2023, 9（07）.

[27] 林爱珺. 网络暴力的伦理追问与秩序重建 [J]. 暨南学报（哲学社会科学版）, 2017, 39（04）.

[28] 李彪, 高琳轩. 游戏角色会影响玩家真实社会角色认知吗？技术中介论视角下玩家与网络游戏角色互动关系研究 [J]. 新闻记者, 2021（05）.

[29] 蓝江. 数码身体、拟—生命与游戏生态学—游戏中的玩家—角色辩证法 [J]. 探索与争鸣, 2019（04）.

[30] 吕明臣. 网络交际中自然语言的属性 [J]. 吉林大学社会科学学报. 2004（3）.

[31] 马鑫, 王芳. 元宇宙的概念、技术、应用与影响：一项系统性文献综述 [J]. 图书情报工作, 2023（18）.

[32] 缪锌. 网络语言暴力形成原因透析 [J]. 人民论坛, 2014（35）.

[33] 牛耀红. 线索民族志：互联网传播研究的新视角 [J]. 新闻界, 2021（04）.

[34] 纳日碧力戈. 语言人类学阐释 [J]. 中央民族大学学报, 2003（04）.

[35] 卜玉梅. 数字人类学的理论要义 [J]. 云南民族大学学报（哲学社会科学版）, 2015（05）.

[36] 阙仁镇, 杨玉辉, 张剑平. 基于数字博物馆的历史文化探究教学：以西湖文化数字博物馆为例 [J]. 现代远程教育研究, 2013（05）.

[37] 孙立武. 重新定义"云"时代：虚拟现实的技术转场与情感逻辑 [J]. 理论月刊, 2024（04）.

[38] 孙浩, 苏竣, 汝鹏. 虚拟世界的健康代价：网络游戏对青少年心理健康

影响的实证分析 [J]. 清华大学教育研究，2023（06）.

[39] 孙锐，王战军 . "自组织悖论"与社会组织进化动力辨识 [J]. 清华大学学报（哲学社会科学版），2003（06）.

[40] 孙佼佼，郭英之 . 文化遗产数字化对国民遗产责任的影响研究：基于 TTF 和 TAM 的模型构建 [J]. 旅游科学，2023，37（03）.

[41] 沈明伟 . 虚拟经济与虚拟世界经济概念及关系之辨析 [J]. 福建论坛（人文社会科学版），2010（03）.

[42] 沈明伟 . 虚拟世界经济收益模式研究 [J]. 学术界，2010（03）：41–47+285；沈明伟 . 基于虚拟世界的服务贸易分析 [J]. 东岳论丛，2010（09）.

[43] 陶荣婷，翟光勇 . "一起打游戏"：城市青少年网络空间新型社交模式探究 [J]. 新闻与传播评论，2021，74（03）.

[44] 王冲，张雅君，王娟 . 社会大众如何看待生成式人工智能在教育中的应用？——对 B 站 ChatGPT 话题弹幕文本的舆情主题与情感分析 [J/OL]. 图书馆论坛，2024（05）.

[45] 王文喜，周芳，万月亮等 . 元宇宙技术综述 [J]. 工程科学学报，2022，44（04）.

[46] 王斌 . 网络社会差序格局的崛起与分化 [J]. 重庆社会科学，2015（08）.

[47] 王毓川 . 回归现实：人类学视域下的"元宇宙"[J]. 中国图书评论，2022（04）.

[48] 王雄，刘康 . 意识形态安全视域下网络群体极化的正负效应及其治理路径 [J]. 山东社会科学，2023（04）.

[49] 王德胜 . 电子宠物："示爱"的游戏 [J]. 中国青年研究，1998（04）.

[50] 王峰明 . 数字经济条件下的劳动、商品与资本：基于马克思《资本论》及其手稿的辨析 [J]. 马克思主义研究，2023（12）.

[51] 吴一迪 . 虚拟世界"身份旅行"的道德风险及其规避路径 [J]. 科学技术哲学研究，2024（02）.

[52] 徐迪 . 空间、感知与关系嵌入：论数字空间媒介化过程中的技术中介效应 [J]. 新闻大学，2021（10）.

[53] 徐明华，李丹妮 . 互动仪式空间下当代青年的情感价值与国家认同建构：基于 B 站弹幕爱国话语的探讨 [J]. 中州学刊，2020（08）.

[54] 徐世甫 . 虚拟世界的本体论探析 [J]. 科学技术与辩证法，2005（01）.

[55] 薛可，鲁晓天 . 非遗虚拟空间生产体验对文化自信的影响 [J]. 上海交通大学学报（哲学社会科学版），2024，32（03）.

[56] 杨翠芳，任祎曼 . 数字时代具身性的化身传递之潜能与路径 [J]. 江汉论坛，2023，（08）.

[57] 杨芬，丁杨 . 亨利·列斐伏尔的空间生产思想探究 [J]. 西南民族大学学报（人文社科版），2016，37（10）.

[58] 袁同凯，陈石，殷鹏 . 现代组织研究中的人类学实践与民族志方法 [J]. 民族研究，2013（05）.

[59] 晏青，宋宝儿 . 起伏不定的情感：生命历程视域下的粉丝持续性认同研究 [J]. 现代出版，2024（01）.

[60] 颜彬 . 粉丝文化视域下出版直播的内容生产、情感认同与符号建构 [J]. 编辑之友，2022（08）.

[61] 赵宇，周雯 . 虚拟现实纪录影像的交互叙事研究 [J]. 传媒，2024（08）.

[62] 赵周宽 . 网络游戏角色扮演的艺术人类学思考 [J]. 艺术学界，2015（01）.

[63] 赵旭东 . 理解个人、社会与文化：人类学田野民族志方法的探索与尝试之路 [J]. 思想战线，2020，46（01）.

[64] 赵艺哲，蒋璐璐，刘袁龙 . 作为"位置"的弹幕：用户的虚拟空间实践 [J]. 新闻界，2022（04）.

[65] 张淑 . 人工智能时代人类自我认识的哲学审视 [J]. 湖北大学学报（哲学社会科学版），2024，51（03）.

[66] 张美娟，苏华雨，王萌 . 数字阅读空间中的信息流动、情感凝聚与虚拟互动 [J]. 出版科学，2023，31（02）.

[67] 周兴茂，汪玲丽.人类学视野下的网络社会与虚拟族群 [J].黑龙江民族丛刊，2009（01）.

[68] 周密，吴书慧，郭文杰.在线知识社区中社会网络结构对用户创意质量的影响 [J].科技管理研究，2024，44（04）.

[69] 庄孔韶，方静文.作为文化的组织：人类学组织研究反思 [J].思想战线，2012，38（04）.

[70] 庄孔韶，李飞.人类学对现代组织及其文化的研究 [J].民族研究，2008（03）.

[71] 曾培伦，邓又溪.从"传播载体"到"创新主体"：论中国游戏"走出去"的范式创新 [J].新闻大学，2022（05）.

二、专　著

[1] 爱德华·B.泰勒.人类学：人及其文化研究 [M].连树声，译.桂林：广西师范大学出版社，2004.

[2] 爱德华·索亚.第三空间：去往洛杉矶和其他真实和想象地方的旅程 [M].陆扬，译.上海：上海教育出版社，2005.

[3] 安东尼·吉登斯.现代性与自我认同：晚期现代中的自我与社会 [M].夏璐，译.北京：中国人民大学出版社，2016.

[4] 阿道斯·赫胥黎.美丽新世界 [M].孙法理，译.南京：译林出版社，2023.

[5] 本尼迪克特·安德森.想象的共同体：民族主义的起源与散布（增订版）[M].吴叡人，译.上海：上海人民出版社，2016.

[6] 查尔斯·蒂利.身份、边界与社会联系 [M].谢岳，译.上海：上海人民出版社，2021.

[7] 丹尼尔·米勒，希瑟·A.著，霍斯特编.数码人类学 [M].王心远，译.北京：人民出版社，2014.

[8] 大卫·M.费特曼.民族志：步步深入（第3版）[M].龚建华，译.重庆：

重庆大学出版社，2013：36.

[9] 菲比·V.穆尔，杰米·伍德科克.逃离算法 [M]. 蒋楠，译.北京：中国科学技术出版社，2023.

[10] 古斯塔夫·勒庞.乌合之众：大众心理研究（最新升级版）[M]. 刘君狄，译.北京：中国法制出版社，2017.

[11] 黄淑娉，龚佩华.文化人类学理论方法研究 [M]. 广州：广东高等教育出版社，2004.

[12] 亨利·列斐伏尔.空间的生产 [M]. 刘怀玉，等译.北京：商务印书馆，2022.

[13] 韩炳哲.仪式的消失：当下的世界 [M]. 安尼，译.北京：中信出版社，2023.

[14] 韩炳哲.在群中：数字媒体时代的大众心理学 [M]. 程巍，译.北京：中信出版社，2019.

[15] 哈罗德·伊罗生.群氓之族：群体认同与政治变迁 [M]. 邓伯宸，译.桂林：广西师范大学出版社，2015.

[16] 哈特穆特·罗萨.新异化的诞生 [M]. 郑作彧，译.上海：上海人民出版社，2018.

[17] 克罗德·列维 – 斯特劳斯.结构人类学（第一卷）[M]. 谢维扬，俞宣孟，译.上海：上海译文出版社，1995.

[18] 克里斯·梅森.魔兽世界编年史 [M]. 刘媛，译.北京：新星出版社，2016.

[19] 卡尔·马克思.资本论 [M]. 郭大力，王亚南，译.哈尔滨：读书出版社，1948.

[20] 刘华芹.天涯虚拟社区：互联网上基于文本的社会互动研究 [M]. 北京：民族出版社，2005.

[21] 罗伯特·V.库兹奈特.如何研究网络人群和社区：网络民族志方法实践指导 [M]. 叶韦明，译.重庆：重庆大学出版社，2016.

[22] 林惠祥.文化人类学 [M].北京：商务印书馆，2011.

[23] 吕明臣.网络语言研究 [M].长春：吉林大学出版社，2008.

[24] 孟庆延.谁的问题：现代社会的非标准答案 [M].北京：中信出版社，2023.

[25] 尼尔·波兹曼.娱乐至死 [M].章艳，译.北京：中信出版社，2015.

[26] 彭流萤.虚拟民族志与当代中国电影 [M].北京：中国电影出版社，2023.

[27] 戚攻，邓新民.网络社会学 [M].成都：四川人民出版社，2001.

[28] 田丰，林凯玄.岂不怀归 [M].北京：海豚出版社，2020.

[29] 田雪青，王毓川.物归其境：考古人类学的观念与方法 [M].北京：新华出版社，2022.

[30] 汪雄.算法社会中的法律沉思 [M].北京：中国政法大学出版社，2020.

[31] 邢永杰.虚拟组织 [M].上海：复旦大学出版社，2008.

[32] 夏建中.文化人类学理论学派：文化研究的历史 [M].北京：中国人民大学出版社，1997.

[33] 杨颖.网上激情：网络虚拟情感调查 [M].北京：中国社会出版社，2005.

[34] 杨丽萍.中国外卖：外卖小哥生存现状调查报告 [M].杭州：浙江人民出版社，2022.

[35] 尹利民，聂平平，曹京燕，芦苇.公共组织理论 [M].武汉：华中科技大学出版社，2022.

[36] 姚建华.数字劳动：理论前沿与在地经验 [M].南京：江苏人民出版社，2021：21.

[37] 雅克·勒高夫.新史学 [M].姚蒙，译.上海：上海译文出版社，1989.

[38] 詹姆斯·克利福德，乔治·E.马库斯.写文化：民族志的诗学与政治学 [M].高丙中，吴晓黎，李霞，等译.北京：商务印书馆，2006.

[39] 曾国屏，李正风.网络空间的哲学探索 [M].北京：清华大学出版社，2002.

外文文献

（按第一作者首字母音序排列）

一、论 文

[1] Arya V.,et al. Brands Are Calling Your AVATAR in Metaverse−A Study to Explore XR−based Gamification Marketing Activities & Consumebased Brand Equity in Virtual World[J]. Journal of Consumer Behaviour, 2023.

[2] Asperiuniene J., Zydziunaite V.A Systematic Literature Review on Professional Identity Construction in Social Media[J/OL]. Sage Open, 2019(01).

[3] Behm−Morawitz E.Mirrored selves: The influence of self−presence in a virtual world on health,appearance,and well−being[J]. Computers in Human Behavior, 2013(01).

[4] Castronova E. Exodus to The Virtual World:How Online Fun Is Changing Reality[J]. Medienimpulse, 2007(01).

[5] Castronova E., Williams D., Shen C.H., Ratan R., Xiong L., Huang Y., Keegan B. As real as real? Macroeconomic behavior in a large−scale virtual world[J]. New Media & Society, 2009(05).

[6] Díaz J.E.M. Virtual World As A Complement to Hybrid and Mobile Learning[J]. IJET, 2020.

[7] Dowling M.M. Fertile LAND: Pricing Non−Fungible Tokens[J]. Financial literacy ejournal, 2021.

[8] Downey G.L., Dumit J., Williams S.Cyborg Anthropology[J]. Cultural Anthropology, 1995 (02).

[9] Depew D. Empathy, psychology, and aesthetics: Reflections on a repair concept[J]. Poroi, 2005(01).

[10] Davis N.Z.The Possibilities of the Past[J]. The Journal of Interdisciplinary History, 1981(02).

[11] Dodge M., Kitchin, R. Code and the Transduction of Space[J]. Annals of the Association of American Geographers, 2005(95.1).

[12] Eklund L., Roman S. Digital Gaming and Young People's Friendships: A Mixed Methods Study of Time Use and Gaming in School[J]. YOUNG, 2019(01).

[13] Eshuis S., Pozzebon K., Allen A., Kannis–Dymand L. Player Experience and Enjoyment: A Preliminary Examination of Differences in Video Game Genre[J]. Simulation & Gaming, 2023(02).

[14] Faraj S, Kudaravall S, Wasko M. Leading collaboration in online communities[J]. MIS Quarterly, 2015(02).

[15] Fang R.L, Landis B., Zhang Z., et al. Integrating personality and social networks: a meta–analysis of personality,network position,and work outcomes in organizations[J]. Organization Science, 2015(04).

[16] Fornell C, Larcker D F.Evaluating structural equation models with unobservable variables and measurement error[J]. Journal of Marketing Research, 1981(01).

[17] Guo Y., Barnes S.Purchase Behavior in Virtual Worlds:An Empirical Investigation in Second Life[J]. Information and Management, 2011(07).

[18] Jennings S.Only you can save the world(of videogames): Authoritarianism agencies in the heroism of videogame design, play, and culture[J]. Convergence, 2022.

[19] Kaplan A.M., Haenlein M. The Fairyland of Second Life: Virtual Social Worlds and How to Use Them[J]. Business Horizons, 2009.

[20] Kunhua L., et al. Meta Mining: Mining in The Metaverse[C]. IEEE Transactions on systems, man, and cybernetics: systems, 2023.

[21] Karhulahti V.M.Computer game as a pragmatic concept: ideas,meanings,and culture[J]. Media, Culture & Society, 2020(3).

[22] Laure-Ryan M. Beyond myth and metaphor-The case of narrative design in digital media[J]. Games Studies, 2001(01).

[23] Louch H. Personal network integration: transitivity and homophily in strong-tie relations[J]. Social Networks, 2000(01).

[24] Martin P. The pastoral and the sublime in the Elder Scrolls IV: Oblivion[J]. Game Studies, 2011(03).

[25] Mavridou M. Perception of Three-Dimensional Urban Scale in an Immersive Virtual Environment[J]. Environment and Planning B: Planning and Design, 2012(1).

[26] Moon J.W., Kim Y.G. (2001). Extending the TAM for a World-Wide-Web context[J]. Information & Management, 2001(04).

[27] Oh S.H., Kim Y.M., Lee C.W., Shim G.Y., Park M.S., Jung H.S. Consumer adoption of virtual stores in Korea: Focusing on the role of trust and playfulness[J]. Psychology & Marketing, 2009(07).

[28] Otondo R.F., Van-Scotter J.R., Allen D.G., Palvia P. The complexity of richness: Media,message,and communication outcomes[J]. Information & Management, 2008(01).

[29] Procter L. I Am/We Are: Exploring the Online Self-Avatar Relationship[J]. Journal of Communication Inquiry, 2021(01).

[30] Peña J., Hancock J.T., Merola N.A. The priming effects of avatars in virtual settings[J]. Communication Research, 2009(06).

[31] Paavilainen J., Hamari J., Stenros J., Kinnunen J. Social Network Games: Players'Perspectives[J]. Simulation & Gaming, 2013(06).

[32] Patrakosol B., Lee S. M. Information richness on service business websites[J]. Service Business, 2013(02).

[33] Roccas S., Brewer M.B. Social Identity Complexity. Personality and Social Psychology Review, 2002(02).

[34] Ratan R.A., Dawson M. When Mii is me: a psychophysiological examination of avatar self-relevance[J]. Communication Research, 2016(43).

[35] Shorey S., Debby, E. The Use of Virtual Reality Simulation Among Nursing Students and Registered Nurses: A Systematic Review[J]. Nurse education today, 2020.

[36] Selinger E. Reality+: Virtual Worlds and The Problems of Philosophy[J]. The philosophers' magazine, 2022.

[37] Simpson J.M., Knottnerus J.D., Stern M.J.Virtual Rituals: Community, Emotion, and Ritual in Massive Multiplayer Online Role-playing Games—A Quantitative Test and Extension of Structural Ritualization [OL]. Theory. Socius, 2018(04).

[38] Sierra-Rativa A., Postma M. The Influence of Game Character Appearance on Empathy and Immersion: Virtual Non-Robotic Versus Robotic Animals[J]. Simulation & Gaming, 2020(05).

[39] Schell J., The art of game design: A book of lenses/Jesse Schell(3rd ed.) [M]. CRC Press, 2020.

[40] Stephan W.G., Finlay, K. The role of empathy in improving intergroup relations[J]. Journal of Social Issues, 1999(04).

[41] Sturtevant W.C. Anthropology, History, and Ethnohistory[J]. Ethnohistory, 1966(13).

[42] Thwaites H.H. Cyberanthropology of Mobility[J]. Proceedings of the 3rd International Conference on Mobile Technology, Applications & Systems.ACM, 2006.

[43] Tong Q., Cui J., Ren B. Space Connected,Emotion Shared: Investigating Users of Digital Chinese Cultural Heritage[J]. Emerging Media, 2023(02).

[44] Wilson S.M., Peterson L.C. the Anthropology of Online Communities[J]. Annual Review of Anthropology, 2002(31).

[45] Wu Y., Jiang Q., Liang H., Ni S. What Drives Users to Adopt a Digital Museum?

A Case of Virtual Exhibition Hall of National Costume Museum[J]. Sage Open, 2022(01).

[46] Yung R., Khoo-Lattimore C. New Realities: A Systematic Literature Review on Virtual Reality and Augmented Reality in Tourism Research[J]. Current Issues in Tourism, 2019(17).

[47] Yoon C., Kim S. Convenience and TAM in a ubiquitous computing environment: The case of wireless LAN[J]. Electronic Commerce Research and Applications, 2007(01).

[48] Zhang G., Jacob E.K.Reconceptualizing Cyberspace:real'Places in Digital Space[J]. International Journal of Science in Society, 2012(3.2).

[49] Zhang M., Gao Y., Sun M., Bi D. Influential Factors and the Realization Mechanism of Sustainable Information-Sharing in Virtual Communities from a Knowledge Fermenting Perspective[J]. Sage Open, 2020(04).

二、专　著

[1] Boellstorff T. Coming of age in second life: An anthropologist explores the virtually human[M]. Princeton,NJ: Princeton University Press, 2008.

[2] Campbell J. The hero with a thousand faces[M]. Novato, CA: New World Library, 2008.

[3] Dickerson G.A., Kosko B. Virtual Worlds as Fuzzy Cognitive Maps[M]. Presence: Teleoperators & Virtual Environments, 1994.

[4] Fromme J., Unger A. Computer Games and New Media Cultures: A Handbook of Digital Games Studies[M]. New York: Springer, 2012.

[5] Gee J.P. What video games have to teach us about learning and literacy(2nd ed.) [M]. New York: St. Martin's Griffin, 2014.

[6] Hakken D. Cyborgs @ Cyberspace?An Anthropologist Looks to the Future[M]. London: Routledge, 1999.

[7] Khatchatourov A., Chardel P.A., Peries G., et al. Digital identities in tension: Between autonomy and control[M]. New York: John Wiley & Sons, 2019.

[8] Lefebvre H., The production of space[M]. Oxford: Blackwell Publishing, 1991.

[9] Lefebvre H. Love and Struggle: Spatial Dialectics[M]. London: Routledge, 1999.

[10] Nardi B. My life as a night elf priest: An anthropological account of world of warcraft[M]. Ann Arbor: University of Michigan Press, 2010.

[11] Wiener N. Cybernetics or Control and Communication in the Animal and the Machine[M]. Cambridge: MIT press, 1965.

[12] Wellman, B. An Electronic Group is Virtually a Social Network:Culture of the Internet[M]. NJ: Lawrence Erlbaum, 1997.

附录：受访人列表

化名	性别	年龄	职业	访谈时间	访谈方式
狂战	—	—	—	2021 年 6 月 12 日	《魔兽世界》中私聊
鹏鹏	—	—	—	2021 年 6 月 12 日	《魔兽世界》中私聊
死磕到底	—	—	—	2021 年 6 月 14 日	《魔兽世界》中私聊
小五	男	34	中学教师	2024 年 4 月 2 日	微信聊天访谈
灭世的羊	男	28	国企业务部经理	2024 年 4 月 2 日	微信聊天访谈
Sim	男	27	服装公司销售部总监	2021 年 9 月 11 日	昆明某咖啡馆线下访谈
永恒之太阳	—	—	—	2020 年 1 月 12 日	《魔兽世界》中私聊
大地母亲的佼佼者	—	—	—	2020 年 1 月 12 日	《魔兽世界》中私聊
天下第一刀小刀	—	—	—	2020 年 1 月 12 日	《魔兽世界》中私聊
部落里的大大	—	—	—	2020 年 1 月 12 日	《魔兽世界》中私聊
风里的骑士	—	—	—	2020 年 1 月 12 日	《魔兽世界》中私聊
奇怪的小蛋蛋	—	—	—	2020 年 1 月 12 日	《魔兽世界》中私聊
天下有贼	—	—	—	2020 年 1 月 12 日	《魔兽世界》中私聊
小 Z	男	21	学生	2020 年 12 月 9 日	高校图书馆线下访谈
联盟的大杂兵	男	31	公司职员	2023 年 9 月 30 日	昆明某火锅店线下访谈
永恒星辰	男	32	公司职员	2023 年 9 月 30 日	昆明某火锅店线下访谈
战伤	男	21	学生	2024 年 1 月 9 日	高校食堂线下访谈
旭日西落	男	30	政府工作人员	2023 年 9 月 30 日	昆明某火锅店线下访谈
鱼尾巴摆摆	女	24	学生	2024 年 4 月 11 日	微信聊天语音电话访谈
阿凡提	女	20	学生	2024 年 1 月 20 日	家中访谈线下访谈

化名	性别	年龄	职业	访谈时间	访谈方式
徐拉拉	女	25	小学教师	2020 年 6 月 14 日	昆明某饭店线下访谈
小胖	男	34	物业公司股东	2019 年 11 月 12 日	昆明某饭店线下访谈
摇尾巴的猫	—	—	—	2019 年 12 月 16 日	《魔兽世界》中私聊
欧拉拉猫	—	—	—	2020 年 8 月 16 日	《魔兽世界》中私聊
能力越小责任越小	男	19	学生	2024 年 5 月	微信聊天访谈
碰碰鹏鹏	—	—	—	2020 年 8 月 16 日	《魔兽世界》中私聊
榴莲往返	男	32	国企员工	2023 年 12 月 11 日	昆明某饭店线下访谈
朽木鱼鱼	女	31	国企员工	2023 年 12 月 11 日	昆明某饭店线下访谈
弑君刈不灭	—	—	—	2021 年 9 月 1 日	《魔兽世界》中私聊
小君不在家	—	—	—	2021 年 9 月 1 日	《魔兽世界》中私聊
风暴狮子	—	—	—	2021 年 9 月 1 日	《魔兽世界》中私聊
不灭的龙	—	—	—	2021 年 9 月 1 日	《魔兽世界》中私聊
混世者的刀	—	—	—	2021 年 9 月 1 日	《魔兽世界》中私聊
血影	—	—	—	2021 年 9 月 1 日	《魔兽世界》中私聊
埃及的企鹅	—	—	—	2021 年 9 月 1 日	《魔兽世界》中私聊
天下有贼	—	—	—	2021 年 9 月 1 日	《魔兽世界》中私聊
刀马旦	—	—	—	2021 年 9 月 1 日	《魔兽世界》中私聊
太阳再次落下	—	—	—	2021 年 9 月 1 日	《魔兽世界》中私聊
木鱼	女	17	学生	2024 年 3 月 12 日	成都某游戏漫展线下访谈
抢你 C 位	女	25	博物馆工作人员	2023 年 9 月 30 日	昆明某博物馆大厅线下访谈
伤感米藕	男	—	—	2024 年 5 月 3 日	微博私信线上访谈
张大叔	男	53	农民	2019 年 7 月 12 日	云南省昆明市大墨雨村家中线下访谈
水墨鱼	—	—	—	2021 年 8 月 1 日	微信语音聊天线上访谈
强哥	男	29	待业	2023 年 11 月 3 日—20 日	昆明某网吧线下访谈
小伟	男	26	游戏文化公司业务部经理	2021 年 12 月 1 日—2 日	昆明某游戏文化公司线下访谈

续 表

化名	性别	年龄	职业	访谈时间	访谈方式
奚落	女	25	主播	2021 年 12 月 3 日—4 日	昆明某文化传媒公司线下访谈
华哥（兜兜）	男	34	中学教师	2022 年 4 月 12 日	盐津县某小学门口线下访谈
姜江	女	26	培训机构教务人员	2024 年 3 月 12 日—18 日	昆明某教育培训机构及咖啡馆线下访谈
赵阿姨	女	53	农民	2024 年 2 月 22 日—25 日	出冬瓜村家中线下访谈

注 1：表中所列顺序为文中出现顺序。

注 2：受访人年龄、职业为访谈时情况。

后　记

本书的写作初衷，只是想通过调查了解当文化以数字化的形式被引入虚拟世界之后将会发生什么变化，但随着调查的深入我们再次用实际行动验证了文化是不可能独立存在的，虽然不能无限扩大调查范围，但过于限制的话就会导致一叶障目，难以看清全貌。文化是一个庞大复杂的系统，"写文化"并不能"只写文化"，所以随着调查的展开和资料的丰富，一个虚拟世界的景象在我们面前缓缓展开，于是我们决定不再局限于某一方面，而是将调查中的所得所思记录下来，汇聚成此书。

1990 年 11 月 27 日，钱学森给时任国家"863 计划"智能计算机专家组组长、同时也是自己的弟子汪成为写了一封信，表示自己将"Virtual Reality"（虚拟现实）一词翻译成"灵境"。1994 年 10 月，钱学森给戴汝为、汪成为、钱学敏三人写信说："灵境技术是继计算机技术革命之后的又一项技术革命。它将引发一系列震撼全世界的变革，一定是人类历史中的大事。"[1]30 多年后的今天，钱学森的预言成真，虚拟世界真的在改变着世界。

我们毫不怀疑虚拟世界未来所展现的可能，GPT 这样描述未来的虚拟世界：虚拟世界的存在已经深入人心，成为人们日常生活中不可或缺的一部分。通过先进的神经接口技术，用户能够完全沉浸在这个虚拟世界中，感受到与现实世界无异的触觉、味觉、嗅觉和听觉。每个人的意识都被数字化，以数据流的形式在虚拟世界中自由穿梭。在虚拟世界中，城市景观根据用户的喜好和心情变化而动态调整。白天，高耸的建筑在阳光下熠熠

---

[1]　邹佳雯 . 30 年前，钱学森为什么将 VR 译为"灵境"[N].澎湃新闻刊发，光明网转载，2021（12）：1.

生辉，街道上人流如织，各种奇异的交通工具在空中、地面和地下穿梭不息。到了夜晚，霓虹灯闪烁，星光点缀着天际，人们在虚拟的酒吧、餐厅和娱乐场所中尽情狂欢。虚拟世界的经济体系与现实世界紧密相连，但又独具特色。虚拟货币在这里具有极高的流通性，用户可以通过完成任务、交易物品或服务来赚取货币，进而购买更高级的装备、技能或是定制化的体验。同时，虚拟世界也成为艺术家和创作者的天堂，他们可以在这里自由地创作音乐、绘画、电影等艺术作品，与全球的观众实时分享。人工智能助手成为每个人的贴身管家，帮助用户管理虚拟资产、安排日程，并提供个性化的建议。同时，虚拟世界还集成了先进的教育和医疗系统，用户可以在这里接受专业的培训和医疗服务，提升自身素质和生活质量。[①] 这段由虚拟世界中的生成式预训练模型所预测的虚拟世界的未来可能会真实的发生，将会成为未来世界一片璀璨的星空。

撰写书稿的同时，我们关于文化遗产数字化保护开发的课题研究在持续推进中。2024 年 2 月 22 日，我们进入云南省德宏傣族景颇族自治州芒市三台山德昂族乡出冬瓜村，主要工作是对德昂族传统建筑以及各种相关建筑文化资源进行记录扫描以完成数字化保护的目标，以期在虚拟世界中复原并开发这些承载着一个民族历史和文化的遗产。当我们经过数日的工作将德昂族传统建筑以 3D 形式呈现在电脑上时，屋主人赵阿姨十分开心。当我们向赵阿姨展示着每一帧画面和每一个细节时，赵阿姨递上水果，让我们赶快吃，嘴里连声说着"好好好""你们真厉害"，但似乎对我们电脑中展现的技术只是应付了事，关注点却在我们有没有觉得水果好吃，因为我们才吃了两个，一盆新鲜的水果又被递了上来。我们连忙让赵阿姨不要忙活了，并把她拉到我们旁边坐下，兴奋地给她看她家的房子在虚拟世界得到了怎样的完美复原，赵阿姨眯着眼睛看着电脑，不断以"好看"回应着我们滔滔不绝的讲述，待展示结束，赵阿姨问道："你们这样整了有什

---

① 本段基于 GPT4o 模型对话生成。

么用？"

如果是学生问我这样的问题，我会给他们好好上一课，从文化遗产数字化的技术到意义，全方位、立体化地让他们知道我们为什么付出努力从事这些工作，但面对赵阿姨，我突然不知道该怎么回答。赵阿姨只有小学文化，孙女都已经五岁了，大半辈子都在山里，与虚拟世界最相关的事情就是在手机上刷抖音，这还是前几年女儿给她买了智能手机后才学会的，到现在微信运用得都还不是很熟练。所以我若像上课一样和赵阿姨讲解她家房子数字化的意义是什么，她可能只会应付我两句然后就去忙其他活儿了，但要说清楚意义到底是什么，以我的口才简单两句似乎又很难说清楚。这一瞬间，我也陷入书中所描述的"割裂"状态，即太过于关注"高大上"的理论和技术而忽略了最普通的需求。

2019 年，赵阿姨所在的村子开始新农村建设，她家的房子由于极具民族文化特色，经赵阿姨同意后由当地政府资助进行改扩建，打造成了特色民宿，但由于受到疫情的影响此后几年的客流量并不多。2023 年旅游市场复苏，赵阿姨家的客人多了起来，但仍没有达到盈利的水平，所以赵阿姨的主要收入来源依然是种茶和种玉米。当我们问赵阿姨最期许什么时，她说希望多来几个客人，既可以住宿，也可以多买点她家自制的茶叶，这样收入就会更多。

赵阿姨的回答让我开始反思自己的研究。刚接触文化遗产数字化的相关工作时，我的想法是可以用数字化技术保存各种类型的文化遗产，随着了解得越来越多，我发现游戏、微博、小红书等不失为推动文化遗产数字化保护开发的有力工具，所以我们建立了数据库储存文化遗产相关的资料，与游戏公司合作，在游戏内容中植入传统文化元素，利用微博的影响力宣传文化遗产的价值等，并一度认为这就是文化遗产数字化保护开发的全部内容。但我们做的这些和赵阿姨有什么关系呢？她想要的不过是多来几个客人，这就是书中所说的最朴素的愿望。无数像赵阿姨这样的普通人不会振臂高呼要大家保护文化遗产，更不会去到教科文组织的讲台上呼吁人类重视文化遗产的价值，甚至连在朋友圈或者微博发表一下关于文化遗产的看法都不会，即便像赵阿姨自己就住在一个文化遗产里都没有意识到这些，这些离她太远了，对她来说，她家的房子再有价值，也只是"家"而已，他们只想过上美好的生活，实现自己最朴素的愿景。

所以，文化遗产数字化开发的目的到底是什么？在赵阿姨这里我找到了答案：所谓的文化遗产数字化储存以及在虚拟世界的种种开发不是目的，只是手段和过程，最终是要通过这些方式让文化持有者们过上更好的生活。虚拟世界的研究所要关注的重点应该是人，并且是组成虚拟世界主体的、数量最多的普通人，这就是本书在最后提到的"人文关怀"。于是，这就回到人类学的初衷，虽然这门学科有着复杂的理论和方法体系，但作为一门应用型学科，其目的就是为了促进人的发展。现在的趋势却似乎是在将这门学科从应用型向理论型转变，新的理论和方法层出不穷，却慢慢开始脱离实际的应用，这并不是说理论方法不重要，而是要强调一切的理论和方法都要落到实处才有意义。

然后，我们花了一天的时间用我们的设备为赵阿姨的民宿拍照、拍视频、做文案，又帮她上架了美团、携程等 App，再用微信公众号进行推广。效果立竿见影，当天就有三四个预订电话打过来。我们又教会赵阿姨如何使用 App 接受预订以及将收益提现等。相比于数字建模和在虚拟世界那些看似高端的开发，我们这一天在虚拟世界所做的工作才算是和赵阿姨直接有关并且真正有用。直到做完这些，似乎才能回答赵阿姨所提出的"有什么用"的问题。

在书的最后讲这么一个故事，是期望大家能够重新关注在虚拟世界游走奔波的普通人，这也是本书写作最主要的目的。这一天，我们只是利用虚拟世界帮助了赵阿姨一人，但像赵阿姨这样的普通人还有很多，怎样利用虚拟世界的发展让他们直接受益，成为"美好生活的塑造者"，所需要做的还有很多，而且并非一人之力就能完成。严格来说，这本书没有得出多少结论，也没有找到最优的路径来解决这一系列问题。书中展现了很多案例，并尽力分析内在原因和逻辑，是想表明再复杂的理论也要从一件件看似平常的事情开始分析，人类学作为对常识的研究，不能脱离这些普通的人和平常的事，在虚拟世界中的研究也是如此。尽管虚拟世界璀璨如星河，还是需要我们从最基础的研究开始，去解决最朴素的问题，这就是在虚拟世界中人类学存在的意义。因此，这本书只算是一个引子，试图回归初心，从最基本的调查研究开始做起，脚踏实地一步一步地去了解广阔的虚拟世界。

我们的调查并不完整，正如所有的民族志一样，民族志试图尽可能地涵盖一种文化、亚文化或项目的所有领域，但这必然无法实现。① 虚拟世界过于庞大，无法清晰完整地展现其全貌，书中所描述的内容对于虚拟世界来说可能就是几粒尘埃，就像序言所说，本书只是找到一个生命历程的主线逻辑展示几个最为主要的方面。我们希望能够通过本书微不足道的描述和研究，为处在起步阶段的"数字人类学"的发展提供一些材料。

最后，我们还有一个期望，书中所展现的人和事是我们从大量的田野调查资料中有意选取出来的典型事例，选取的标准只有一个，那就是"个例当中的大多数"。我们期望通过这些个例，让读者看到自己的影子，能够通过我们的解释和分析进行一场"反观自照"，进一步了解虚拟世界的运作逻辑，从而能更有效地利用虚拟世界来发展自身，向着更美好的生活出发。毕竟就像书中所说，虚拟世界已经和所有人的生活密切相关，期望所有读者都能够从中获益。

当然，碍于水平极为有限，书中的很多论述可能会显得有些幼稚甚至错误，但我们仍然鼓起勇气出版本书，也是期望本书成为一个平台能够引起讨论或者批评，这一点无可厚非，因为一门学科就是在不断讨论和批评中发展的，尤其对于文化遗产数字化、数字人类学等这些新兴起的研究方

---

① 大卫·M.费特曼.民族志：步步深入（第3版）[M].龚建华，译.重庆：重庆大学出版社，2013：10.

向来说至关重要。因此借用本书，期盼得到各位专家学者的赐教，在促进我们自身成长的同时，也能让我们为学科发展和社会进步做出些许贡献。

电影《头号玩家》中，主角韦德·沃兹解开哈利迪在"绿洲"中设下的谜题后，哈利迪对沃兹说了这样一句话："谢谢你玩我的游戏。"这句话表达出所有游戏制作者最想对玩家说的话，也是无数人投身于虚拟世界建构的初始动力，所以我们也会在虚拟世界中继续探索，尽己所能为文化及文化遗产的保护开发做出自己的贡献。在此，借用这句话对翻开本书的读者表示由衷的感谢：

谢谢你看我们的书！

王毓川　田雪青

2024 年 7 月 1 日

于云南财经大学齐远楼办公室